大学数学系列规划教材

线性代数

（经济管理类）

主　编　孙国正　杜先能
副主编　蒋　威　侯为波
束立生　殷晓斌

北京师范大学出版集团
BEIJING NORMAL UNIVERSITY PUBLISHING GROUP
安徽大学出版社

图书在版编目(CIP)数据

线性代数:经济管理类/孙国正，杜先能主编. 一合肥：安徽大学出版社，2011.8(2015.6 重印)
大学数学系列规划教材
ISBN 978-7-5664-0299-8

Ⅰ. ①线… Ⅱ. ①孙… ②杜… Ⅲ. ①线性代数—高等学校—教材 Ⅳ. ①O151.2

中国版本图书馆 CIP 数据核字(2011)第 165508 号

线性代数(经济管理类)
(大学数学系列规划教材)　　**主编**　孙国正　杜先能

出版发行：北京师范大学出版集团
安 徽 大 学 出 版 社
(安徽省合肥市肥西路 3 号 邮编 230039)
www.bnupg.com.cn
www.ahupress.com.cn
印　　刷：合肥市裕同印刷包装有限公司
经　　销：全国新华书店
开　　本：170mm×240mm
印　　张：13
字　　数：233 千字
版　　次：2011 年 8 月第 2 版
印　　次：2015 年 6 月第 5 次印刷
定　　价：20.00 元
ISBN 978-7-5664-0299-8

责任编辑：钟　蕾　陈志兴　　装帧设计：张同龙　李　军
责任印制：赵明炎

参 编 人 员

王良龙　孙国正　刘树德　束立生

何江宏　杜先能　宋寿柏　陆　斌

郭大伟　侯为波　祝东进　赵礼峰

胡舒合　徐建华　徐德璋　殷晓斌

蒋　威　雍锡琪

前　言

数学是最基础的科学，它是人类理性思维的基本形式．随着人类进入21世纪这个信息和知识经济时代，数学的基础作用越来越明显．数学教育的目标不仅在于为学生提供一种专业知识的传授，更重要的在于引导学生掌握一种科学的语言，学到一种理性思维的模式，为学生充分参与未来的竞争作好准备．

线性代数是大学数学的重要组成部分，其主要内容都是信息时代各类人才应该掌握的基本工具．

本书依据教育部《关于"十五"期间普通高等教育教材建设与改革的意见》的精神，同时参照2003、2004年《全国硕士研究生入学统一考试数学考试大纲》，在编者多年教学实践的基础上编写而成．全书共分6章：前3章是行列式、矩阵、线性方程组．这3章始终贯穿线性方程组这条主线，在讨论线性方程组时引入 n 维向量的概念，并且介绍了它们的运算及线性关系等．第4章介绍了 $\mathbf{R}^n$ 中向量的内积的概念以及矩阵的特征值、特征向量、矩阵的相似及其对角化，这些都是矩阵最重要的内容．第5章介绍了二次型的理论，重点讨论实二次型以及用正交线性替换化二次型为标准型的问题．第6章讨论了线性空间的基本内容，它作为 n 维向量空间的一般化，教师在教学过程中可以根据学生的实际情况和学时数有选择地教学．本章还介绍了线性空间的线性变换。各章中打有"*"号的内容可以作为选学或自学内容．

本书体现了编者以下几方面的努力：

1. 针对线性代数概念多、结论多、比较抽象等特点，尽量从学生方面出发，力求运用简朴的语言描述问题、解释概念，通过例题的讲解，使抽象的概念具体化．

2. 结论的推证尽可能地使用最简洁、严谨的方法．

3. 针对线性代数解题方法"灵活多变，难以捉摸"的特点，尽量做到基本理论与解题技巧并重，重点放在基本解题方法的训练和归纳方面．

在本书的编写过程中，参阅了国内外许多教科书，在此恕不一一列出．

由于编者水平有限，本书的错误与缺陷在所难免，恳请同行、读者提出宝贵意见．

编　者

2011年7月

目 录

第 1 章 行列式 …… 1

§1.1 二、三阶行列式 …… 1

§1.2 n 阶行列式 …… 2

§1.3 n 阶行列式的性质 …… 5

§1.4 行列式的计算 …… 9

§1.5 Cramer 法则 …… 14

习题一 …… 17

第 2 章 矩阵 …… 22

§2.1 矩阵的概念 …… 22

§2.2 矩阵的运算 …… 25

§2.3 可逆矩阵 …… 35

§2.4 矩阵的初等变换 …… 38

§2.5 分块矩阵 …… 45

习题二 …… 49

第 3 章 线性方程组 …… 54

§3.1 线性方程组的消元法 …… 54

§3.2 向量及其线性运算 …… 61

§3.3 向量间的线性关系 …… 63

§3.4 矩阵的秩 …… 70

§3.5 线性方程组有解的判别定理 …… 73

§3.6 线性方程组解的结构 …… 79

习题三 …… 89

第 4 章　矩阵的特征值和特征向量 …… 94

§4.1　矩阵的特征值与特征向量 …… 94
§4.2　矩阵的对角化 …… 100
§4.3　n 维向量的内积 …… 105
§4.4　实对称矩阵的对角化 …… 108
*§4.5　矩阵级数 …… 112
*§4.6　投入产出数学模型 …… 115
习题四 …… 124

第 5 章　二次型 …… 127

§5.1　二次型的概念 …… 127
§5.2　二次型的标准形 …… 131
§5.3　惯性定理 …… 141
§5.4　正定二次型 …… 143
习题五 …… 150

***第 6 章　线性空间** …… 152

§6.1　线性空间的概念 …… 152
§6.2　线性空间的维数、基与坐标 …… 155
§6.3　基变换与坐标变换 …… 159
§6.4　线性变换 …… 163
§6.5　欧几里得空间简介 …… 171
习题六 …… 180

参考答案 …… 184

第 1 章

行列式

在线性代数中，解线性方程组是一个基本的问题. 行列式是研究线性方程组的一个重要工具，它是人们从解方程组的需要中建立起来的，它在数学本身及其它科学分支中都有广泛的应用，已成为近代数学和科技中不可缺少的工具之一.

§1.1　二、三阶行列式

1. 二阶行列式

我们用记号 $\begin{vmatrix} a_{11} & a_{12} \\ a_{21} & a_{22} \end{vmatrix}$ 表示代数和 $a_{11}a_{22}-a_{12}a_{21}$，称为二阶行列式，即

$$\begin{vmatrix} a_{11} & a_{12} \\ a_{21} & a_{22} \end{vmatrix}=a_{11}a_{22}-a_{12}a_{21}.$$

例 1　设 $D=\begin{vmatrix} \lambda^2 & \lambda \\ 3 & 1 \end{vmatrix}$，

问 λ 为何值时有(1) $D=0$；(2) $D\neq 0$.

解　$D=\begin{vmatrix} \lambda^2 & \lambda \\ 3 & 1 \end{vmatrix}=\lambda^2-3\lambda$，则 $\lambda^2-3\lambda=0 \Leftrightarrow \lambda=1$ 或 $\lambda=3$，故得

(1)$\lambda=0$ 或 $\lambda=3$ 时 $D=0$；　(2) 当 $\lambda\neq 0$ 且 $\lambda\neq 3$ 时 $D\neq 0$.

2. 三阶行列式

我们用记号 $\begin{vmatrix} a_{11} & a_{12} & a_{13} \\ a_{21} & a_{22} & a_{23} \\ a_{31} & a_{32} & a_{33} \end{vmatrix}$ 表示代数和

$a_{11}a_{22}a_{33}+a_{12}a_{23}a_{31}+a_{13}a_{21}a_{32}-a_{11}a_{23}a_{32}-a_{12}a_{21}a_{33}-a_{13}a_{22}a_{31}$，

称为三阶行列式，为方便记忆，可用图示表示：

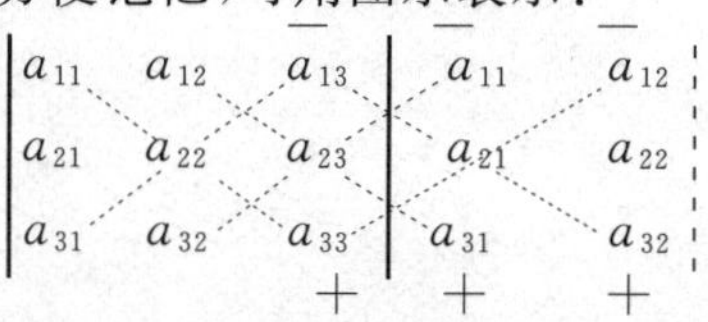

从二阶、三阶行列式可得到以下规律：

(1) 二阶行列式共两项，每一项都是取自不同行、不同列两元素的乘积，每一项前有一个符号，其中一正一负.

(2) 三阶行列式共有 3！＝6 项，每一项均为取自不同行不同列的 3 个元素乘积，每一项前有一确定的符号，共有三个正项、三个负项.

根据二阶、三阶行列式定义可以类似地定义 n 阶行列式.

§1.2　n 阶行列式

为了定义 n 阶行列式，我们需要引入 n 阶排列的概念.

1. 排列与反序

定义 1.2.1　由数码 $1,2,\cdots,n$ 组成的不重复的每一种有确定次序排列，称为一个n 阶排列.

例如 1234 和 3142 都是 4 阶排列，15342 是一个 5 阶排列.

定义 1.2.2　在一个 n 阶排列 $i_1i_2\cdots i_n$ 中如果较大数 i_t 排在了较小数 i_s 之前，则称 i_t 与 i_s 构成了一个反序. 一个 n 阶排列中反序的总数，称为该排列的反序数，记为 $\tau(i_1i_2\cdots i_n)$.

排列 $i_1i_2\cdots i_n$ 的反序数 $\tau(i_1i_2\cdots i_n)$ 是奇数的称为奇排列，是偶数的称为偶排列.

例如，排列 15342 中 5 排在 3，4，2 之前，故 5，3；5，4；5，2 分别构成反序，3，2；4，2也分别构成反序，故共有 5 个反序，即 $\tau(15342)=5$，所以 15342 是奇排列.

很显然 n 阶排列的总数共有 $n!$ 个.

例如，三阶排列共有 6 个：123，231，312，132，213，321，其中前 3 个为偶排列，后三个为奇排列.

在一个排列 $i_1i_2\cdots i_s\cdots i_t\cdots i_n$ 中，如果仅将它的两个数码 i_s 与 i_t 对换，得另一排列 $i_1i_2\cdots i_t\cdots i_s\cdots i_n$，这样的变换称为一个对换，记为$(i_s,i_t)$.

定理 1.2.1　任意一个排列经过一次对换改变奇偶性.

证明　(1)首先讨论对换相邻两数码的情形. 设排列为 $AijB$，其中 A，

B 表示除 i,j 两个数码外其余的数码，经过对换 (i,j)，变为排列 $AjiB$.

比较上面两排列中的反序数，由于 A,B 中数码位置没有变动，而且 i,j 与 A,B 中数码的次序也没有改变，仅仅改变了 i 与 j 的次序. 因此新排列仅比原排列增加（当 $i<j$）或减少（当 $i>j$）一个反序，故它们奇偶性相反.

(2) 在一般情形，设排列为 $Aik_1k_2\cdots k_sjB$，经过对换 (i,j) 变为 $Ajk_1\cdots k_siB$. 新排列可以由原排列中将数码 i 依次与 $k_1,k_2,\cdots,k_s,j$ 作 $s+1$次相邻对换，再将 j 依次与 $k_s,\cdots,k_2,k_1$ 作相邻对换，故新排列可由原排列经 $2s+1$ 次相邻对换得到. 由(1)知它改变了奇数次排列的奇偶性，从而它与原排列的奇偶性相反.

定理 1.2.2　n 个数码 $(n>1)$ 的不同排列共有 $n!$ 个，其中奇、偶排列各占一半.

证明　略.

2. n 阶行列式

定义 1.2.3　由 n^2 个元素 $a_{ij}\,(i,j=1,2,\cdots,n)$ 组成的记号

$$\begin{vmatrix} a_{11} & a_{12} & \cdots & a_{1n} \\ a_{21} & a_{22} & \cdots & a_{2n} \\ \cdots & \cdots & \cdots & \cdots \\ a_{n1} & a_{n2} & \cdots & a_{nn} \end{vmatrix}$$

称为n 阶行列式，其中横排称为行，纵排称为列. 它表示所有可能取自不同行不同列的 n 个元素乘积的代数和. 各项符号是：当该项元素行下标为自然顺序排列时，若对应的列下标排列是偶排列时取正号，奇排列时取负号，故 n 阶行列式所表示的代数和中的一般项可表为

$$(-1)^{\tau(j_1j_2\cdots j_n)}a_{1j_1}a_{2j_2}\cdots a_{nj_n}. \tag{2.1}$$

通常用 D_n（或 D）表示 n 阶行列式，故

$$D_n=\sum_{j_1j_2\cdots j_n}(-1)^{\tau(j_1j_2\cdots j_n)}a_{1j_1}a_{2j_2}\cdots a_{nj_n}. \tag{2.2}$$

其中 $j_1j_2\cdots j_n$ 为 n 阶排列. 有时为方便起见也可简记为 $D_n=|a_{ij}|_{n\times n}$

例 1　计算 n 阶行列式的值.

$$D_n=\begin{vmatrix} a_{11} & 0 & 0 & \cdots & 0 \\ a_{21} & a_{22} & 0 & \cdots & 0 \\ a_{31} & a_{32} & a_{33} & \cdots & 0 \\ \cdots & \cdots & \cdots & \cdots & \cdots \\ a_{n1} & a_{n2} & a_{n3} & \cdots & a_{nn} \end{vmatrix},$$

其中 $a_{ii}\neq 0\ (i=1,2,\cdots,n)$，称其为下三角形行列式.

解 记 D_n 的一般项为 $(-1)^{\tau(j_1j_2\cdots j_n)}a_{1j_1}a_{2j_2}\cdots a_{nj_n}$，$a_{1j_1}$ 取自第一行，当 $j_1\neq 1$ 时 $a_{1j_1}=0$，故 $j_1=1$，a_{2j_2} 取自第二行，该行中有 a_{21}，a_{22} 可能不为零，而 a_{11} 与 a_{21} 在同一列，因此 $j_2=2$，这样一直推下去，可得 D_n 中只含一项不为 0 即 $a_{11}a_{22}\cdots a_{nn}$，而 $\tau(12\cdots n)=0$，故

$$D_n=\begin{vmatrix} a_{11} & 0 & 0 & \cdots & 0 \\ a_{21} & a_{22} & 0 & \cdots & 0 \\ a_{31} & a_{32} & a_{33} & \cdots & 0 \\ \cdots & \cdots & \cdots & \cdots & \cdots \\ a_{n1} & a_{n2} & a_{n3} & \cdots & a_{nn} \end{vmatrix}=a_{11}a_{22}\cdots a_{nn}.$$

同理可得上三角形行列式

$$D_n=\begin{vmatrix} a_{11} & a_{12} & a_{13} & \cdots & a_{1n} \\ 0 & a_{22} & a_{23} & \cdots & a_{2n} \\ 0 & 0 & a_{33} & \cdots & a_{3n} \\ \cdots & \cdots & \cdots & \cdots & \cdots \\ 0 & 0 & 0 & \cdots & a_{nn} \end{vmatrix}=a_{11}a_{22}\cdots a_{nn}.$$

特殊情况

$$D=\begin{vmatrix} a_{11} & 0 & \cdots & 0 \\ 0 & a_{22} & \cdots & 0 \\ \cdots & \cdots & \cdots & \cdots \\ 0 & 0 & \cdots & a_{nn} \end{vmatrix}=a_{11}a_{22}\cdots a_{nn}$$

称为 n 阶对角形行列式，从左上角到右下角的对角线称为主对角线，其中元素称为主对角元.

定理 1.2.3 n 阶行列式 $D_n=|a_{ij}|$ 的一般项可以由下列式子表示

$$(-1)^{\tau(i_1i_2\cdots i_n)+\tau(j_1j_2\cdots j_n)}a_{i_1j_1}a_{i_2j_2}\cdots a_{i_nj_n},$$

其中 $i_1i_2\cdots i_n$ 与 $j_1j_2\cdots j_n$ 均为 n 阶排列.

证明 略.

例 2 若 $(-1)^{\tau(i432k)+\tau(52j14)}a_{i5}a_{42}a_{3j}a_{21}a_{k4}$ 是 5 阶行列式 $|a_{ij}|$ 的一项，则 i,j,k 应为何值，此时该项符号是什么？

解 由定义，$|a_{ij}|$ 中每一项元素取自不同行不同列，故 $j=3$ 且 $i=1$ 时，$k=5$ 或 $i=5$ 时 $k=1$.

当 $i=1,j=3,k=5$ 时，$\tau(14325)+\tau(52314)=9$，所以 $-a_{15}a_{42}a_{33}a_{21}a_{54}$ 为其中一项，符号为负.

当 $i=5,j=3,k=1$ 时 $\tau(54321)+\tau(52314)=16$，所以 $a_{55}a_{42}a_{33}a_{21}$

a_{14}也为$|a_{ij}|$中一项，符号为正.

§1.3　n 阶行列式的性质

将 n 阶行列式 D 的行与列互换后得到的行列式，称为 D 的转置行列式，记为 D^{T}或 D'. 即如果

$$D=\begin{vmatrix} a_{11} & a_{12} & \cdots & a_{1n} \\ a_{21} & a_{22} & \cdots & a_{2n} \\ \cdots & \cdots & \cdots & \cdots \\ a_{n1} & a_{n2} & \cdots & a_{nn} \end{vmatrix}, \quad 则\ D^{\mathrm{T}}=\begin{vmatrix} a_{11} & a_{21} & \cdots & a_{n1} \\ a_{12} & a_{22} & \cdots & a_{n2} \\ \cdots & \cdots & \cdots & \cdots \\ a_{1n} & a_{2n} & \cdots & a_{nn} \end{vmatrix}.$$

性质 1.3.1　将行列式转置，其值不变，即 $D^{\mathrm{T}}=D$.

证明　记 D 的一般项为$(-1)^{\tau(j_1j_2\cdots j_n)}a_{1j_1}a_{2j_2}\cdots a_{nj_n}$，它的元素在 D 中位于不同行不同列，因而在 D^{T} 中也位于不同行不同列，它在 D^{T} 中对应的项应为 $a_{j_11}a_{j_22}\cdots a_{j_nn}$，由定理 1.2.3 知该项前的符号为 $(-1)^{\tau(j_1j_2\cdots j_n)}+(-1)^{\tau(1,2\cdots n)}=(-1)^{\tau(j_1j_2\cdots j_n)}$，因此 D 与 D^{T} 是具有相同项的行列式，且每项符号相同. 故$D^{\mathrm{T}}=D$.

由上知，行列式中行所具有的性质，其列也具有相同的性质.

性质 1.3.2　交换行列式的两行(列)，行列式值变号.

证明　设

$$D=\begin{vmatrix} a_{11} & a_{12} & \cdots & a_{1n} \\ a_{21} & a_{22} & \cdots & a_{2n} \\ \cdots & \cdots & \cdots & \cdots \\ a_{i1} & a_{i2} & \cdots & a_{in} \\ \cdots & \cdots & \cdots & \cdots \\ a_{j1} & a_{j2} & \cdots & a_{jn} \\ \cdots & \cdots & \cdots & \cdots \\ a_{n1} & a_{n2} & \cdots & a_{nn} \end{vmatrix} \begin{matrix} \\ \\ \\ (i\ 行) \\ \\ (j\ 行) \\ \\ \\ \end{matrix},$$

交换 D 的第 i 行与第 j 行得

$$D_1=\begin{vmatrix} a_{11} & a_{12} & \cdots & a_{1n} \\ \cdots & \cdots & \cdots & \cdots \\ a_{j1} & a_{j2} & \cdots & a_{jn} \\ \cdots & \cdots & \cdots & \cdots \\ a_{i1} & a_{i2} & \cdots & a_{in} \\ \cdots & \cdots & \cdots & \cdots \\ a_{n1} & a_{n2} & \cdots & a_{nn} \end{vmatrix} \begin{matrix} \\ \\ (i\ 行) \\ \\ (j\ 行) \\ \\ \\ \end{matrix}.$$

D 的每一项为

$$a_{1k_1}a_{2k_2}\cdots a_{nk_n},\tag{3.1}$$

它取自 D 的不同行不同列，从而它也是 D_1 的一项；反之，D_1 中每一项也是 D 中的一项，并且 D 的不同项对应于 D_1 的不同项. 因此 D 与 D_1 含有相同的项.

(3.1)式在 D 中的符号为 $(-1)^{\tau(k_1k_2\cdots k_n)}$，而在 D_1 中是 D 的第 i 行与第 j 行互换而得到，而列的次序未变. $\tau(1\cdots j\cdots i\cdots n)$ 是一奇数，故(3.1)在 D_1 中的符号为 $(-1)^{\tau(1\cdots j\cdots i\cdots n)}+(-1)^{\tau(k_1k_2\cdots k_n)}=(-1)^{\tau(k_1k_2\cdots k_n)+1}$，即(3.1)在 D 与 D_1 中符号相反，从而 $D_1=-D$.

推论 1.3.1 若行列式中有两行(列)对应元素相同，则值为零.

证明 将行列式 D 中具有相同元素的两行互换，结果仍为 D，由性质1.3.2知，新行列式应为 $-D$，故 $D=-D$，所以 $D=0$.

性质 1.3.3 用数 k 去乘行列式的一行(列)所有元素等于以数 k 去乘该行列式.

证明 设把 D 的第 i 行元素 $a_{i1},a_{i2},\cdots,a_{in}$ 乘以 k 而得到行列式 D_1，则 D_1 的第 i 行元素是 $ka_{i1},ka_{i2},\cdots,ka_{in}$. D 的每一项可写成 $a_{1j_1}a_{2j_2}\cdots a_{ij_i}\cdots a_{nj_n}$，$D_1$ 中对应项可写成

$$a_{1j_1}a_{2j_2}\cdots(ka_{ij_i})\cdots a_{nj_n}=ka_{1j_1}a_{2j_2}\cdots a_{nj_n}.$$

而这两项前所具有的符号都是 $(-1)^{\tau(j_1j_2\cdots j_n)}$，因此 $D_1=kD$.

推论 1.3.2 一个行列式某行(列)的所有元素有公因子，则公因子可提到行列式之外.

推论 1.3.3 如果一个行列式有一行(列)的元素全部是零，则这个行列式值为零.

推论 1.3.4 如果一个行列式有两行(列)对应元素成比例，则这个行列式值为零.

证明 可将这个行列式行(列)的比例系数提到行列式之外，则余下行列式有两行(列)对应元素相同，由推论 1.3.1 知该行列式值为零.

性质 1.3.4 设行列式 D 的第 i 行的所有元素都可以表示成两元素之和：

$$D=\begin{vmatrix} a_{11} & a_{12} & \cdots & a_{1n} \\ \cdots & \cdots & \cdots & \cdots \\ b_{i1}+c_{i1} & b_{i2}+c_{i2} & \cdots & b_{in}+c_{in} \\ \cdots & \cdots & \cdots & \cdots \\ a_{n1} & a_{n2} & \cdots & a_{nn} \end{vmatrix},$$

则 D 等于两行列式之和,即 $D=D_1+D_2$,其中 D_1 的第 i 行元素是 $b_{i1},b_{i2},\cdots,b_{in}$,$D_2$ 的第 i 行元素是 $c_{i1},c_{i2},\cdots,c_{in}$,其他元素与 D 的相应位置元素都一致.

证明　D 的一般项

$$
\begin{aligned}
&(-1)^{\tau(j_1j_2\cdots j_n)}a_{1j_1}\cdots(b_{ij_i}+c_{ij_i})\cdots a_{nj_n}\\
&=(-1)^{\tau(j_1j_2\cdots j_n)}a_{1j_1}\cdots b_{ij_i}\cdots a_{nj_n}+(-1)^{\tau(j_1j_2\cdots j_n)}a_{1j_1}\cdots c_{ij_i}\cdots a_{nj_n}.
\end{aligned}
$$

上面等号右端第一项是 D_1 的一般项,第二项是 D_2 的一般项,所以 $D=D_1+D_2$.

推论 1.3.5　若行列式某一行(列)的每一元素都是 m 个元素($m\geqslant 2$)的和,则此行列式可表成 m 个行列式之和.

性质 1.3.5　将行列式的某一行(列)的元素同乘以数 k 后加到另一行(列)对应位置元素上,行列式值不变.

证明　设
$$
D=\begin{vmatrix}
a_{11} & a_{12} & \cdots & a_{1n}\\
\cdots & \cdots & \cdots & \cdots\\
a_{i1} & a_{i2} & \cdots & a_{in}\\
\cdots & \cdots & \cdots & \cdots\\
a_{j1} & a_{j2} & \cdots & a_{jn}\\
\cdots & \cdots & \cdots & \cdots\\
a_{n1} & a_{n2} & \cdots & a_{nn}
\end{vmatrix}
\begin{matrix}\\ \\ (i\text{ 行})\\ \\ (j\text{ 行})\\ \\ \\ \end{matrix},
$$

$$
D_1=\begin{vmatrix}
a_{11} & a_{12} & \cdots & a_{1n}\\
\cdots & \cdots & \cdots & \cdots\\
a_{i1}+ka_{j1} & a_{i2}+ka_{j2} & \cdots & a_{in}+ka_{jn}\\
\cdots & \cdots & \cdots & \cdots\\
a_{j1} & a_{j2} & \cdots & a_{jn}\\
\cdots & \cdots & \cdots & \cdots\\
a_{n1} & a_{n2} & \cdots & a_{nn}
\end{vmatrix},
$$

由性质 1.3.4 及推论 1.3.4 知

$$
D_1=\begin{vmatrix}
a_{11} & a_{12} & \cdots & a_{1n}\\
\cdots & \cdots & \cdots & \cdots\\
a_{i1} & a_{i2} & \cdots & a_{in}\\
\cdots & \cdots & \cdots & \cdots\\
a_{j1} & a_{j2} & \cdots & a_{jn}\\
\cdots & \cdots & \cdots & \cdots\\
a_{n1} & a_{n2} & \cdots & a_{nn}
\end{vmatrix}+\begin{vmatrix}
a_{11} & a_{12} & \cdots & a_{1n}\\
\cdots & \cdots & \cdots & \cdots\\
ka_{j1} & ka_{j2} & \cdots & ka_{jn}\\
\cdots & \cdots & \cdots & \cdots\\
a_{j1} & a_{j2} & \cdots & a_{jn}\\
\cdots & \cdots & \cdots & \cdots\\
a_{n1} & a_{n2} & \cdots & a_{nn}
\end{vmatrix}
$$

$$
=D+0=D.
$$

例 1 计算行列式

$$D=\begin{vmatrix}1+a_1 & 2+a_1 & 3+a_1\\ 1+a_2 & 2+a_2 & 3+a_2\\ 1+a_3 & 2+a_3 & 3+a_3\end{vmatrix}.$$

解 将第 1 列的 -1 倍分别加到第 2 列和第 3 列得

$$D=\begin{vmatrix}1+a_1 & 1 & 2\\ 1+a_2 & 1 & 2\\ 1+a_3 & 1 & 2\end{vmatrix}=0.$$

例 2 计算 n 阶行列式

$$D_n=\begin{vmatrix}x & a & a & \cdots & a\\ a & x & a & \cdots & a\\ a & a & x & \cdots & a\\ \cdots & \cdots & \cdots & \cdots & \cdots\\ a & a & a & \cdots & x\end{vmatrix}.$$

解 将各行都加到第 1 行,则第一行有公因子 $x+(n-1)a$,将其提到行列式之外得

$$D_n=[x+(n-1)a]\begin{vmatrix}1 & 1 & 1 & \cdots & 1\\ a & x & a & \cdots & a\\ a & a & x & \cdots & a\\ \cdots & \cdots & \cdots & \cdots & \\ a & a & a & \cdots & x\end{vmatrix},$$

右边行列式将各行加上第一行的 $-a$ 倍得

$$D_n=[x+(n-1)a]\begin{vmatrix}1 & 1 & 1 & \cdots & 1\\ 0 & x-a & 0 & \cdots & 0\\ 0 & 0 & x-a & \cdots & 0\\ \cdots & \cdots & \cdots & \cdots & \cdots\\ 0 & 0 & 0 & \cdots & x-a\end{vmatrix}$$

$$=(x-a)^{n-1}[x+(n-1)a].$$

例 3 设三阶行列式 $|a_{ij}|=a$,计算行列式

$$D_1=\begin{vmatrix}4a_{11} & 2a_{12}-3a_{13} & -a_{13}\\ 4a_{21} & 2a_{22}-3a_{23} & -a_{23}\\ 4a_{31} & 2a_{32}-3a_{33} & -a_{33}\end{vmatrix}.$$

解 由行列式性质可先将第 1 列的公因子 4 及第 3 列的公因子 -1 提到行列式之外,然后再将行列式的第 3 列的 3 倍加到第 2 列,得

$$D_1 = 4\times(-1)\begin{vmatrix} a_{11} & 2a_{12} & a_{13} \\ a_{21} & 2a_{22} & a_{23} \\ a_{31} & 2a_{32} & a_{33} \end{vmatrix} = -4\times 2\begin{vmatrix} a_{11} & a_{12} & a_{13} \\ a_{21} & a_{22} & a_{23} \\ a_{31} & a_{32} & a_{33} \end{vmatrix}$$

$$=-8a.$$

例 4　求 n 阶行列式的值

$$D=\begin{vmatrix} x_1 & a & a & \cdots & a \\ a & x_2 & a & \cdots & a \\ a & a & x_3 & \cdots & a \\ \cdots & \cdots & \cdots & \cdots & \cdots \\ a & a & a & \cdots & x_n \end{vmatrix}.$$

解　若 $a=0$ 或有一个 $x_i=a(i=1,2,\cdots,n)$时，显然容易计算. 设 $a\neq 0$且 $x_i\neq a(i=1,2,\cdots,n)$，则可加边得：

$$D=\begin{vmatrix} 1 & a & a & \cdots & a \\ 0 & x_1 & a & \cdots & a \\ 0 & a & x_2 & \cdots & a \\ \cdots & \cdots & \cdots & \cdots & \cdots \\ 0 & a & a & \cdots & x_n \end{vmatrix} = \begin{vmatrix} 1 & a & a & \cdots & a \\ -1 & x_1-a & 0 & \cdots & 0 \\ -1 & 0 & x_2-a & \cdots & 0 \\ \cdots & \cdots & \cdots & \cdots & \cdots \\ -1 & 0 & 0 & \cdots & x_n-a \end{vmatrix}$$

$$=\prod_{i=1}^{n}(x_i-a)\left[1+a\sum_{i=1}^{n}\frac{1}{x_i-a}\right].$$

§1.4　行列式的计算

对于给定的 n 阶行列式，除利用定义和有关性质计算外，我们还需寻求另外的计算方法.

1. 行列式按行(列)展开

定义 1.4.1　在 n 阶行列式 D 中任意取定 k 行 k 列($k\leqslant n$)，位于这些行、列交叉处元素所构成的 k 阶行列式称为 D 的一个k 阶子式.

例　$D=|a_{ij}|$为 4 阶行列式，$M_1=\begin{vmatrix} a_{11} & a_{13} \\ a_{31} & a_{33} \end{vmatrix}$，

$$M_2=\begin{vmatrix} a_{12} & a_{13} & a_{14} \\ a_{22} & a_{23} & a_{24} \\ a_{32} & a_{33} & a_{34} \end{vmatrix}$$ 都是 D 的子式.

定义 1.4.2　在 n 阶行列式 $D=|a_{ij}|$中划去 a_{ij} 所在的行和列后余

下的 $n-1$ 阶行列式，称为 D 中元素 a_{ij} 的余子式，记为 M_{ij}，称 $(-1)^{i+j}M_{ij}$ 为 a_{ij} 的代数余子式，记为 A_{ij}，即 $A_{ij}=(-1)^{i+j}M_{ij}$.

例 4 阶行列式 $D=|a_{ij}|$ 中，元素 a_{24} 代数余子式是

$$A_{24}=(-1)^{2+4}\begin{vmatrix} a_{11} & a_{12} & a_{13} \\ a_{31} & a_{32} & a_{33} \\ a_{41} & a_{42} & a_{43} \end{vmatrix},$$

a_{31} 的代数余子式是

$$A_{31}=(-1)^{3+1}\begin{vmatrix} a_{12} & a_{13} & a_{14} \\ a_{22} & a_{23} & a_{24} \\ a_{42} & a_{43} & a_{44} \end{vmatrix}.$$

定理 1.4.1 n 阶行列式 $D=|a_{ij}|$ 等于它的任一行(列)的各元素与其代数余子式乘积的和，即

$$D=a_{i1}A_{i1}+a_{i2}A_{i2}+\cdots+a_{in}A_{in}\quad(i=1,2,\cdots,n),$$

$$\text{或}\quad D=a_{1j}A_{1j}+a_{2j}A_{2j}+\cdots+a_{nj}A_{nj}\quad(j=1,2,\cdots,n).$$

证明 分三种情况：

(1) D 中第一行除 $a_{11}\neq 0$ 外，其余元素均为 0，由于 D 中每一项均含第一行元素，但第一行除 $a_{11}\neq 0$，其余都为 0，故 D 中仅含下面形式的项 $(-1)^{\tau(1j_2\cdots j_n)}a_{11}a_{2j_2}\cdots a_{nj_n}=a_{11}[(-1)^{\tau(j_2\cdots j_n)}a_{2j_2}\cdots a_{nj_n}]$，等式右端括号内是 M_{11} 的一般项，故 $D=a_{11}M_{11}$，又由 $A_{11}=(-1)^{1+1}M_{11}=M_{11}$，从而 $D=a_{11}A_{11}$.

(2) 设 D 中第 i 行元素中除 $a_{ij}\neq 0$ 外其余均为 0，则将 D 的第 i 行依次与第 $i-1,i-2,\cdots,2,1$ 行交换后，再将第 j 列依次与第 $j-1,\cdots,2,1$ 各列交换，共经过 $i+j-2$ 次交换 D 的行和列得

$$D=(-1)^{i+j-2}\begin{vmatrix} a_{ij} & 0 & \cdots & 0 & 0 & \cdots & 0 \\ a_{1j} & a_{11} & \cdots & a_{1j-1} & a_{1j+1} & \cdots & a_{1n} \\ \cdots & \cdots & \cdots & \cdots & \cdots & \cdots & \cdots \\ a_{i-1j} & a_{i-11} & \cdots & a_{i-1j-1} & a_{i-1j+1} & \cdots & a_{i-1n} \\ a_{i+1j} & a_{i+11} & \cdots & a_{i+1j-1} & a_{i+1j+1} & \cdots & a_{i+1n} \\ \cdots & \cdots & \cdots & \cdots & \cdots & \cdots & \cdots \\ a_{nj} & a_{n1} & \cdots & a_{nj-1} & a_{nj+1} & \cdots & a_{nn} \end{vmatrix}$$

$$=(-1)^{i+j}a_{ij}M_{ij}=a_{ij}A_{ij}.$$

(3) 对于一般情形,D 可写成如下形式

$$D=\begin{vmatrix} a_{11} & a_{12} & \cdots & a_{1n} \\ \cdots\cdots & \cdots\cdots & \cdots\cdots & \cdots\cdots \\ a_{i1}+0+\cdots+0 & 0+a_{i2}+\cdots+0 & \cdots & 0+\cdots+0+a_{in} \\ \cdots & \cdots & \cdots & \cdots \\ a_{n1} & a_{n2} & \cdots & a_{nn} \end{vmatrix}.$$

由行列式性质 1.3.4 的推论 1.3.5 及(2)知

$$D=\begin{vmatrix} a_{11} & a_{12} & \cdots & a_{1n} \\ \cdots & \cdots & \cdots & \cdots \\ a_{i1} & 0 & \cdots & 0 \\ \cdots & \cdots & \cdots & \cdots \\ a_{n1} & a_{n2} & \cdots & a_{nn} \end{vmatrix}+\begin{vmatrix} a_{11} & a_{12} & \cdots & a_{1n} \\ \cdots & \cdots & \cdots & \cdots \\ 0 & a_{i2} & \cdots & 0 \\ \cdots & \cdots & \cdots & \cdots \\ a_{n1} & a_{n2} & \cdots & a_{nn} \end{vmatrix}+$$

$$\cdots+\begin{vmatrix} a_{11} & a_{12} & \cdots & a_{1n} \\ \cdots & \cdots & \cdots & \cdots \\ 0 & 0 & \cdots & a_{in} \\ \cdots & \cdots & \cdots & \cdots \\ a_{n1} & a_{n2} & \cdots & a_{nn} \end{vmatrix}$$

$$=a_{i1}A_{i1}+a_{i2}A_{i2}+\cdots+a_{in}A_{in},$$

这一结果对任意 $i=1,2,\cdots,n$ 均成立.

同理可证将 D 按列展开的情形.

定理 1.4.2 n 阶行列式 D 的某一行(列)的元素与另一行(列)对应元素的代数余子式乘积之和等于零. 即

$$a_{i1}A_{j1}+a_{i2}A_{j2}+\cdots+a_{in}A_{jn}=0 \quad (i\neq j).$$

或 $$a_{1s}A_{1t}+a_{2s}A_{2t}+\cdots+a_{ns}A_{nt}=0 \quad (s\neq t).$$

证明 仅对行展开的情形证明. 构造行列式

$$D_1=\begin{vmatrix} a_{11} & a_{12} & \cdots & a_{1n} \\ \cdots & \cdots & \cdots & \cdots \\ a_{i1} & a_{i2} & \cdots & a_{in} \\ \cdots & \cdots & \cdots & \cdots \\ a_{i1} & a_{i2} & \cdots & a_{in} \\ \cdots & \cdots & \cdots & \cdots \\ a_{n1} & a_{n2} & \cdots & a_{nn} \end{vmatrix} \begin{matrix} \\ \\ (i\text{ 行}) \\ , \\ (j\text{ 行}) \\ \\ \\ \end{matrix}$$

D_1 的第 i 行与第 j 行完全相同,故 $D_1=0$. 另一方面 D 与 D_1 仅有第 j 行不同,因此 D_1 的第 j 行元素的代数余子式与 D 的第 j 行对应元素的

代数余子式相同.由定理1.4.1知

$$D_1=a_{i1}A_{j1}+a_{i2}A_{j2}+\cdots+a_{in}A_{jn}=0.$$

例1 求三阶行列式中元素 a 的代数余子式

$$D=\begin{vmatrix}1 & 2 & 4\\ 2 & 5 & a\\ -3 & 1 & 0\end{vmatrix}.$$

解 a 位于二行三列处,故其代数余子式为

$$A_{23}=(-1)^{2+3}\begin{vmatrix}1 & 2\\ -3 & 1\end{vmatrix}=-(1+6)=-7.$$

例2 计算 $n(n>1)$ 阶行列式

$$D=\begin{vmatrix}a & b & 0 & \cdots & 0 & 0\\ 0 & a & b & \cdots & 0 & 0\\ \vdots & \vdots & \vdots & \cdots & \cdots & \cdots\\ 0 & 0 & 0 & \cdots & a & b\\ b & 0 & 0 & \cdots & 0 & a\end{vmatrix}.$$

解 由于该行列式中零较多,考虑将其按第一列展开得

$$D=aA_{11}+bA_{n1}=a\begin{vmatrix}a & b & \cdots & 0 & 0\\ 0 & a & \cdots & 0 & 0\\ \cdots & \cdots & \cdots & \cdots & \cdots\\ 0 & 0 & \cdots & a & b\\ 0 & 0 & \cdots & 0 & a\end{vmatrix}$$

$$+b(-1)^{n+1}\begin{vmatrix}b & 0 & \cdots & 0 & 0\\ a & b & \cdots & 0 & 0\\ \cdots & \cdots & \cdots & \cdots & \cdots\\ 0 & 0 & \cdots & b & 0\\ 0 & 0 & \cdots & a & b\end{vmatrix}$$

$$=a^n+(-1)^{n+1}b^n.$$

2. Vandermonde 行列式

形如

$$D(a_1,a_2,\cdots,a_n)=\begin{vmatrix}1 & 1 & \cdots & 1\\ a_1 & a_2 & \cdots & a_n\\ a_1^2 & a_2^2 & \cdots & a_n^2\\ \cdots & \cdots & \cdots & \cdots\\ a_1^{n-1} & a_2^{n-1} & \cdots & a_n^{n-1}\end{vmatrix}$$

的行列式称为 n 阶 Vandermonde 行列式. 则

$$D(a_1,a_2,\cdots,a_n)=\prod_{1\leqslant j<i\leqslant n}(a_i-a_j).$$

事实上,从第 n 行开始,每行依次减去它前一行的 a_1 倍,再按第一列展开得

$$\begin{aligned}&D(a_1,a_2,\cdots,a_n)\\&=(a_2-a_1)(a_3-a_1)\cdots(a_n-a_1)\begin{vmatrix}1&1&\cdots&1\\a_2&a_3&\cdots&a_n\\a_2^2&a_3^3&\cdots&a_n^2\\\cdots&\cdots&\cdots&\cdots\\a_2^{n-2}&a_2^{n-2}&\cdots&a_n^{n-2}\end{vmatrix}\\&=(a_2-a_1)(a_3-a_1)\cdots(a_n-a_1)D(a_2,a_3,\cdots,a_n),\end{aligned}$$

同上方法得

$$D(a_2,a_3,\cdots,a_n)=(a_3-a_2)\cdots(a_n-a_2)D(a_3,\cdots,a_n),$$

如此下去可得

$$\begin{aligned}D(a_1,a_2,\cdots,a_n)&=(a_2-a_1)(a_3-a_1)\cdots(a_n-a_1)\\&\quad\cdot(a_3-a_2)\cdots(a_n-a_2)\cdots\cdot(a_n-a_{n-1})\\&=\prod_{1\leqslant j<i\leqslant n}(a_i-a_j).\end{aligned}$$

*3. Laplace 定理

定义 1.4.3　在 n 阶行列式 D 中取定 k 行 k 列($1\leqslant k\leqslant n$),由这些行列交叉处元素按原来位置构成的 k 阶行列式称为 D 的 k 阶子式,记为 N. 在 D 中去掉 k 阶子式 N 所在行和列得到 $n-k$ 阶行列式,称为 N 的余子式,记为 M. 若构成 N 的行指标为 $i_1,i_2,\cdots,i_k$,列指标为 $j_1,j_2,\cdots,j_k$,则称 $(-1)^{i_1+i_2+\cdots+i_k+j_1+j_2+\cdots+j_k}M$ 为 N 的代数余子式.

定理 1.4.3 (Laplace 定理)　设 D 为 n 阶行列式,任取其中 k 行(列)($1\leqslant k\leqslant n$),则由这 k 行(列)构成的一切 k 阶子式 $N_1,N_2,\cdots,N_t$ 与它们对应的代数余子式 $A_1,A_2,\cdots,A_t$ 乘积之和等于 D,即 $D=N_1A_1+N_2A_2+\cdots+N_tA_t$ ($t=C_n^k$).

证明从略.

注:行列式按一行(列)展开就是该定理中 $k=1$ 的情形.

例 3 计算 5 阶行列式

$$D=\begin{vmatrix}1&2&0&0&0\\2&2&3&0&0\\0&3&3&4&0\\0&0&4&4&5\\0&0&0&5&5\end{vmatrix}.$$

解 取定 D 的第一、二行，由这两行构成的所有二阶子式应有 $C_5^2=10$ 个，但其中有 7 个都为 0，余下的三个是

$$N_1=\begin{vmatrix}1&2\\2&2\end{vmatrix}=-2,N_2=\begin{vmatrix}1&0\\2&3\end{vmatrix}=3,N_3=\begin{vmatrix}2&0\\2&3\end{vmatrix}=6.$$

对应的代数余子式分别是

$$A_1=(-1)^{1+2+1+2}\begin{vmatrix}3&4&0\\4&4&5\\0&5&5\end{vmatrix}=-95,$$

$$A_2=(-1)^{1+2+1+3}\begin{vmatrix}3&4&0\\0&4&5\\0&5&5\end{vmatrix}=15,$$

$$A_3=(-1)^{1+2+2+3}\begin{vmatrix}0&4&0\\0&4&5\\0&5&5\end{vmatrix}=0.$$

由 Laplace 定理得

$$D=N_1A_1+N_2A_2+N_3A_3=(-2)\times(-95)+3\times15=235.$$

§1.5 Cramer 法则

我们已经知道二元一次方程组

$$\begin{cases}a_{11}x_1+a_{12}x_2=b_1\\a_{21}x_1+a_{22}x_2=b_2\end{cases}$$

当 $a_{11}a_{22}-a_{21}a_{12}\neq0$ 时，其解可唯一表示成

$$x_1=\frac{\begin{vmatrix}b_1&a_{12}\\b_2&a_{22}\end{vmatrix}}{\begin{vmatrix}a_{11}&a_{12}\\a_{21}&a_{22}\end{vmatrix}}=\frac{D_1}{D},x_2=\frac{\begin{vmatrix}a_{11}&b_1\\a_{21}&b_2\end{vmatrix}}{\begin{vmatrix}a_{11}&a_{12}\\a_{21}&a_{22}\end{vmatrix}}=\frac{D_2}{D},$$

其中 $D=\begin{vmatrix} a_{11} & a_{12} \\ a_{21} & a_{22} \end{vmatrix}\neq 0, D_1=\begin{vmatrix} b_1 & a_{12} \\ b_2 & a_{22} \end{vmatrix}, D_2=\begin{vmatrix} a_{11} & b_1 \\ a_{21} & b_2 \end{vmatrix}.$

三元一次方程组

$$\begin{cases} a_{11}x_1+a_{12}x_2+a_{13}x_3=b_1 \\ a_{21}x_1+a_{22}x_2+a_{23}x_3=b_2 \\ a_{31}x_1+a_{32}x_2+a_{33}x_3=b_3 \end{cases}$$

当 $D\neq 0$ 时,有唯一解 $x_j=\dfrac{D_j}{D}$ $(j=1,2,3)$,其中

$$D=\begin{vmatrix} a_{11} & a_{12} & a_{13} \\ a_{21} & a_{22} & a_{23} \\ a_{31} & a_{32} & a_{33} \end{vmatrix}, D_1=\begin{vmatrix} b_1 & a_{12} & a_{13} \\ b_2 & a_{22} & a_{23} \\ b_3 & a_{32} & a_{33} \end{vmatrix},$$

$$D_2=\begin{vmatrix} a_{11} & b_1 & a_{13} \\ a_{21} & b_2 & a_{23} \\ a_{31} & b_3 & a_{33} \end{vmatrix}, D_3=\begin{vmatrix} a_{11} & a_{12} & b_1 \\ a_{21} & a_{22} & b_2 \\ a_{31} & a_{32} & b_3 \end{vmatrix}.$$

一般地,设有 n 个未知量 n 个方程的线性方程组为

$$\begin{cases} a_{11}x_1+a_{12}x_2+\cdots+a_{1n}x_n=b_1 \\ a_{21}x_1+a_{22}x_2+\cdots+a_{2n}x_n=b_2 \\ \cdots\ \cdots\ \cdots\ \cdots\ \cdots\ \cdots\ \cdots\ \cdots\ \cdots\ \cdots\ \cdots \\ a_{n1}x_1+a_{n2}x_2+\cdots+a_{nn}x_n=b_n. \end{cases} \tag{5.1}$$

由未知量系数构成的行列式

$$D=\begin{vmatrix} a_{11} & a_{12} & \cdots & a_{1n} \\ a_{21} & a_{22} & \cdots & a_{2n} \\ \cdots & \cdots & \cdots & \cdots \\ a_{n1} & a_{n2} & \cdots & a_{nn} \end{vmatrix} \tag{5.2}$$

称为方程组(5.1)的系数行列式.

定理 1.5.1 (Cramer 法则) 线性方程组(5.1),当其系数行列式 $D\neq 0$ 时,有且仅有一组解

$$x_j=\frac{D_j}{D} \quad (j=1,2,\cdots,n), \tag{5.3}$$

其中 $D_j(j=1,2,\cdots,n)$是 D 的第 j 列元素换成常数项 $b_1,b_2,\cdots,b_n$ 后而得到的行列式.

证明 以行列式 D 的第 j $(j=1,2,\cdots,n)$列元素的代数余子式 $A_{1j},A_{2j},\cdots,A_{nj}$ 分别乘以方程组(5.1)的第一,第二,…,第 n 个方程,然后相加得

$$\begin{aligned}&(a_{11}A_{1j}+a_{21}A_{2j}+\cdots+a_{n1}A_{nj})x_1\\&+\cdots\cdots\cdots\cdots\cdots\cdots\cdots\cdots\cdots\cdots\\&+(a_{1j}A_{1j}+a_{2j}A_{2j}+\cdots+a_{nj}A_{nj})x_j\\&+\cdots\cdots\cdots\cdots\cdots\cdots\cdots\cdots\cdots\cdots\\&+(a_{1n}A_{1j}+a_{2n}A_{2j}+\cdots+a_{nn}A_{nj})x_n\\&=b_1A_{1j}+b_2A_{2j}+\cdots+b_nA_{nj},\end{aligned}$$

由§1.4定理1.4.1及1.4.2知 x_j 的系数为 D，$x_k(k\neq j)$ 的系数等于零，等号右端等于 D 的第 j 列元素以常数项 $b_1,b_2,\cdots,b_n$ 替换后而得的行列式 D_j，即 $Dx_j=D_j(j=1,2,\cdots,n)$. (5.4)

如果方程组(5.1)有解，则其解必须满足方程组(5.4)，而当 $D\neq 0$ 时，方程组(5.4)只有形式为(5.3)的解 $x_j=\dfrac{D_j}{D}\ (j=1,2,\cdots,n)$.

另一方面，将(5.3)代入方程组(5.1)，易验证它满足方程组(5.1)，所以(5.3)是方程组(5.1)的解. 于是得当 $D\neq 0$ 时，方程组(5.1)有且仅有一组解 $x_j=\dfrac{D_j}{D}\ (j=1,2,\cdots,n)$.

例1 解方程组

$$\begin{cases}x_1+x_2+2x_3+3x_4=1\\3x_1-x_2-x_3-2x_4=-4\\2x_1+3x_2-x_3-x_4=-6\\x_1+2x_2+3x_3-x_4=-4.\end{cases}$$

解 系数行列式

$$D=\begin{vmatrix}1&1&2&3\\3&-1&-1&-2\\2&3&-1&-1\\1&2&3&-1\end{vmatrix}=-153\neq 0,$$

$$D_1=\begin{vmatrix}1&1&2&3\\-4&-1&-1&-2\\-6&3&-1&-1\\-4&2&3&-1\end{vmatrix}=153,\ D_2=\begin{vmatrix}1&1&2&3\\3&-4&-1&-2\\2&-6&-1&-1\\1&-4&3&-1\end{vmatrix}=153,$$

$$D_3=\begin{vmatrix}1&1&1&3\\3&-1&-4&-2\\2&3&-6&-1\\1&2&-4&-1\end{vmatrix}=0,\ D_4=\begin{vmatrix}1&1&2&1\\3&-1&-1&-4\\2&3&-1&-6\\1&2&3&-4\end{vmatrix}=-153.$$

由 Gramer 法则，得方程组的唯一一组解

$$x_1=\frac{D_1}{D}=-1, x_2=\frac{D_2}{D}=-1, x_3=\frac{D_3}{D}=0, x_4=\frac{D_4}{D}=1.$$

当线性方程组(5.1)的常数项均为零,即

$$\begin{cases} a_{11}x_1+a_{12}x_2+\cdots+a_{1n}x_n=0 \\ a_{21}x_1+a_{22}x_2+\cdots+a_{2n}x_n=0 \\ \cdots\cdots\cdots\cdots\cdots\cdots\cdots\cdots\cdots\cdots\cdots \\ a_{n1}x_1+a_{n2}x_2+\cdots+a_{nn}x_n=0, \end{cases} \tag{5.5}$$

称为齐次线性方程组.

显然,齐次线性方程组(5.5)一定有解 $x_1=x_2=\cdots=x_n=0$,称为齐次线性方程组(5.5)的零解,若它还有其他的解,均称为非零解. 由 Gramer 法则得.

定理 1.5.2　若(5.5)的系数行列式 $D\neq 0$,则它仅有零解.

换句话说,如果齐次线性方程组有非零解,则系数行列式 $D=0$.

例 2　如果齐次线性方程组有非零解,问 k 应取何值?

$$\begin{cases} kx_1+x_2+x_3=0 \\ x_1+kx_2-x_3=0 \\ 2x_1-x_2+x_3=0. \end{cases}$$

解　系数行列式

$$D=\begin{vmatrix} k & 1 & 1 \\ 1 & k & -1 \\ 2 & -1 & 1 \end{vmatrix}=k^2-3k-4=(k+1)(k-4).$$

若方程组有非零解,则 $D=0$,从而 $k=-1$ 或 4.

习题一

1. 计算下列行列式.

(1) $\begin{vmatrix} \cos\theta & -\sin\theta \\ \sin\theta & \cos\theta \end{vmatrix}$;　(2) $\begin{vmatrix} 1 & 2 & -1 \\ 3 & 2 & 0 \\ 0 & -1 & 1 \end{vmatrix}$;　(3) $\begin{vmatrix} 0 & a & 0 \\ b & 0 & c \\ 0 & d & 0 \end{vmatrix}$;

(4) $\begin{vmatrix} 3 & 2 & 2 & 2 \\ 2 & 3 & 2 & 2 \\ 2 & 2 & 3 & 2 \\ 2 & 2 & 2 & 3 \end{vmatrix}$;　(5) $\begin{vmatrix} 1 & 2 & 3 & 4 \\ 2 & 3 & 4 & 1 \\ 3 & 4 & 1 & 2 \\ 4 & 1 & 2 & 3 \end{vmatrix}$;　(6) $\begin{vmatrix} 1 & 1 & 1 & 1 \\ 1 & 2 & 3 & 4 \\ 1 & 4 & 9 & 16 \\ 1 & 8 & 27 & 64 \end{vmatrix}$.

2. 在 6 阶行列式 $|a_{ij}|$ 中，下列各项应取什么符号？

(1) $a_{23}a_{56}a_{31}a_{14}a_{42}a_{65}$；　　(2) $a_{43}a_{54}a_{32}a_{66}a_{11}a_{25}$；

(3) $a_{13}a_{65}a_{51}a_{44}a_{32}a_{26}$；　　(4) $a_{21}a_{53}a_{16}a_{42}a_{65}a_{34}$.

3. 选择 k,l 使 $a_{13}a_{2k}a_{34}a_{42}a_{5l}$ 为 5 阶行列式 $|a_{ij}|$ 中带负号的项.

4. 用行列式定义计算下列各行列式.

(1) $\begin{vmatrix} 0 & 0 & \cdots & 0 & 1 \\ 0 & 0 & \cdots & 2 & 0 \\ \cdots & \cdots & \cdots & \cdots & \cdots \\ 0 & n-1 & \cdots & 0 & 0 \\ n & 0 & \cdots & 0 & 0 \end{vmatrix}$；　(2) $\begin{vmatrix} 0 & 1 & 0 & \cdots & 0 \\ 0 & 0 & 2 & \cdots & 0 \\ \cdots & \cdots & \cdots & \cdots & \cdots \\ 0 & 0 & 0 & \cdots & n-1 \\ n & 0 & 0 & \cdots & 0 \end{vmatrix}$；

(3) $\begin{vmatrix} a_1 & a_2 & a_3 & a_4 & a_5 \\ b_1 & b_2 & b_3 & b_4 & b_5 \\ c_1 & c_2 & 0 & 0 & 0 \\ d_1 & d_2 & 0 & 0 & 0 \\ e_1 & e_2 & 0 & 0 & 0 \end{vmatrix}$；　(4) $\begin{vmatrix} a_{11} & a_{12} & \cdots & a_{1n-1} & a_{1n} \\ a_{21} & a_{22} & \cdots & a_{2n-1} & 0 \\ \cdots & \cdots & \cdots & \cdots & \cdots \\ a_{n-1\,1} & a_{n-1\,2} & \cdots & 0 & 0 \\ a_{n1} & 0 & \cdots & 0 & 0 \end{vmatrix}$.

5. 设三阶行列式 $|a_{ij}|=a$，计算下列行列式.

(1) $\begin{vmatrix} 2a_{22}-3a_{21} & 4a_{21} & a_{23} \\ 2a_{12}-3a_{11} & 4a_{11} & a_{13} \\ 2a_{32}-3a_{31} & 4a_{31} & a_{33} \end{vmatrix}$；　(2) $\begin{vmatrix} 2a_{11} & 2a_{12} & 2a_{13} \\ 2a_{21} & 2a_{22} & 2a_{23} \\ 2a_{31} & 2a_{32} & 2a_{33} \end{vmatrix}$.

6. 用行列式性质计算下列各行列式.

(1) $\begin{vmatrix} x & y & x+y \\ y & x+y & x \\ x+y & x & y \end{vmatrix}$；　(2) $\begin{vmatrix} 2 & 1 & -1 \\ 4 & -1 & 1 \\ 201 & 102 & -99 \end{vmatrix}$；

(3) $\begin{vmatrix} 1 & 1 & 1 & 1 \\ -1 & 1 & 1 & 1 \\ -1 & -1 & 1 & 1 \\ -1 & -1 & -1 & 1 \end{vmatrix}$.

7. 计算下列 n 阶行列式.

(1) $\begin{vmatrix} a_1-b & a_2 & \cdots & a_n \\ a_1 & a_2-b & \cdots & a_n \\ \cdots & \cdots & \cdots & \cdots \\ a_1 & a_2 & \cdots & a_n-b \end{vmatrix}$；(2) $\begin{vmatrix} -a_1 & a_2 & 0 & \cdots & 0 & 0 \\ 0 & -a_2 & a_3 & \cdots & 0 & 0 \\ \cdots & \cdots & \cdots & \cdots & \cdots & \\ 0 & 0 & 0 & \cdots & -a_{n-1} & a_n \\ 1 & 1 & 1 & \cdots & 1 & 1 \end{vmatrix}$；

(3) $\begin{vmatrix} 1+a_1 & a_2 & a_3 & \cdots & a_n \\ a_1 & 1+a_2 & a_3 & \cdots & a_n \\ a_1 & a_2 & 1+a_3 & \cdots & a_n \\ \cdots & \cdots & \cdots & \cdots & \cdots \\ a_1 & a_2 & a_3 & \cdots & 1+a_n \end{vmatrix}$；

(4) $\begin{vmatrix} 1 & a_1 & a_2 & \cdots & a_n \\ 1 & a_1+b_1 & a_2 & \cdots & a_n \\ 1 & a_1 & a_2+b_2 & \cdots & a_n \\ \cdots & \cdots & \cdots & \cdots & \cdots \\ 1 & a_1 & a_2 & \cdots & a_n+b_n \end{vmatrix}$ $(b_i \neq 0)$.

8. 求行列式 $\begin{vmatrix} -3 & 0 & 4 \\ 5 & 0 & 3 \\ 2 & -2 & 1 \end{vmatrix}$ 中元素 2 和 -2 的代数余子式.

9. 已知 4 阶行列式 D 的第 3 列元素依次是 $-1,2,0,1$，它们的余子式分别是 $5,3,-7,4$，求 D.

10. 解方程

(1) $\begin{vmatrix} 1 & 2 & 3 & \cdots & n \\ 1 & x+1 & 3 & \cdots & n \\ 1 & 2 & x+1 & \cdots & n \\ \cdots & \cdots & \cdots & \cdots & \cdots \\ 1 & 2 & 3 & \cdots & x+1 \end{vmatrix}=0$;

(2) $\begin{vmatrix} 1 & 1 & 1 & \cdots & 1 & 1 \\ 1 & 1-x & 1 & \cdots & 1 & 1 \\ 1 & 1 & 2-x & \cdots & 1 & 1 \\ \cdots & \cdots & \cdots & \cdots & \cdots & \cdots \\ 1 & 1 & 1 & \cdots & (n-2)-x & 1 \\ 1 & 1 & 1 & \cdots & 1 & (n-1)-x \end{vmatrix}=0$.

11. 证明

(1) $\begin{vmatrix} a_1 & 1 & 1 & \cdots & 1 \\ 1 & a_2 & 1 & \cdots & 1 \\ 1 & 1 & a_3 & \cdots & 1 \\ \cdots & \cdots & \cdots & \cdots & \cdots \\ 1 & 1 & 1 & \cdots & a_n \end{vmatrix}=\prod_{i=1}^{n}(a_i-1)\left(1+\sum_{i=1}^{n}\frac{1}{a_i-1}\right)$

(其中 $a_i \neq 1, i=1,2,\cdots,n$)；

(2) $\begin{vmatrix} y+z & z+x & x+y \\ x+y & y+z & z+x \\ z+x & x+y & y+z \end{vmatrix}=2\begin{vmatrix} x & y & z \\ z & x & y \\ y & z & x \end{vmatrix}$;

(3) $\begin{vmatrix} a & b & c \\ a & a+b & a+b+c \\ a & 2a+b & 3a+2b+c \end{vmatrix}=a^3$;

(4) $\begin{vmatrix} x & 0 & 0 & \cdots & 0 & a_0 \\ -1 & x & 0 & \cdots & 0 & a_1 \\ 0 & -1 & x & \cdots & 0 & a_2 \\ \cdots & \cdots & \cdots & \cdots & \cdots & \cdots \\ 0 & 0 & 0 & \cdots & x & a_{n-2} \\ 0 & 0 & 0 & \cdots & -1 & x+a_{n-1} \end{vmatrix} = x^n + a_{n-1}x^{n-1} + \cdots + a_1 x + a_0.$

12. 用 Cramer 法则解下列方程组

(1) $\begin{cases} 2x_1 + x_2 - 5x_3 + x_4 = 8 \\ x_1 - 3x_2 \quad\quad - 6x_4 = 9 \\ \quad\quad 2x_2 - x_3 + 2x_4 = -5 \\ x_1 + 4x_2 - 7x_3 + 6x_4 = 0, \end{cases}$

(2) $\begin{cases} bx_1 - ax_2 + 2ab = 0 \\ -2cx_2 + 3bx_3 - bc = 0 \\ cx_1 + ax_3 = 0 \end{cases}$,其中 $abc \neq 0$.

13. k 取何值时,齐次线性方程组

$$\begin{cases} kx_1 + x_2 - x_3 = 0 \\ x_1 + kx_2 - x_3 = 0 \\ 2x_1 - x_2 + x_3 = 0 \end{cases}$$

有非零解.

14. 解方程

$$\begin{vmatrix} 1 & 1 & 1 & 1 \\ 1 & 2 & -2 & x \\ 1 & 4 & 4 & x^2 \\ 1 & 8 & -8 & x^3 \end{vmatrix} = 0.$$

15. 设 $a_i \neq a_j$ $(i \neq j; i, j = 1, 2, \cdots, n)$,解线性方程组

$$\begin{cases} x_1 + a_1 x_2 + \cdots + a_1^{n-1} x_n = 1 \\ x_1 + a_2 x_2 + \cdots + a_2^{n-1} x_n = 1 \\ \cdots\cdots\cdots\cdots\cdots\cdots\cdots\cdots\cdots \\ x_1 + a_n x_2 + \cdots + a_n^{n-1} x_n = 1. \end{cases}$$

16. 当 λ 为何值时,线性方程组

$$\begin{cases} x_1 + \lambda x_3 = 0 \\ 2x_1 - x_4 = 0 \\ \lambda x_1 + x_2 = 0 \\ x_3 + 2x_4 = 0 \end{cases}$$

有非零解.

17. 证明对任意实数 k,线性方程组

$$\begin{cases}(k-1)x_1+kx_2=0\\-2x_1+(k-1)x_2=0\end{cases}$$

只有零解.

18. 试证明

$$D_n=\begin{vmatrix}2\cos\theta & 1 & 0 & \cdots & 0\\ 1 & 2\cos\theta & 1 & \cdots & 0\\ 0 & 1 & 2\cos\theta & \cdots & 0\\ \cdots & \cdots & \cdots & \cdots & \cdots\\ 0 & 0 & 0 & \cdots & 2\cos\theta\end{vmatrix}=\frac{\sin(n+1)\theta}{\sin\theta}.$$

19. 证明 n 阶行列式

$$D_n=\begin{vmatrix}a+b & ab & 0 & \cdots & 0 & 0\\ 1 & a+b & ab & \cdots & 0 & 0\\ 0 & 1 & a+b & \cdots & 0 & 0\\ \cdots & \cdots & \cdots & \cdots & \cdots & \cdots\\ 0 & 0 & 0 & \cdots & 1 & a+b\end{vmatrix}=\frac{a^{n+1}-b^{n+1}}{a-b}\quad(a\neq b).$$

第 2 章

矩　阵

矩阵是线性代数的一个重要的基本概念和数学工具,广泛应用于自然科学的各个分支及经济分析、经济管理等许多领域. 本章将介绍矩阵的概念、运算、可逆矩阵,矩阵的初等变换、矩阵的分块等基本理论,它们是学习以后知识的基础.

§2.1　矩阵的概念

1. 两个例子

例 1　设有线性方程组

$$\begin{cases} x_1+5x_2+3x_3-x_4=-1 \\ x_1-2x_2+x_3+3x_4=3 \\ 3x_1+8x_2-2x_3+x_4=4 \\ x_1-9x_2+3x_3+7x_4=7. \end{cases}$$

这个方程组未知量系数及常数项按方程组中顺序组成一个矩形阵列如下

$$\begin{pmatrix} 1 & 5 & 3 & -1 & -1 \\ 1 & -2 & 1 & 3 & 3 \\ 3 & 8 & -2 & 1 & 4 \\ 1 & -9 & 3 & 7 & 7 \end{pmatrix},$$

这个阵列决定着给定方程组是否有解,以及有解时,解是什么等问题. 因此对这个阵列研究很有必要.

例 2　在物资调运中,某类物资有三个产地、五个销地,其调运情况可在下表中反映:

调运方案表　　　　单位:吨

调运吨数 销地 / 产地	Ⅰ	Ⅱ	Ⅲ	Ⅳ	Ⅴ
A	0	30	40	70	50
B	80	20	30	0	25
C	53	42	0	56	81

如果我们用 $a_{ij}(i=1,2,3,j=1,2,3,4,5)$ 表示从第 i 个产地运往第 j 个销地的运量(如 $a_{12}=30,a_{25}=25$ 等),这样就能把调运方案表简写成一个三行五列的矩形阵列)

$$\begin{pmatrix} 0 & 30 & 40 & 70 & 50 \\ 80 & 20 & 30 & 0 & 25 \\ 53 & 42 & 0 & 56 & 81 \end{pmatrix},$$

其中第一、二、三行分别表示产地 A、B、C 运往各地的销量.

类似这种矩形表,在自然科学、工程技术及经济领域中常常被应用.这种数表在数学上就叫矩阵.

2. 矩阵定义

定义 2.1.1　由 $m\times n$ 个数 $a_{ij}(i=1,2,\cdots,m;j=1,2,\cdots,n)$ 排成的一个 m 行 n 列的矩形阵列

$$\begin{pmatrix} a_{11} & a_{12} & \cdots & a_{1n} \\ a_{21} & a_{22} & \cdots & a_{2n} \\ \cdots & \cdots & \cdots & \cdots \\ a_{m1} & a_{m2} & \cdots & a_{mn} \end{pmatrix}.$$

称为一个m 行 n 列矩阵,简称 $m\times n$ 矩阵,其中每一个数 a_{ij} 称为该矩阵的第 i 行第 j 列元素$(i=1,2,\cdots,m;j=1,2,\cdots,n)$.

通常用大写的英文字母 $\boldsymbol{A},\boldsymbol{B},\boldsymbol{C},\cdots$ 表示矩阵.有时为了指明矩阵的行数与列数,也可将 $m\times n$ 矩阵 $\boldsymbol{A}$ 写成 $\boldsymbol{A}_{m\times n}$.如果 $\boldsymbol{A}$ 的元素为 $\boldsymbol{A}_{ij}(i=1,2,\cdots,m;j=1,2,\cdots,n)$,也可将 $\boldsymbol{A}$ 记为 $(\boldsymbol{a}_{ij})$ 或 $\boldsymbol{A}=(\boldsymbol{a}_{ij})_{m\times n}$.当 $\boldsymbol{A}$ 的行数与列数都是 n 时,称 $\boldsymbol{A}$ 为n 阶方阵或n 阶矩阵.一阶矩阵就是一个数,即$(a_{11})=a_{11}$.

元素全为零的 $m\times n$ 矩阵称为零矩阵,记为 $\mathbf{0}_{m\times n}$ 或 $\mathbf{0}$.

3. 几种特殊的矩阵

(1) 对角矩阵.

形如

$$\begin{pmatrix} a_{11} & 0 & \cdots & 0 \\ 0 & a_{22} & \cdots & 0 \\ \cdots & \cdots & \cdots & \cdots \\ 0 & 0 & \cdots & a_{nn} \end{pmatrix}$$

的 n 阶矩阵,称为对角矩阵,其中 $a_{11},a_{22},\cdots,a_{nn}$ 位于矩阵的主对角线上(即从左上角到右下角),称为主对角元.对角矩阵也可记为

$$\mathrm{diag}(a_{11},a_{22},\cdots,a_{nn}).$$

(2) 数量矩阵.

当对角矩阵的主对角元均相等时,称为数量矩阵,即形如

$$\begin{pmatrix} a & 0 & \cdots & 0 \\ 0 & a & \cdots & 0 \\ \cdots & \cdots & \cdots & \cdots \\ 0 & 0 & \cdots & a \end{pmatrix}$$

为数量矩阵.特别当 $a=1$ 时,称 n 阶数量矩阵

$$\begin{pmatrix} 1 & 0 & \cdots & 0 \\ 0 & 1 & \cdots & 0 \\ \cdots & \cdots & \cdots & \cdots \\ 0 & 0 & \cdots & 1 \end{pmatrix}$$

为 n 阶单位矩阵,记为 $\boldsymbol{E}_n$ 或 $\boldsymbol{E}$.

(3) 上三角矩阵与下三角矩阵.

形如

$$\begin{pmatrix} a_{11} & a_{12} & \cdots & a_{1n} \\ 0 & a_{22} & \cdots & a_{2n} \\ \cdots & \cdots & \cdots & \cdots \\ 0 & 0 & \cdots & a_{nn} \end{pmatrix}$$

的矩阵,即主对角线左下方的元素全为零的 n 阶矩阵,称为 n 阶上三角矩阵.类似地,主对角线右上方元素全为零的 n 阶矩阵

$$\begin{pmatrix} a_{11} & 0 & \cdots & 0 \\ a_{12} & a_{22} & \cdots & 0 \\ \cdots & \cdots & \cdots & \cdots \\ a_{n1} & a_{n2} & \cdots & a_{nn} \end{pmatrix}$$

称为 n 阶下三角矩阵. 因此对角矩阵就是特殊的上(下)三角矩阵.

(4) 对称矩阵与反对称矩阵.

如果 n 阶矩阵 $\boldsymbol{A}=(a_{ij})$ 的元素满足 $a_{ij}=a_{ji}(i,j=1,2,\cdots,n)$,称 $\boldsymbol{A}$ 为 n 阶对称矩阵.

例如 $\boldsymbol{A}=\begin{pmatrix}3&5&-2\\5&-4&6\\-2&6&1\end{pmatrix}$ 就是一个三阶对称矩阵.

若 n 阶矩阵 $\boldsymbol{A}=(a_{ij})$ 的元素满足 $a_{ij}=-a_{ji}(i,j=1,2,\cdots,n)$,则称 $\boldsymbol{A}$ 为 n 阶反对称矩阵. 显然反对称矩阵主对角元均满足 $a_{ii}=0\ (i=1,2,\cdots,n)$,例如

$$\boldsymbol{A}=\begin{pmatrix}0&2&4\\-2&0&-3\\-4&3&0\end{pmatrix}$$

就是一个三阶反对称矩阵.

§2.2 矩阵的运算

矩阵的意义不仅在于将一些数据排成阵列形式,而在于对它定义了一些有理论意义和实际意义的运算,从而使它成为进行理论研究或解决实际问题的重要工具.

定义 2.2.1 设矩阵 $\boldsymbol{A}=(a_{ij})_{m\times n}$,$\boldsymbol{B}=(b_{ij})_{m\times n}$. 如果 $a_{ij}=b_{ij}(i=1,2,\cdots m;j=1,2,\cdots,n)$,则称矩阵 $\boldsymbol{A}$ 与 $\boldsymbol{B}$ 相等,记作 $\boldsymbol{A}=\boldsymbol{B}$.

例 1 设 $\boldsymbol{A}=\begin{pmatrix}1&2&x\\0&3&-5\end{pmatrix}$, $\boldsymbol{B}=\begin{pmatrix}y&2&-5\\z&u&-5\end{pmatrix}$,

已知 $\boldsymbol{A}=\boldsymbol{B}$,则 $x=-5,y=1,z=0,u=3$.

1. 矩阵的线性运算

(1) 加法.

定义 2.2.2 设 $\boldsymbol{A}=(a_{ij})_{m\times n}$,$\boldsymbol{B}=(b_{ij})_{m\times n}$,令

$$\boldsymbol{C}=(a_{ij}+b_{ij})_{m\times n},$$

则称 $\boldsymbol{C}$ 为矩阵 $\boldsymbol{A}$ 与 $\boldsymbol{B}$ 的和,记作 $\boldsymbol{C}=\boldsymbol{A}+\boldsymbol{B}$.

由此可见,两个矩阵的加法就是将它们的对应元素相加. 显然,只有同型(行数、列数分别相等)的两矩阵才能相加.

例 2 有某种物资(单位:吨),从三个产地运往四个销地,两次调运

方案分别为矩阵 $\boldsymbol{A}$ 和 $\boldsymbol{B}$

$$\boldsymbol{A}=\begin{pmatrix}15 & 8 & 13 & 12\\10 & 4 & 15 & 11\\0 & 10 & 13 & 14\end{pmatrix},\ \boldsymbol{B}=\begin{pmatrix}9 & 12 & 9 & 7\\12 & 13 & 10 & 9\\0 & 9 & 12 & 8\end{pmatrix}.$$

则从各产地运往各销地两次的物资调运量(单位:吨)为

$$\boldsymbol{A}+\boldsymbol{B}=\begin{pmatrix}15+9 & 8+12 & 13+9 & 12+7\\10+12 & 4+13 & 15+10 & 11+9\\0+0 & 10+9 & 13+12 & 14+8\end{pmatrix}$$

$$=\begin{pmatrix}24 & 20 & 22 & 19\\22 & 17 & 25 & 20\\0 & 19 & 25 & 22\end{pmatrix}.$$

由定义 2.2.2 易验证,矩阵加法满足以下四条算律:

① 交换律　$\boldsymbol{A}+\boldsymbol{B}=\boldsymbol{B}+\boldsymbol{A}$;

② 结合律　$(\boldsymbol{A}+\boldsymbol{B})+\boldsymbol{C}=\boldsymbol{A}+(\boldsymbol{B}+\boldsymbol{C})$;

③ $\boldsymbol{A}+\boldsymbol{0}=\boldsymbol{0}+\boldsymbol{A}=\boldsymbol{A}$;

④ 设 $\boldsymbol{A}=(a_{ij})_{m\times n}$,称矩阵

$$\begin{pmatrix}-a_{11} & -a_{12} & \cdots & -a_{1n}\\-a_{21} & -a_{22} & \cdots & -a_{2n}\\\cdots & \cdots & \cdots & \cdots\\-a_{m1} & -a_{m2} & \cdots & -a_{mn}\end{pmatrix}$$

为 $\boldsymbol{A}$ 的负矩阵,记作 $-\boldsymbol{A}$,显然有

$$\boldsymbol{A}+(-\boldsymbol{A})=(-\boldsymbol{A})+\boldsymbol{A}=\boldsymbol{0}.$$

由负矩阵的定义可定义矩阵减法.

设 $\boldsymbol{A}$、$\boldsymbol{B}$ 都是 $m\times n$ 矩阵,则定义

$$\boldsymbol{A}-\boldsymbol{B}=\boldsymbol{A}+(-\boldsymbol{B}).$$

根据此定义可得移项法则. 矩阵 $\boldsymbol{A},\boldsymbol{B},\boldsymbol{C}$ 满足

$$\boldsymbol{A}+\boldsymbol{B}=\boldsymbol{C}\Leftrightarrow\boldsymbol{A}=\boldsymbol{C}-\boldsymbol{B}.$$

(2) 数乘.

定义 2.2.3　设 $\boldsymbol{A}=(a_{ij})$是一个 $m\times n$ 矩阵,k 是一个数,用 k 乘 $\boldsymbol{A}$ 的每个元素所得的矩阵称为数 k 与矩阵 $\boldsymbol{A}$ 的乘积,记作 $k\boldsymbol{A}$,即

$$k\boldsymbol{A}=\begin{pmatrix}ka_{11} & ka_{12} & \cdots & ka_{1n}\\ka_{21} & ka_{22} & \cdots & ka_{2n}\\\cdots & \cdots & \cdots & \cdots\\ka_{m1} & ka_{m2} & \cdots & ka_{mn}\end{pmatrix}.$$

由定义 2.2.3 易验证数与矩阵的乘法(简称为数乘)满足以下运算法则:

① $k(\boldsymbol{A}+\boldsymbol{B})=k\boldsymbol{A}+k\boldsymbol{B}$;

② $(k+l)\boldsymbol{A}=k\boldsymbol{A}+l\boldsymbol{A}$;

③ $(kl)\boldsymbol{A}=k(l\boldsymbol{A})$;

④ $1\cdot\boldsymbol{A}=\boldsymbol{A}$.

例 3　设三个产地与四个销地之间的距离(单位:公里)为矩阵

$$\boldsymbol{A}=\begin{pmatrix}120 & 175 & 80 & 95\\ 75 & 125 & 47 & 55\\ 81 & 79 & 93 & 101\end{pmatrix}.$$

已知货物每吨公里运费为 1.5 元,则各产地与各销地之间每吨货物的运费(单位:元/吨)可以记为矩阵

$$1.5\boldsymbol{A}=\begin{pmatrix}1.5\times120 & 1.5\times175 & 1.5\times80 & 1.5\times95\\ 1.5\times75 & 1.5\times125 & 1.5\times47 & 1.5\times55\\ 1.5\times81 & 1.5\times79 & 1.5\times93 & 1.5\times101\end{pmatrix}$$

$$=\begin{pmatrix}180 & 262.5 & 120 & 142.5\\ 112.5 & 187.5 & 70.5 & 82.5\\ 121.5 & 118.5 & 139.5 & 151.5\end{pmatrix}.$$

例 4　已知 $\boldsymbol{A}=\begin{pmatrix}-1 & 2 & 3 & 1\\ 0 & 3 & -2 & 1\\ 4 & 0 & 3 & 2\end{pmatrix}$, $\boldsymbol{B}=\begin{pmatrix}4 & -5 & 1 & 0\\ 2 & -3 & 5 & 1\\ 2 & 4 & -2 & -3\end{pmatrix}$.

求 $2\boldsymbol{A}-3\boldsymbol{B}$.

解

$$2\boldsymbol{A}-3\boldsymbol{B}=2\begin{pmatrix}-1 & 2 & 3 & 1\\ 0 & 3 & -2 & 1\\ 4 & 0 & 3 & 2\end{pmatrix}-3\begin{pmatrix}4 & -5 & 1 & 0\\ 2 & -3 & 5 & 1\\ 2 & 4 & -2 & -3\end{pmatrix}$$

$$=\begin{pmatrix}-2-12 & 4+15 & 6-3 & 2-0\\ 0-6 & 6+9 & -4-15 & 2-3\\ 8-6 & 0-12 & 6+6 & 4+9\end{pmatrix}$$

$$=\begin{pmatrix}-14 & 19 & 3 & 2\\ -6 & 15 & -19 & -1\\ 2 & -12 & 12 & -13\end{pmatrix}.$$

例 5　已知

$$\boldsymbol{A}=\begin{pmatrix}3 & -1 & 2 & 0\\ 1 & 5 & 7 & 9\\ 2 & 4 & 6 & 8\end{pmatrix},\ \boldsymbol{B}=\begin{pmatrix}7 & 3 & 4 & -5\\ 3 & -2 & -7 & 4\\ 0 & 5 & 2 & -3\end{pmatrix},$$

且 $\boldsymbol{A}+2\boldsymbol{X}=\boldsymbol{B}$,求 $\boldsymbol{X}$.

解 由 $\boldsymbol{A}+2\boldsymbol{X}=\boldsymbol{B}$ 知

$$\boldsymbol{X}=\frac{1}{2}(\boldsymbol{B}-\boldsymbol{A})=\frac{1}{2}\begin{pmatrix}7-3 & 3+1 & 4-2 & -5-0\\ 3-1 & -2-5 & -7-7 & 4-9\\ 0-2 & 5-4 & 2-6 & -3-8\end{pmatrix}$$

$$=\begin{pmatrix}2 & 2 & 1 & -\frac{5}{2}\\ 1 & -\frac{7}{2} & -7 & -\frac{5}{2}\\ -1 & \frac{1}{2} & -2 & -\frac{11}{2}\end{pmatrix}.$$

2. 矩阵的乘法

首先看一实例.

例 6 某地区有四个工厂 1,2,3,4,生产甲、乙、丙三种产品,矩阵 $\boldsymbol{A}$ 表示一年中各工厂生产各种产品的数量,矩阵 $\boldsymbol{B}$ 表示各产品的单位价格(元)及单位利润(元),矩阵 $\boldsymbol{C}$ 表示各工厂的总收入及总利润.

$$\boldsymbol{A}=\underset{\text{甲}\quad\ \text{乙}\quad\ \text{丙}}{\begin{pmatrix}a_{11} & a_{12} & a_{13}\\ a_{21} & a_{22} & a_{23}\\ a_{31} & a_{32} & a_{33}\\ a_{41} & a_{42} & a_{43}\end{pmatrix}}\begin{matrix}1\\2\\3\\4\end{matrix},\quad \boldsymbol{B}=\underset{\text{单位价格}\ \text{单位利润}}{\begin{pmatrix}b_{11} & b_{12}\\ b_{21} & b_{22}\\ b_{31} & b_{32}\end{pmatrix}}\begin{matrix}\text{甲}\\\text{乙}\\\text{丙}\end{matrix},\quad \boldsymbol{C}=\underset{\text{总收入}\ \text{总利润}}{\begin{pmatrix}c_{11} & c_{12}\\ c_{21} & c_{22}\\ c_{31} & c_{32}\\ c_{41} & c_{42}\end{pmatrix}}\begin{matrix}1\\2\\3\\4\end{matrix},$$

其中 a_{ik} 表示第 i 个工厂生产第 k 种产品的产量,b_{k1},b_{k2}($k=1,2,3$)分别表示第 k 种产品的单位价格及单位利润,c_{i1},c_{i2}($i=1,2,3,4$)分别是第 i 个工厂生产三种产品的总收入及总利润. 于是 $\boldsymbol{A},\boldsymbol{B},\boldsymbol{C}$ 三个矩阵的元素间有如下关系:

$$\begin{pmatrix}a_{11}b_{11}+a_{12}b_{21}+a_{13}b_{31} & a_{11}b_{12}+a_{12}b_{22}+a_{13}b_{32}\\ a_{21}b_{11}+a_{22}b_{21}+a_{23}b_{31} & a_{21}b_{12}+a_{22}b_{22}+a_{23}b_{32}\\ a_{31}b_{11}+a_{32}b_{21}+a_{33}b_{31} & a_{31}b_{12}+a_{32}b_{22}+a_{33}b_{32}\\ a_{41}b_{11}+a_{42}b_{21}+a_{43}b_{31} & a_{41}b_{12}+a_{42}b_{22}+a_{43}b_{32}\end{pmatrix}$$

$$=\underset{\text{总收入}\ \ \text{总利润}}{\begin{pmatrix}c_{11} & c_{12}\\ c_{21} & c_{22}\\ c_{31} & c_{32}\\ c_{41} & c_{42}\end{pmatrix}},$$

其中 $c_{ij}=a_{i1}b_{1j}+a_{i2}b_{2j}+a_{i3}b_{3j}(i=1,2,3,4;j=1,2)$，即矩阵 $\boldsymbol{C}$ 中第 i 行第 j 列元素等于 $\boldsymbol{A}$ 的第 i 行元素与 B 的第 j 列对应元素乘积之和．将上面例中矩阵的这种关系定义为矩阵的乘法．

定义 2.2.4　设矩阵 $\boldsymbol{A}=(a_{ij})_{m\times s}$，$\boldsymbol{B}=(b_{ij})_{s\times n}$，则定义 $\boldsymbol{A}$ 与 $\boldsymbol{B}$ 的乘积 $\boldsymbol{C}=(c_{ij})_{m\times n}$，其中

$$c_{ij}=a_{i1}b_{1j}+a_{i2}b_{2j}+\cdots+a_{is}b_{sj}=\sum_{k=1}^{s}a_{ik}b_{kj}$$
$$(i=1,2,\cdots,m;j=1,2,\cdots,n).$$

记作 $\boldsymbol{C}=\boldsymbol{AB}$．

对于矩阵乘法应注意以下三点：

第一，只有当矩阵 $\boldsymbol{A}$ 的列数等于矩阵 $\boldsymbol{B}$ 的行数时，$\boldsymbol{AB}$ 才有意义；

第二，乘积矩阵 $\boldsymbol{C}$ 的 (i,j) 元素 c_{ij} 等于 $\boldsymbol{A}$ 的第 i 行元素与矩阵 $\boldsymbol{B}$ 的第 j 列对应元素乘积之和．直观可表为：

$$\text{第 } i \text{ 行}\begin{pmatrix} a_{11} & a_{12} & \cdots & a_{1s} \\ \cdots & \cdots & \cdots & \cdots \\ \boxed{a_{i1} \quad a_{i2} \quad \cdots \quad a_{is}} \\ \cdots & \cdots & \cdots & \cdots \\ a_{m1} & a_{m2} & \cdots & a_{ms} \end{pmatrix}\underset{\text{第 } j \text{ 列}}{\begin{pmatrix} b_{11} & \cdots & b_{1j} & \cdots & b_{1n} \\ b_{21} & \cdots & b_{2j} & \cdots & b_{2n} \\ \cdots & \cdots & \cdots & \cdots & \cdots \\ b_{s1} & \cdots & b_{sj} & \cdots & b_{sn} \end{pmatrix}}$$

$$=\underset{\text{第 } j \text{ 列}}{\begin{pmatrix} c_{11} & \cdots & c_{1j} & \cdots & c_{1n} \\ \cdots & \cdots & \cdots & \cdots & \cdots \\ c_{i1} & \cdots & \boxed{c_{ij}} & \cdots & c_{in} \\ \cdots & \cdots & \cdots & \cdots & \cdots \\ c_{m1} & \cdots & c_{mj} & \cdots & c_{mn} \end{pmatrix}}\text{第 } i \text{ 行}.$$

第三，矩阵 $\boldsymbol{C}$ 的行数等于 $\boldsymbol{A}$ 的行数，列数等于 $\boldsymbol{B}$ 的列数．

例 7　设

$$\boldsymbol{A}=(a_1,a_2,\cdots,a_n),\quad \boldsymbol{B}=\begin{pmatrix} b_1 \\ b_2 \\ \cdots \\ b_n \end{pmatrix}.\text{ 求 } \boldsymbol{AB},\ \boldsymbol{BA}.$$

解　$$\boldsymbol{AB}=(a_1,a_2,\cdots,a_n)\begin{pmatrix} b_1 \\ b_2 \\ \cdots \\ b_n \end{pmatrix}=a_1b_1+a_2b_2+\cdots+a_nb_n=\sum_{i=1}^{n}a_ib_i.$$

$$\boldsymbol{BA}=\begin{pmatrix}b_1\\b_2\\\cdots\\b_n\end{pmatrix}(a_1,a_2,\cdots,a_n)=\begin{pmatrix}b_1a_1&b_1a_2&\cdots&b_1a_n\\b_2a_1&b_2a_2&\cdots&b_2a_n\\\cdots&\cdots&&\cdots\\b_na_1&b_na_2&\cdots&b_na_n\end{pmatrix}.$$

即 $\boldsymbol{AB}$ 为一阶矩阵,$\boldsymbol{BA}$ 为 n 阶矩阵.

例 8 设 $\boldsymbol{A}=\begin{pmatrix}-2&4\\1&-2\end{pmatrix}$, $\boldsymbol{B}=\begin{pmatrix}2&4\\-3&-6\end{pmatrix}$. 求 $\boldsymbol{AB},\boldsymbol{BA}$.

解

$$\boldsymbol{AB}=\begin{pmatrix}-2&4\\1&-2\end{pmatrix}\begin{pmatrix}2&4\\-3&-6\end{pmatrix}=\begin{pmatrix}-16&-32\\8&16\end{pmatrix},$$

$$\boldsymbol{BA}=\begin{pmatrix}2&4\\-3&-6\end{pmatrix}\begin{pmatrix}-2&4\\1&-2\end{pmatrix}=\begin{pmatrix}0&0\\0&0\end{pmatrix}.$$

上述两例都有 $\boldsymbol{AB}\neq\boldsymbol{BA}$,这表明矩阵乘法不满足交换律,并且两个非零矩阵的乘积可能是零矩阵,从而一般消去律不成立,即三个矩阵 $\boldsymbol{A}$,$\boldsymbol{B}$,$\boldsymbol{C}$ 满足 $\boldsymbol{AB}=\boldsymbol{AC}$,且 $\boldsymbol{A}\neq\boldsymbol{0}$ 推不出 $\boldsymbol{B}=\boldsymbol{C}$. 这是矩阵的乘法与数的乘法的本质区别.

例 9 设 $$\boldsymbol{A}=\begin{pmatrix}1&0\\-1&0\end{pmatrix}.$$

试求所有满足 $\boldsymbol{AX}=\boldsymbol{XA}$ 的矩阵 $\boldsymbol{X}$.

解 因 $\boldsymbol{AX},\boldsymbol{XA}$ 均有意义,故 $\boldsymbol{X}$ 应为 2×2 矩阵,设 $\boldsymbol{X}=\begin{pmatrix}x_{11}&x_{12}\\x_{21}&x_{22}\end{pmatrix}$,由 $\boldsymbol{AX}=\boldsymbol{XA}$ 得.

$$\begin{pmatrix}1&0\\-1&0\end{pmatrix}\begin{pmatrix}x_{11}&x_{12}\\x_{21}&x_{22}\end{pmatrix}=\begin{pmatrix}x_{11}&x_{12}\\x_{21}&x_{22}\end{pmatrix}\begin{pmatrix}1&0\\-1&0\end{pmatrix}.$$

由矩阵相等定义得

$$\begin{cases}x_{11}=x_{11}-x_{12}\\x_{12}=0\\-x_{11}=x_{21}-x_{22},\end{cases}\quad 所以\begin{cases}x_{12}=0\\x_{11}=x_{22}-x_{21}.\end{cases}$$

于是,所有与 $\boldsymbol{A}$ 乘法可交换的矩阵为

$$\begin{pmatrix}b-a&0\\a&b\end{pmatrix},其中\ a,b\ 为任意数.$$

矩阵乘法满足以下运算律:

定理 2.2.1 设 k 是一个数,$\boldsymbol{A},\boldsymbol{B},\boldsymbol{C}$ 是矩阵,它们的行数与列数使下列各式有意义,则有

(1) $(\boldsymbol{AB})\boldsymbol{C}=\boldsymbol{A}(\boldsymbol{BC})$;

(2) $(\boldsymbol{A}+\boldsymbol{B})\boldsymbol{C}=\boldsymbol{AC}+\boldsymbol{BC}$;

(3) $\boldsymbol{C}(\boldsymbol{A}+\boldsymbol{B})=\boldsymbol{CA}+\boldsymbol{CB}$;

(4) $k(\boldsymbol{AB})=(k\boldsymbol{A})\boldsymbol{B}=\boldsymbol{A}(k\boldsymbol{B})$;

(5) 设 $\boldsymbol{A}$ 是 $m\times n$ 矩阵,则

$$\boldsymbol{E}_m\boldsymbol{A}=\boldsymbol{AE}_n=\boldsymbol{A};$$

(6) 设 k 为数,$k\boldsymbol{E}_n$ 为 n 阶数量矩阵,则

$$(k\boldsymbol{E}_n)\boldsymbol{A}=k\boldsymbol{A}\ (\boldsymbol{A}\text{ 为 } n \text{ 阶矩阵}).$$

3. 矩阵的方幂

设 $\boldsymbol{A}$ 是 n 阶矩阵,由于矩阵乘法满足结合律,则可记$\boldsymbol{A}=\boldsymbol{A}^1$,$\boldsymbol{A}\cdot\boldsymbol{A}=\boldsymbol{A}^2$,

$$(\boldsymbol{A}\cdot\boldsymbol{A})\boldsymbol{A}=\boldsymbol{A}^2\cdot\boldsymbol{A}=\boldsymbol{A}^3,$$

一般地记 $\underbrace{\boldsymbol{A}\cdot\boldsymbol{A}\cdots\boldsymbol{A}}_{m\text{个}}=\boldsymbol{A}^m$ 为 $\boldsymbol{A}$ 的 m 次幂.

若规定 $\boldsymbol{A}^0=\boldsymbol{E}$,则对任意非负整数 s,t 有

$$\boldsymbol{A}^s\cdot\boldsymbol{A}^t=\boldsymbol{A}^{s+t},(\boldsymbol{A}^s)^t=\boldsymbol{A}^{st}.$$

要注意,由于矩阵乘法不满足交换律,故

一般 $(\boldsymbol{AB})^k\neq\boldsymbol{A}^k\boldsymbol{B}^k$ (k 为正整数).

4. 矩阵乘积的行列式

设 $\boldsymbol{A}=(a_{ij})_{n\times n}$为 n 阶矩阵,以 $\boldsymbol{A}$ 的元素为元素构成的 n 阶行列式

$$\begin{vmatrix} a_{11} & a_{12} & \cdots & a_{1n} \\ a_{21} & a_{22} & \cdots & a_{2n} \\ \cdots & \cdots & \cdots & \cdots \\ a_{n1} & a_{n2} & \cdots & a_{nn} \end{vmatrix}$$

称为矩阵 $\boldsymbol{A}$ 的行列式,记为$|\boldsymbol{A}|$(或 $\det\boldsymbol{A}$).

矩阵乘积的行列式有如下性质.

定理 2.2.2 两个 n 阶矩阵乘积的行列式等于其行列式的乘积,即设 $\boldsymbol{A}$,$\boldsymbol{B}$ 是两个 n 阶矩阵,则 $|\boldsymbol{AB}|=|\boldsymbol{A}||\boldsymbol{B}|$.

证明 设 $\boldsymbol{A}=(a_{ij})_{n\times n}$,$\boldsymbol{B}=(b_{ij})_{n\times n}$,$\boldsymbol{AB}=\boldsymbol{C}=(c_{ij})_{n\times n}$,其中

$c_{ij}=\sum\limits_{k=1}^{n}a_{ik}b_{kj}\,(i,j=1,2,\cdots,n)$.

考虑 $2n$ 阶行列式

$$D=\begin{vmatrix} a_{11} & a_{12} & \cdots & a_{1n} & 0 & 0 & \cdots & 0 \\ a_{21} & a_{22} & \cdots & a_{2n} & 0 & 0 & \cdots & 0 \\ \cdots & \cdots & \cdots & \cdots & \cdots & \cdots & \cdots & \cdots \\ a_{n1} & a_{n2} & \cdots & a_{nn} & 0 & 0 & \cdots & 0 \\ -1 & 0 & \cdots & 0 & b_{11} & b_{12} & \cdots & b_{1n} \\ 0 & -1 & \cdots & 0 & b_{21} & b_{22} & \cdots & b_{2n} \\ \cdots & \cdots & \cdots & \cdots & \cdots & \cdots & \cdots & \cdots \\ 0 & 0 & \cdots & -1 & b_{n1} & b_{n2} & \cdots & b_{nn} \end{vmatrix},$$

由 Laplace 定理，按前 n 行展开得

$$D=(-1)^{1+2+\cdots+n+1+2+\cdots+n}\begin{vmatrix} a_{11} & a_{12} & \cdots & a_{1n} \\ a_{21} & a_{22} & \cdots & a_{2n} \\ \cdots & \cdots & \cdots & \cdots \\ a_{n1} & a_{n2} & \cdots & a_{nn} \end{vmatrix}\begin{vmatrix} b_{11} & b_{12} & \cdots & b_{1n} \\ b_{21} & b_{22} & \cdots & b_{2n} \\ \cdots & \cdots & \cdots & \cdots \\ b_{n1} & b_{n2} & \cdots & b_{nn} \end{vmatrix}$$

$$=(-1)^{n^2+n}|\boldsymbol{A}||\boldsymbol{B}|=|\boldsymbol{A}||\boldsymbol{B}|.$$

另一方面将 D 的第一列，第二列，…，第 n 列分别乘以 $b_{11},b_{21},\cdots,b_{n1}$ 都加到第 $n+1$ 列；将 D 的第一列，第二列，…，第 n 列分别乘以 $b_{12},b_{22},\cdots,b_{n2}$ 都加到第 $n+2$ 列；将 D 的第一列，第二列，…，第 n 列分别乘以 $b_{1n},b_{2n},\cdots,b_{nn}$ 都加到第 $2n$ 列得：

$$D=\begin{vmatrix} a_{11} & a_{12} & \cdots & a_{1n} & c_{11} & c_{12} & \cdots & c_{1n} \\ a_{21} & a_{22} & \cdots & a_{2n} & c_{21} & c_{22} & \cdots & c_{2n} \\ \cdots & \cdots & \cdots & \cdots & \cdots & \cdots & \cdots & \cdots \\ a_{n1} & a_{n2} & \cdots & a_{nn} & c_{n1} & c_{n2} & \cdots & c_{nn} \\ -1 & 0 & \cdots & 0 & 0 & 0 & \cdots & 0 \\ 0 & -1 & \cdots & 0 & 0 & 0 & \cdots & 0 \\ \cdots & \cdots & \cdots & \cdots & \cdots & \cdots & \cdots & \cdots \\ 0 & 0 & \cdots & -1 & 0 & 0 & \cdots & 0 \end{vmatrix}.$$

再将 D 按后 n 行展开，由 Laplace 定理得

$$D=(-1)^{2n^2+n}\begin{vmatrix} c_{11} & c_{12} & \cdots & c_{1n} \\ c_{21} & c_{22} & \cdots & c_{2n} \\ \cdots & \cdots & \cdots & \cdots \\ c_{n1} & c_{n2} & \cdots & c_{nn} \end{vmatrix}\begin{vmatrix} -1 & 0 & \cdots & 0 \\ 0 & -1 & \cdots & 0 \\ \cdots & \cdots & \cdots & \cdots \\ 0 & 0 & \cdots & -1 \end{vmatrix}$$

$$=(-1)^{2n^2+2n}|\boldsymbol{AB}|=|\boldsymbol{AB}|.$$

综上可得 $|\boldsymbol{AB}|=|\boldsymbol{A}||\boldsymbol{B}|$.

推论 2.2.1 设 $\boldsymbol{A}_1,\boldsymbol{A}_2,\cdots,\boldsymbol{A}_m$ 都是 n 阶矩阵，则

$$|\boldsymbol{A}_1\boldsymbol{A}_2\cdots\boldsymbol{A}_m|=|\boldsymbol{A}_1||\boldsymbol{A}_2|\cdots|\boldsymbol{A}_m|.$$

定理 2.2.3 设 $\boldsymbol{A}$ 是 n 阶矩阵，则 $|k\boldsymbol{A}|=k^n|\boldsymbol{A}|$.

证明 设 $\boldsymbol{A}=(a_{ij})_{n\times n}$则

$$|k\boldsymbol{A}|=\begin{vmatrix} ka_{11} & ka_{12} & \cdots & ka_{1n} \\ ka_{21} & ka_{22} & \cdots & ka_{2n} \\ \cdots & \cdots & \cdots & \cdots \\ ka_{n1} & ka_{n2} & \cdots & ka_{nn} \end{vmatrix}$$

$$=k^n\begin{vmatrix} a_{11} & a_{12} & \cdots & a_{1n} \\ a_{21} & a_{22} & \cdots & a_{2n} \\ \cdots & \cdots & \cdots & \cdots \\ a_{n1} & a_{n2} & \cdots & a_{nn} \end{vmatrix}=k^n|\boldsymbol{A}|.$$

一般地，$n>1$ 时 $|k\boldsymbol{A}|\neq k|\boldsymbol{A}|$.

例 10 设 $\boldsymbol{A}=\begin{pmatrix} 1 & 1 \\ 0 & 2 \end{pmatrix}$，$\boldsymbol{B}=\begin{pmatrix} -1 & 5 \\ 0 & 10 \end{pmatrix}$，则

$$\boldsymbol{A}+\boldsymbol{B}=\begin{pmatrix} 0 & 6 \\ 0 & 12 \end{pmatrix},$$

所以 $|\boldsymbol{A}+\boldsymbol{B}|=0$. 而 $|\boldsymbol{A}|=2$，$|\boldsymbol{B}|=-10$，因此，

$$|\boldsymbol{A}+\boldsymbol{B}|\neq|\boldsymbol{A}|+|\boldsymbol{B}|.$$

这表明一般地 $|\boldsymbol{A}+\boldsymbol{B}|\neq|\boldsymbol{A}|+|\boldsymbol{B}|$.

5. 矩阵的转置

定义 2.2.5 设 $m\times n$ 矩阵

$$\boldsymbol{A}=\begin{pmatrix} a_{11} & a_{12} & \cdots & a_{1n} \\ a_{21} & a_{22} & \cdots & a_{2n} \\ \cdots & \cdots & \cdots & \cdots \\ a_{m1} & a_{m2} & \cdots & a_{mn} \end{pmatrix}.$$

将 $\boldsymbol{A}$ 的行与列依次互换位置，得到 $n\times m$ 矩阵

$$\begin{pmatrix} a_{11} & a_{21} & \cdots & a_{m1} \\ a_{12} & a_{22} & \cdots & a_{m2} \\ \cdots & \cdots & \cdots & \cdots \\ a_{1n} & a_{2n} & \cdots & a_{mn} \end{pmatrix}$$

称为矩阵 $\boldsymbol{A}$ 的转置矩阵，简称为 $\boldsymbol{A}$ 的转置，记作 $\boldsymbol{A}^{\mathrm{T}}$（或 $\boldsymbol{A}'$）.

例如 $\boldsymbol{A}=\begin{pmatrix}1 & -1 & 5\\ 6 & 7 & 8\end{pmatrix}$，则 $\boldsymbol{A}^{\mathrm{T}}=\begin{pmatrix}1 & 6\\ -1 & 7\\ 5 & 8\end{pmatrix}$.

又如 $\boldsymbol{A}=(a_1,a_2,\cdots,a_n)$，则 $\boldsymbol{A}^{\mathrm{T}}=\begin{pmatrix}a_1\\ a_2\\ \vdots\\ a_n\end{pmatrix}$.

当 $\boldsymbol{A}$ 是对称矩阵时，有 $a_{ij}=a_{ji}(i,j=1,2,\cdots,n)$，即 $\boldsymbol{A}^{\mathrm{T}}=\boldsymbol{A}$；而当 $\boldsymbol{A}$ 为反对称矩阵时，有 $a_{ij}=-a_{ji}(i,j=1,2,\cdots,n)$，即 $\boldsymbol{A}^{\mathrm{T}}=-\boldsymbol{A}$.

定理 2.2.4 矩阵的转置有以下运算法则：

(1) $(\boldsymbol{A}^{\mathrm{T}})^{\mathrm{T}}=\boldsymbol{A}$；

(2) $(\boldsymbol{A}+\boldsymbol{B})^{\mathrm{T}}=\boldsymbol{A}^{\mathrm{T}}+\boldsymbol{B}^{\mathrm{T}}$；

(3) $(k\boldsymbol{A})^{\mathrm{T}}=k\boldsymbol{A}^{\mathrm{T}}$；

(4) $(\boldsymbol{AB})^{\mathrm{T}}=\boldsymbol{B}^{\mathrm{T}}\boldsymbol{A}^{\mathrm{T}}$；

(5) 当 $\boldsymbol{A}$ 为 n 阶矩阵时，则 $|\boldsymbol{A}^{\mathrm{T}}|=|\boldsymbol{A}|$.

其中 $\boldsymbol{A},\boldsymbol{B}$ 可进行有关运算，k 为数.

证明 (1),(2),(3),(5)显然成立，现证明(4).

设 $\boldsymbol{A}=(a_{ij})_{m\times s}$，$\boldsymbol{B}=(b_{ij})_{s\times n}$，则 $\boldsymbol{AB}$ 为 $m\times n$ 矩阵，$(\boldsymbol{AB})^{\mathrm{T}}$ 是 $n\times m$ 矩阵，$\boldsymbol{B}^{\mathrm{T}}\boldsymbol{A}^{\mathrm{T}}$ 也是 $n\times m$ 矩阵.

再证它们对应元素相等.

设 $(\boldsymbol{AB})^{\mathrm{T}}$ 的第 j 行第 i 列元素为 d_{ji}，由 $(\boldsymbol{AB})^{\mathrm{T}}$ 与 $\boldsymbol{AB}$ 的关系知 d_{ji} 即为 $\boldsymbol{AB}$ 的第 i 行第 j 列元素，从而 $d_{ji}=a_{i1}b_{1j}+a_{i2}b_{2j}+\cdots+a_{is}b_{sj}$.

另一方面，设 $\boldsymbol{B}^{\mathrm{T}}\boldsymbol{A}^{\mathrm{T}}$ 的第 j 行第 i 列的元素为 c_{ji}，故 c_{ji} 为 $\boldsymbol{B}^{\mathrm{T}}$ 的第 j 行元素与 $\boldsymbol{A}^{\mathrm{T}}$ 的第 i 列对应元素乘积之和，也即 $\boldsymbol{B}$ 的第 j 列元素与 $\boldsymbol{A}$ 的第 i 行对应元素乘积之和，即

$$\begin{aligned}c_{ji}&=b_{1j}a_{i1}+b_{2j}a_{i2}+\cdots+b_{sj}a_{is}\\&=a_{i1}b_{1j}+a_{i2}b_{2j}+\cdots+a_{is}b_{sj}\\&=d_{ji}\quad(i=1,2,\cdots,m;j=1,2,\cdots,n).\end{aligned}$$

故 $(\boldsymbol{AB})^{\mathrm{T}}=\boldsymbol{B}^{\mathrm{T}}\boldsymbol{A}^{\mathrm{T}}$.

将(4)推广到任意有限个可乘矩阵的情形有

$$(\boldsymbol{A}_1\boldsymbol{A}_2\cdots\boldsymbol{A}_m)^{\mathrm{T}}=\boldsymbol{A}_m^{\mathrm{T}}\boldsymbol{A}_{m-1}^{\mathrm{T}}\cdots\boldsymbol{A}_2^{\mathrm{T}}\boldsymbol{A}_1^{\mathrm{T}}.$$

由对称矩阵与反对称矩阵的定义很容易得到

命题 2.2.1

(1) 对称矩阵的和、数乘、幂仍是对称矩阵.

(2) 反对称矩阵的和、数乘仍是反对称矩阵.

(3) 设 $\boldsymbol{A}$ 为反对称矩阵时,则 $\boldsymbol{A}^k$ 在 k 为奇数时为反对称矩阵,在 k 为偶数时为对称矩阵.

(4) 设 $\boldsymbol{A},\boldsymbol{B}$ 是两个 n 阶对称矩阵,则 $\boldsymbol{AB}$ 也对称$\Leftrightarrow \boldsymbol{AB}=\boldsymbol{BA}$.

(5) $\boldsymbol{A}$ 为上(下)三角矩阵,则 $\boldsymbol{A}^{\mathrm{T}}$ 为下(上)三角矩阵.

(6) 对任何矩阵 $\boldsymbol{A}$,$\boldsymbol{A}^{\mathrm{T}}\boldsymbol{A}$ 及 $\boldsymbol{AA}^{\mathrm{T}}$ 都是对称矩阵.

证明　仅证(4),由 $\boldsymbol{A},\boldsymbol{B}$ 都对称,即 $\boldsymbol{A}^{\mathrm{T}}=\boldsymbol{A},\boldsymbol{B}^{\mathrm{T}}=\boldsymbol{B}$. 所以如果 $\boldsymbol{AB}=\boldsymbol{BA}$,则

$$(\boldsymbol{AB})^{\mathrm{T}}=\boldsymbol{B}^{\mathrm{T}}\boldsymbol{A}^{\mathrm{T}}=\boldsymbol{BA}=\boldsymbol{AB},$$

即 $\boldsymbol{AB}$ 对称.

反之,如果 $\boldsymbol{AB}$ 对称,即 $(\boldsymbol{AB})^{\mathrm{T}}=\boldsymbol{AB}$. 则 $\boldsymbol{AB}=(\boldsymbol{AB})^{\mathrm{T}}=\boldsymbol{B}^{\mathrm{T}}\boldsymbol{A}^{\mathrm{T}}=\boldsymbol{BA}$.

§2.3　可逆矩阵

在数的运算中,有 $a\div b\ (b\neq 0)$,可写成 $b^{-1}a$ 或 ab^{-1},而在矩阵运算中是否也有类似的结果呢? 为此我们要讨论矩阵可逆的问题.

定义 2.3.1　设 $\boldsymbol{A}$ 是 n 阶矩阵,如果存在 n 阶矩阵 $\boldsymbol{B}$ 使得 $\boldsymbol{AB}=\boldsymbol{BA}=\boldsymbol{E}$,则称 $\boldsymbol{A}$ 是可逆矩阵,$\boldsymbol{B}$ 称为 $\boldsymbol{A}$ 的一个逆矩阵.

若 $\boldsymbol{A}$ 是可逆矩阵,则 $\boldsymbol{A}$ 的逆唯一,因为若 $\boldsymbol{B},\boldsymbol{C}$ 都是 $\boldsymbol{A}$ 的逆矩阵,则有

$$\boldsymbol{AB}=\boldsymbol{BA}=\boldsymbol{E},\boldsymbol{AC}=\boldsymbol{CA}=\boldsymbol{E},\text{从而}$$
$$\boldsymbol{B}=\boldsymbol{BE}=\boldsymbol{B}(\boldsymbol{AC})=(\boldsymbol{BA})\boldsymbol{C}=\boldsymbol{EC}=\boldsymbol{C}.$$

所以 $\boldsymbol{A}$ 的逆唯一,我们将 $\boldsymbol{A}$ 的唯一逆记为 $\boldsymbol{A}^{-1}$.

定义 2.3.2　若 n 阶矩阵 $\boldsymbol{A}$ 的行列式 $|\boldsymbol{A}|\neq 0$,则称 $\boldsymbol{A}$ 为非奇异矩阵或非退化矩阵,否则称 $\boldsymbol{A}$ 为奇异矩阵或退化矩阵.

定义 2.3.3　设 $\boldsymbol{A}=(a_{ij})_{n\times n}$,$\boldsymbol{A}_{ij}$ 为 $|\boldsymbol{A}|$ 中元素 a_{ij} 的代数余子式 $(i,j=1,2,\cdots,n)$,矩阵

$$\begin{pmatrix} \boldsymbol{A}_{11} & \boldsymbol{A}_{21} & \cdots & \boldsymbol{A}_{n1} \\ \boldsymbol{A}_{12} & \boldsymbol{A}_{22} & \cdots & \boldsymbol{A}_{n2} \\ \cdots & \cdots & \cdots & \cdots \\ \boldsymbol{A}_{1n} & \boldsymbol{A}_{2n} & \cdots & \boldsymbol{A}_{nn} \end{pmatrix}$$

称为矩阵 $\boldsymbol{A}$ 的伴随矩阵,记为 $\boldsymbol{A}^*$.

定理 2.3.1　n 阶矩阵 $\boldsymbol{A}$ 可逆$\Leftrightarrow\boldsymbol{A}$ 为非奇异矩阵. 且当 $\boldsymbol{A}$ 可逆时

$$\boldsymbol{A}^{-1}=\frac{1}{|\boldsymbol{A}|}\boldsymbol{A}^*.$$

证明 必要性：设 $\boldsymbol{A}$ 可逆，则有 n 阶矩阵 $\boldsymbol{B}$ 使 $\boldsymbol{AB}=\boldsymbol{BA}=\boldsymbol{E}$，取行列式得 $|\boldsymbol{A}||\boldsymbol{B}|=|\boldsymbol{E}|=1$. 因此 $|\boldsymbol{A}|\neq 0$，即 $\boldsymbol{A}$ 为非奇异矩阵.

充分性：设 $\boldsymbol{A}=(a_{ij})_{n\times n}$ 为非奇异矩阵，即 $|\boldsymbol{A}|\neq 0$. 根据定理 1.4.1 与定理 1.4.2 有：

$$a_{k1}\boldsymbol{A}_{i1}+a_{k2}\boldsymbol{A}_{i2}+\cdots+a_{kn}\boldsymbol{A}_{in}=\begin{cases}|\boldsymbol{A}| & i=k,\\ 0 & i\neq k.\end{cases}$$

及 $$a_{1l}\boldsymbol{A}_{1j}+a_{2l}\boldsymbol{A}_{2j}+\cdots+a_{nl}\boldsymbol{A}_{nj}=\begin{cases}|\boldsymbol{A}| & l=j,\\ 0 & l\neq j.\end{cases}$$

于是可得

$$\boldsymbol{AA}^*=\boldsymbol{A}^*\boldsymbol{A}=\begin{pmatrix}|\boldsymbol{A}| & 0 & \cdots & 0\\ 0 & |\boldsymbol{A}| & \cdots & 0\\ \cdots & \cdots & \cdots & \cdots\\ 0 & 0 & \cdots & |\boldsymbol{A}|\end{pmatrix}=|\boldsymbol{A}|\boldsymbol{E}.$$

由于 $|\boldsymbol{A}|\neq 0$，所以 $\boldsymbol{A}(\frac{1}{|\boldsymbol{A}|}\boldsymbol{A}^*)=(\frac{1}{|\boldsymbol{A}|}\boldsymbol{A}^*)\boldsymbol{A}=\boldsymbol{E}$. 由可逆矩阵的定义知，$\boldsymbol{A}$ 可逆且 $\boldsymbol{A}^{-1}=\frac{1}{|\boldsymbol{A}|}\boldsymbol{A}^*$.

推论 2.3.1 设 $\boldsymbol{A},\boldsymbol{B}$ 都是 n 阶矩阵，并且满足 $\boldsymbol{AB}=\boldsymbol{E}$，则 $\boldsymbol{A},\boldsymbol{B}$ 都可逆，且 $\boldsymbol{A},\boldsymbol{B}$ 互为逆矩阵.

证明 由 $\boldsymbol{AB}=\boldsymbol{E}$，取行列式得 $|\boldsymbol{A}||\boldsymbol{B}|=1$，从而 $|\boldsymbol{A}|\neq 0$，$|\boldsymbol{B}|\neq 0$，由定理 2.3.1 知 $\boldsymbol{A},\boldsymbol{B}$ 都可逆，又由 $\boldsymbol{AB}=\boldsymbol{E}$ 知 $\boldsymbol{ABB}^{-1}=\boldsymbol{EB}^{-1}$，即 $\boldsymbol{A}=\boldsymbol{B}^{-1}$. 同样可证 $\boldsymbol{B}=\boldsymbol{A}^{-1}$.

定理 2.3.2 设 $\boldsymbol{A}$ 为可逆矩阵，则有如下性质：

(1) $\boldsymbol{A}^{-1}$ 也可逆且 $(\boldsymbol{A}^{-1})^{-1}=\boldsymbol{A}$；

(2) $k\neq 0$ 时 $k\boldsymbol{A}$ 可逆，且 $(k\boldsymbol{A})^{-1}=\frac{1}{k}\boldsymbol{A}^{-1}$；

(3) $\boldsymbol{A}^{\mathrm{T}}$ 可逆，且 $(\boldsymbol{A}^{\mathrm{T}})^{-1}=(\boldsymbol{A}^{-1})^{\mathrm{T}}$；

(4) $|\boldsymbol{A}^{-1}|=|\boldsymbol{A}|^{-1}$；

(5) 若 $\boldsymbol{AB}=\boldsymbol{0}$ 则 $\boldsymbol{B}=\boldsymbol{0}$；

(6) 若 $\boldsymbol{AB}=\boldsymbol{AC}$ 则 $\boldsymbol{B}=\boldsymbol{C}$；

(7) 设 $\boldsymbol{A},\boldsymbol{B}$ 都是 n 阶可逆矩阵，则 $\boldsymbol{AB}$ 可逆，并且 $(\boldsymbol{AB})^{-1}=\boldsymbol{B}^{-1}\boldsymbol{A}^{-1}$；

(8) 若 $\boldsymbol{A}_1,\boldsymbol{A}_2,\cdots,\boldsymbol{A}_m$ 都是 n 阶可逆矩阵，则 $\boldsymbol{A}_1\boldsymbol{A}_2\cdots\boldsymbol{A}_m$ 也可逆，且 $(\boldsymbol{A}_1\boldsymbol{A}_2\cdots\boldsymbol{A}_m)^{-1}=\boldsymbol{A}_m^{-1}\cdots\boldsymbol{A}_2^{-1}\boldsymbol{A}_1^{-1}$.

例 1 设 $\boldsymbol{A}=\begin{pmatrix}1 & 2\\ -3 & -5\end{pmatrix}$，求 $\boldsymbol{A}^{-1}$.

解 $|\boldsymbol{A}|=-5+6=1\neq 0$，所以 $\boldsymbol{A}$ 可逆.

因为 $A^* = \begin{pmatrix} -5 & -2 \\ 3 & 1 \end{pmatrix}$，所以 $A^{-1} = \frac{1}{|A|}A^* = \begin{pmatrix} -5 & -2 \\ 3 & 1 \end{pmatrix}$.

一般地，设 $A = \begin{pmatrix} a & b \\ c & d \end{pmatrix}$，$\Delta = |A| \neq 0$，则

$$A^{-1} = \frac{1}{\Delta}\begin{pmatrix} d & -b \\ -c & a \end{pmatrix}.$$

例 2　判断矩阵

$$A = \begin{pmatrix} 1 & 1 & -1 \\ 2 & -1 & 0 \\ 1 & 0 & 1 \end{pmatrix}$$

是否可逆，若可逆，求出其逆矩阵.

解　由于 $|A| = \begin{vmatrix} 1 & 1 & -1 \\ 2 & -1 & 0 \\ 1 & 0 & 1 \end{vmatrix} = -4 \neq 0$，

故 A 可逆，且

$$A^{-1} = \frac{1}{|A|}A^* = \frac{1}{|A|}\begin{pmatrix} A_{11} & A_{21} & A_{31} \\ A_{12} & A_{22} & A_{32} \\ A_{13} & A_{23} & A_{33} \end{pmatrix},$$

其中

$$A_{11} = \begin{vmatrix} -1 & 0 \\ 0 & 1 \end{vmatrix} = -1, \quad A_{21} = -\begin{vmatrix} 1 & -1 \\ 0 & 1 \end{vmatrix} = -1,$$

$$A_{31} = \begin{vmatrix} 1 & -1 \\ -1 & 0 \end{vmatrix} = -1, \quad A_{12} = -\begin{vmatrix} 2 & 0 \\ 1 & 1 \end{vmatrix} = -2,$$

$$A_{22} = \begin{vmatrix} 1 & -1 \\ 1 & 1 \end{vmatrix} = 2, \quad A_{32} = -\begin{vmatrix} 1 & -1 \\ 2 & 0 \end{vmatrix} = -2,$$

$$A_{13} = \begin{vmatrix} 2 & -1 \\ 1 & 0 \end{vmatrix} = 1, \quad A_{23} = -\begin{vmatrix} 1 & 1 \\ 1 & 0 \end{vmatrix} = 1,$$

$$A_{33} = \begin{vmatrix} 1 & 1 \\ 2 & -1 \end{vmatrix} = -3.$$

从而

$$A^{-1} = -\frac{1}{4}\begin{pmatrix} -1 & -1 & -1 \\ -2 & 2 & -2 \\ 1 & 1 & -3 \end{pmatrix} = \begin{pmatrix} \frac{1}{4} & \frac{1}{4} & \frac{1}{4} \\ \frac{1}{2} & -\frac{1}{2} & \frac{1}{2} \\ -\frac{1}{4} & -\frac{1}{4} & \frac{3}{4} \end{pmatrix}.$$

从上述两例可以看出，求二阶可逆矩阵的逆矩阵较为简单，而求三

阶或三阶以上的可逆矩阵的逆矩阵则比较麻烦. 后面我们将介绍另一种更适宜计算三阶及以上阶矩阵的逆矩阵的方法.

例 3 设 $\boldsymbol{A}$ 是 n 阶可逆矩阵,则 $\boldsymbol{A}$ 的伴随矩阵 $\boldsymbol{A}^*$ 也可逆,并且 $(\boldsymbol{A}^*)^{-1}=\frac{1}{|\boldsymbol{A}|}\boldsymbol{A}$,反之亦真.

证明 由 $\boldsymbol{A}\boldsymbol{A}^*=\boldsymbol{A}^*\boldsymbol{A}=|\boldsymbol{A}|\boldsymbol{E}$,且 $\boldsymbol{A}$ 可逆,则 $|\boldsymbol{A}|\neq 0$ 且 $\boldsymbol{A}^*(\frac{1}{|\boldsymbol{A}|}\boldsymbol{A})=(\frac{1}{|\boldsymbol{A}|}\boldsymbol{A})\boldsymbol{A}^*=\boldsymbol{E}$,故 $\boldsymbol{A}^*$ 可逆,且 $(\boldsymbol{A}^*)^{-1}=\frac{1}{|\boldsymbol{A}|}\boldsymbol{A}$.

反之,若 $\boldsymbol{A}^*$ 可逆,而 $\boldsymbol{A}$ 不可逆,则

$$|\boldsymbol{A}|=0, 由\ \boldsymbol{A}\boldsymbol{A}^*=\boldsymbol{A}^*\boldsymbol{A}=|\boldsymbol{A}|\boldsymbol{E}=\boldsymbol{0}$$

所以 $\boldsymbol{A}\boldsymbol{A}^*(\boldsymbol{A}^*)^{-1}=\boldsymbol{0}$,即 $\boldsymbol{A}=\boldsymbol{0}$,从而 $\boldsymbol{A}$ 中每元素的代数余子式也为零,故 $\boldsymbol{A}^*=\boldsymbol{0}$,这与 $\boldsymbol{A}^*$ 可逆矛盾.

要指出的是,不是方阵就不论及可逆的概念,即使是在方阵中,也不是所有的方阵都可逆. 可逆矩阵是方阵中那些行列式不为零的矩阵.

§2.4 矩阵的初等变换

1. 矩阵的初等变换与初等矩阵

定义 2.4.1 设 $\boldsymbol{A}=(a_{ij})_{m\times n}$,则以下三种变换

(1) 交换 $\boldsymbol{A}$ 的某两行(列);

(2) 用非零数 k 乘以 $\boldsymbol{A}$ 的某一行(列)的所有元素;

(3) 将 $\boldsymbol{A}$ 的某一行(列)的 k 倍加到另一行(列)上;

称为矩阵 $\boldsymbol{A}$ 的行(列)初等变换. 一般将矩阵的行、列初等变换称为矩阵的初等变换.

定义 2.4.2 由单位矩阵 $\boldsymbol{E}$ 经过一次初等变换得到的矩阵称为初等矩阵.

对应于三种初等变换,可以得到三种初等矩阵. 例如,对于三阶单位矩阵

$$\boldsymbol{E}_3=\begin{pmatrix}1&0&0\\0&1&0\\0&0&1\end{pmatrix},$$

交换 2,3 两行(列),得初等矩阵

$$\begin{pmatrix}1&0&0\\0&0&1\\0&1&0\end{pmatrix},$$

将 $\boldsymbol{E}_3$ 的第 2 行(列)乘以 -2 得初等矩阵

$$\begin{pmatrix}1&0&0\\0&-2&0\\0&0&1\end{pmatrix},$$

将 $\boldsymbol{E}_3$ 的第 1 行的 -3 倍加到第 3 行(或将 $\boldsymbol{E}_3$ 的第 3 列的 -3 倍加到第 1 列),得初等矩阵

$$\begin{pmatrix}1&0&0\\0&1&0\\-3&0&1\end{pmatrix}.$$

一般地,对 n 阶单位矩阵 $\boldsymbol{E}$,有

(1) 交换 $\boldsymbol{E}$ 的 i、j 行(列) $(i<j)$,得到的初等矩阵记为 $\boldsymbol{P}(i,j)$.

(2) 用非零常数 k 乘以 $\boldsymbol{E}$ 的第 i 行(列),得到的初等矩阵为 $\boldsymbol{P}(i(k))$.

(3) 将 $\boldsymbol{E}$ 的第 j 行的 k 倍加到第 i 行(或第 i 列的 k 倍加到第 j 列上)$(i<j)$,得到的初等矩阵记作 $\boldsymbol{P}(i,j(k))$,即:

$$\boldsymbol{P}(i,j)=\begin{pmatrix}1&&&&&&\\&\ddots&&&&&\\&&0&\cdots&1&&\\&&\vdots&1\ \ddots\ 1&\vdots&&\\&&1&\cdots&0&&\\&&&&&\ddots&\\&&&&&&1\end{pmatrix}\begin{matrix}\\ \\ i\text{行}\\ \\ j\text{行}\\ \\ \\ \end{matrix};$$

i列　　j列

$$\boldsymbol{P}(i(k))=\begin{pmatrix}1&&&&&&\\&\ddots&&&&&\\&&1&&&&\\&&&k&&&\\&&&&1&&\\&&&&&\ddots&\\&&&&&&1\end{pmatrix}\begin{matrix}\\ \\ \\ i\text{行}\\ \\ \\ \\ \end{matrix};$$

i列

$$\boldsymbol{P}(i,j(k))=\begin{pmatrix}1&&&&\\&\ddots&&&\\&&1\cdots\cdots k&&\\&&\ddots\quad\vdots&&\\&&1&&\\&&&\ddots&\\&&&&1\end{pmatrix}\begin{matrix}\\ \\ i\text{行}\\ \\ j\text{行}\\ \\ \\ \end{matrix}.$$

i列　j列

可以直接验证初等矩阵有如下性质：

命题 2.4.1 (1) 初等矩阵的转置仍是初等矩阵；

(2) 初等矩阵均为可逆矩阵，并且其逆仍是同类型的初等矩阵，具体地说有

$$\boldsymbol{P}(i,j)^{-1}=\boldsymbol{P}(i,j);$$

$$\boldsymbol{P}(i(k))^{-1}=\boldsymbol{P}(i(\frac{1}{k}));$$

$$\boldsymbol{P}(i,j(k))^{-1}=\boldsymbol{P}(i,j(-k)).$$

矩阵的初等变换与初等矩阵之间有密切联系.

定理 2.4.1 设 $\boldsymbol{A}=(a_{ij})$是一个 $m\times n$ 矩阵，则

(1) 对 $\boldsymbol{A}$ 进行一次行初等变换，相当于用一个同类型的 m 阶初等矩阵左乘 $\boldsymbol{A}$.

(2) 对 $\boldsymbol{A}$ 进行一次列初等变换，相当于用一个同类型的 n 阶初等矩阵右乘 $\boldsymbol{A}$.

证明 (1) 现仅对第三种行初等变换进行证明. 设

$$\boldsymbol{A}=\begin{pmatrix} a_{11} & a_{12} & \cdots & a_{1n} \\ \cdots & \cdots & \cdots & \cdots \\ a_{i1} & a_{i2} & \cdots & a_{in} \\ \cdots & \cdots & \cdots & \cdots \\ a_{j1} & a_{j2} & \cdots & a_{jn} \\ \cdots & \cdots & \cdots & \cdots \\ a_{m1} & a_{m2} & \cdots & a_{mn} \end{pmatrix}(i<j).$$

将 $\boldsymbol{A}$ 的第 i 行 k 倍加到第 j 行得

$$\boldsymbol{A}_1=\begin{pmatrix} a_{11} & a_{12} & \cdots & a_{1n} \\ \cdots & \cdots & \cdots & \cdots \\ a_{i1} & a_{i2} & \cdots & a_{in} \\ \cdots & \cdots & \cdots & \cdots \\ a_{j1}+ka_{i1} & a_{j2}+ka_{i2} & \cdots & a_{jn}+ka_{in} \\ \cdots & \cdots & \cdots & \cdots \\ a_{m1} & a_{m2} & \cdots & a_{mn} \end{pmatrix}\begin{matrix} \\ \\ i\text{行} \\ \\ j\text{行} \\ \\ \\ \end{matrix}$$

$$=\boldsymbol{P}(j,i(k))\boldsymbol{A}.$$

对于其他两种形式的行初等变换及(2)中结论也可类似地证明.

例 1　设 $A=\begin{pmatrix}1&2&3&4\\2&-3&0&1\\1&0&-3&2\end{pmatrix}$，将 A 的第 2,3 两列互换，将第 2 行的 −3倍加到第 3 行上，求出对应的初等矩阵，并用矩阵的乘法将这两种变换表示出来.

解　交换 A 的 2,3 两列，即用 4 阶初等矩阵

$$P(2,3)=\begin{pmatrix}1&0&0&0\\0&0&1&0\\0&1&0&0\\0&0&0&1\end{pmatrix}$$

右乘 A 得

$$\begin{pmatrix}1&2&3&4\\2&-3&0&1\\1&0&-3&2\end{pmatrix}\begin{pmatrix}1&0&0&0\\0&0&1&0\\0&1&0&0\\0&0&0&1\end{pmatrix}=\begin{pmatrix}1&3&2&4\\2&0&-3&1\\1&-3&0&2\end{pmatrix}.$$

将 A 的第 2 行的 −3 倍加到第 3 行上，即用三阶初等矩阵

$$P(3,2(-3))=\begin{pmatrix}1&0&0\\0&1&0\\0&-3&1\end{pmatrix}$$

左乘 A

$$\begin{pmatrix}1&0&0\\0&1&0\\0&-3&1\end{pmatrix}\begin{pmatrix}1&2&3&4\\2&-3&0&1\\1&0&-3&2\end{pmatrix}=\begin{pmatrix}1&2&3&4\\2&-3&0&1\\-5&9&-3&-1\end{pmatrix}.$$

2. 求逆矩阵的初等变换法

(1) 矩阵的等价标准形.

定义 2.4.3　如果矩阵 B 可以由矩阵 A 经过有限次初等变换得到，则称 A 与 B 等价.

定理 2.4.2　任意矩阵 A 都与一个形如

$$D=\begin{pmatrix}E_r&0\\0&0\end{pmatrix}$$

的矩阵等价. 这个矩阵称为矩阵 A 的等价标准形.

证明　设 $A=(a_{ij})_{m\times n}$. 若所有 a_{ij} 都为零，则 A 已是标准形 D 的形式(此时 $r=0$). 若 A 中至少有一个元素不为零，不妨设 $a_{11}\neq 0$(若 $a_{11}=0$，

则 $\boldsymbol{A}$ 中必存在一个 $a_{ij}\neq 0$，将 $\boldsymbol{A}$ 的第 i 行与第一行互换，再将所得的矩阵的第 j 列与第一列互换，即可将 a_{ij} 变换到矩阵左上角(1,1)位置)，用 $-\frac{a_{i1}}{a_{11}}$ 乘第一行加于第 i 行上($i=2,3,\cdots,m$)，再用 $-\frac{a_{1j}}{a_{11}}$ 乘该矩阵的第一列加于第 j 列上($j=2,\cdots,n$)，然后再以 $\frac{1}{a_{11}}$ 乘第一行，$\boldsymbol{A}$ 即可变换成

$$\boldsymbol{A}_1=\begin{pmatrix}1 & 0 & \cdots & 0\\ 0 & a_{22}^1 & \cdots & a_{2n}^1\\ \cdots & \cdots & \cdots & \cdots\\ 0 & a_{m2}^1 & \cdots & a_{mn}^1\end{pmatrix}=\begin{pmatrix}1 & \boldsymbol{0}\\ \boldsymbol{0} & \boldsymbol{B}_1\end{pmatrix}.$$

若 $\boldsymbol{B}_1=\boldsymbol{0}$，则 $\boldsymbol{A}$ 已化成 $\boldsymbol{D}$ 的形式. 若 $\boldsymbol{B}_1\neq\boldsymbol{0}$，则按上述同样的方法，继续下去，最后总可以化为 $\boldsymbol{D}$ 的形式.

由定理 2.4.1 可将定理 2.4.2 表述为.

推论 2.4.1 对任意 $m\times n$ 矩阵 $\boldsymbol{A}$，存在 m 阶初等矩阵 $\boldsymbol{P}_1,\boldsymbol{P}_2,\cdots,\boldsymbol{P}_s$ 和 n 阶初等矩阵 $\boldsymbol{Q}_1,\boldsymbol{Q}_2,\cdots,\boldsymbol{Q}_t$ 使得

$$\boldsymbol{P}_s\cdots\boldsymbol{P}_2\boldsymbol{P}_1\boldsymbol{A}\,\boldsymbol{Q}_1\boldsymbol{Q}_2\cdots\boldsymbol{Q}_t=\begin{pmatrix}\boldsymbol{Er} & \boldsymbol{0}\\ \boldsymbol{0} & \boldsymbol{0}\end{pmatrix}.$$

若令 $\boldsymbol{P}=\boldsymbol{P}_s\cdots\boldsymbol{P}_2\boldsymbol{P}_1$，$\boldsymbol{Q}=\boldsymbol{Q}_1\boldsymbol{Q}_2\cdots\boldsymbol{Q}_t$，则 $\boldsymbol{P},\boldsymbol{Q}$ 都是初等矩阵的乘积，从而都可逆. 于是又有

推论 2.4.2 对于任意 $m\times n$ 矩阵 $\boldsymbol{A}$，存在 m 阶可逆矩阵 $\boldsymbol{P}$ 和 n 阶可逆矩阵 $\boldsymbol{Q}$，使得

$$\boldsymbol{PAQ}=\begin{pmatrix}\boldsymbol{Er} & \boldsymbol{0}\\ \boldsymbol{0} & \boldsymbol{0}\end{pmatrix}.$$

当 $\boldsymbol{A}$ 为 n 阶可逆矩阵时，则由定理 2.3.1 知 $|\boldsymbol{A}|\neq 0$，再由推论 2.4.2，有 n 阶可逆矩阵 $\boldsymbol{P},\boldsymbol{Q}$ 使 $\boldsymbol{PAQ}=\begin{pmatrix}\boldsymbol{Er} & \boldsymbol{0}\\ \boldsymbol{0} & \boldsymbol{0}\end{pmatrix}$.

于是 $|\boldsymbol{PAQ}|=|\boldsymbol{P}||\boldsymbol{A}||\boldsymbol{Q}|\neq 0$，从而 $\begin{vmatrix}\boldsymbol{Er} & \boldsymbol{0}\\ \boldsymbol{0} & \boldsymbol{0}\end{vmatrix}\neq 0$. 于是 $r=n$. 这表明

推论 2.4.3 n 阶矩阵 $\boldsymbol{A}$ 可逆的充分必要条件是 $\boldsymbol{A}$ 的等价标准形为 $\boldsymbol{E}_n$.

再由推论 2.4.1 及推论 2.4.3 可得

推论 2.4.4 n 阶矩阵 $\boldsymbol{A}$ 可逆的充分必要条件是 $\boldsymbol{A}$ 可以表示成有限个初等矩阵的乘积.

证明 $\boldsymbol{A}$ 可逆的充分必要条件是存在 n 阶初等矩阵 $\boldsymbol{P}_1,\boldsymbol{P}_2,\cdots,\boldsymbol{P}_s$ 和 $\boldsymbol{Q}_1,\boldsymbol{Q}_2,\cdots,\boldsymbol{Q}_t$，使得

$$\boldsymbol{P}_s\cdots\boldsymbol{P}_2\boldsymbol{P}_1\boldsymbol{A}\boldsymbol{Q}_1\boldsymbol{Q}_2\cdots\boldsymbol{Q}_t=\boldsymbol{E}_n.$$

而初等矩阵的逆矩阵仍是初等矩阵，故有

$$\begin{aligned}\boldsymbol{A}&=\boldsymbol{P}_1^{-1}\boldsymbol{P}_2^{-1}\cdots\boldsymbol{P}_s^{-1}\boldsymbol{E}_n\boldsymbol{Q}_t^{-1}\cdots\boldsymbol{Q}_2^{-1}\boldsymbol{Q}_1^{-1}\\&=\boldsymbol{P}_1^{-1}\boldsymbol{P}_2^{-1}\cdots\boldsymbol{P}_s^{-1}\boldsymbol{Q}_t^{-1}\cdots\boldsymbol{Q}_2^{-1}\boldsymbol{Q}_1^{-1}.\end{aligned}$$

(2) 求矩阵逆矩阵的初等变换法.

设 $\boldsymbol{A}$ 是 n 阶可逆矩阵，则 $\boldsymbol{A}^{-1}$ 也是 n 阶可逆矩阵，从而 $\boldsymbol{A}^{-1}$ 可以表示为有限个初等矩阵的乘积. 设存在 n 阶初等矩阵 $\boldsymbol{F}_1,\boldsymbol{F}_2,\cdots,\boldsymbol{F}_k$ 使

$$\boldsymbol{A}^{-1}=\boldsymbol{F}_1\boldsymbol{F}_2\cdots\boldsymbol{F}_k, \tag{4.1}$$

将(4.1)式两边同时右乘以 $\boldsymbol{A}$ 得

$$\boldsymbol{A}^{-1}\boldsymbol{A}=\boldsymbol{F}_1\boldsymbol{F}_2\cdots\boldsymbol{F}_k\boldsymbol{A},$$

即

$$\boldsymbol{E}=\boldsymbol{F}_1\boldsymbol{F}_2\cdots\boldsymbol{F}_k\boldsymbol{A}. \tag{4.2}$$

由(4.1)式与(4.2)式可以看出：当对矩阵 $\boldsymbol{A}$ 进行有限次行初等变换使得 $\boldsymbol{A}$ 化为单位矩阵 $\boldsymbol{E}$ 时，对单位矩阵 $\boldsymbol{E}$ 进行与对 $\boldsymbol{A}$ 相同的行初等变换，即可将 $\boldsymbol{E}$ 化为 $\boldsymbol{A}^{-1}$. 于是可得求 $\boldsymbol{A}^{-1}$ 的行初等变换法

$$(\boldsymbol{A},\boldsymbol{E})\xrightarrow{\text{行初等变换}}(\boldsymbol{E},\boldsymbol{A}^{-1}).$$

例 2　设 $\boldsymbol{A}=\begin{pmatrix}1&1&-1\\2&-1&0\\1&0&1\end{pmatrix}$，求 $\boldsymbol{A}^{-1}$.

解　这是 §2.3 节例 2 中的 $\boldsymbol{A}$，现用行初等变换法求逆，作矩阵

$$(\boldsymbol{A},\boldsymbol{E})=\left(\begin{array}{ccc:ccc}1&1&-1&1&0&0\\2&-1&0&0&1&0\\1&0&1&0&0&1\end{array}\right)$$

$$\rightarrow\left(\begin{array}{ccc:ccc}0&1&-2&1&0&-1\\0&-1&-2&0&1&-2\\1&0&1&0&0&1\end{array}\right)$$

$$\rightarrow\left(\begin{array}{ccc:ccc}0&1&-2&1&0&-1\\0&0&-4&1&1&-3\\1&0&1&0&0&1\end{array}\right)$$

$$\rightarrow\left(\begin{array}{ccc:ccc}0&1&-2&1&0&-1\\0&0&1&-\frac{1}{4}&-\frac{1}{4}&\frac{3}{4}\\1&0&1&0&0&1\end{array}\right)$$

$$\rightarrow\left(\begin{array}{ccc|ccc}0&1&0&\frac{1}{2}&-\frac{1}{2}&\frac{1}{2}\\0&0&1&-\frac{1}{4}&-\frac{1}{4}&\frac{3}{4}\\1&0&0&\frac{1}{4}&\frac{1}{4}&\frac{1}{4}\end{array}\right)$$

$$\rightarrow\left(\begin{array}{ccc|ccc}1&0&0&\frac{1}{4}&\frac{1}{4}&\frac{1}{4}\\0&1&0&\frac{1}{2}&-\frac{1}{2}&\frac{1}{2}\\0&0&1&-\frac{1}{4}&-\frac{1}{4}&\frac{3}{4}\end{array}\right).$$

于是得
$$A^{-1}=\begin{pmatrix}\frac{1}{4}&\frac{1}{4}&\frac{1}{4}\\\frac{1}{2}&-\frac{1}{2}&\frac{1}{2}\\-\frac{1}{4}&-\frac{1}{4}&\frac{3}{4}\end{pmatrix}.$$

初等行变换求逆矩阵的计算形式,可以用于解矩阵方程

$$\boldsymbol{AX}=\boldsymbol{B}, \tag{4.3}$$

其中 $\boldsymbol{A}$ 为可逆矩阵,$\boldsymbol{X}$ 为未知矩阵.

由 $\boldsymbol{A}$ 可逆,则 $\boldsymbol{A}^{-1}\boldsymbol{AX}=\boldsymbol{A}^{-1}\boldsymbol{B}$,即

$$\boldsymbol{X}=\boldsymbol{A}^{-1}\boldsymbol{B}. \tag{4.4}$$

例 3 设有矩阵方程 $\boldsymbol{AX}=\boldsymbol{A}+2\boldsymbol{X}$,求 $\boldsymbol{X}$,其中

$$\boldsymbol{A}=\begin{pmatrix}4&2&3\\1&1&0\\-1&2&3\end{pmatrix}.$$

解 由 $\boldsymbol{AX}=\boldsymbol{A}+2\boldsymbol{X}$ 得 $(\boldsymbol{A}-2\boldsymbol{E})\boldsymbol{X}=\boldsymbol{A}$.

$$\boldsymbol{A}-2\boldsymbol{E}=\begin{pmatrix}4&2&3\\1&1&0\\-1&2&3\end{pmatrix}-2\begin{pmatrix}1&0&0\\0&1&0\\0&0&1\end{pmatrix}=\begin{pmatrix}2&2&3\\1&-1&0\\-1&2&1\end{pmatrix}.$$

又
$$|\boldsymbol{A}-2\boldsymbol{E}|=\begin{vmatrix}2&2&3\\1&-1&0\\-1&2&1\end{vmatrix}=-1\neq0.$$ 故 $\boldsymbol{A}-2\boldsymbol{E}$ 可逆.

从而
$$\boldsymbol{X}=(\boldsymbol{A}-2\boldsymbol{E})^{-1}\boldsymbol{A}.$$

用行初等变换法得 $(\boldsymbol{A}-2\boldsymbol{E})^{-1}=\begin{pmatrix}1 & -4 & -3\\ 1 & -5 & -3\\ -1 & 6 & 4\end{pmatrix}$. 所以

$$X=(\boldsymbol{A}-2\boldsymbol{E})^{-1}\boldsymbol{A}=\begin{pmatrix}3 & -8 & -6\\ 2 & -9 & -6\\ -2 & 12 & 9\end{pmatrix}.$$

用初等变换法也可直接求出 X

$$(\boldsymbol{A}-2\boldsymbol{E},\boldsymbol{A})\xrightarrow{\text{行变换}}(\boldsymbol{E},(\boldsymbol{A}-2\boldsymbol{E})^{-1}\boldsymbol{A}).$$

§ 2.5　分块矩阵

在矩阵的讨论和运算中，有时需将一个矩阵分成若干个"子块"(子矩阵)，使原来矩阵显得结构简单而清晰.

1. 分块矩阵的概念

设 $\boldsymbol{A}$ 是一个矩阵，在矩阵 $\boldsymbol{A}$ 的行或列之间加上横线、坚线，把 $\boldsymbol{A}$ 分成若干个小块，并以所分的小块(子块或子阵)为元素的矩阵称为分块矩阵.

例如

$$\boldsymbol{A}=\left(\begin{array}{ccc|c}1 & 0 & 0 & 3\\ 0 & 1 & 0 & -1\\ 0 & 0 & 1 & 0\\ \hline 0 & 0 & 0 & 1\end{array}\right)=\begin{pmatrix}\boldsymbol{E}_3 & \boldsymbol{A}_1\\ \boldsymbol{0} & \boldsymbol{A}_2\end{pmatrix},$$

其中　$\boldsymbol{E}_3=\begin{pmatrix}1 & 0 & 0\\ 0 & 1 & 0\\ 0 & 0 & 1\end{pmatrix}$, $\boldsymbol{A}_1=\begin{pmatrix}3\\ -1\\ 0\end{pmatrix}$, $\boldsymbol{0}=(0,0,0)$, $\boldsymbol{A}_2=1$.

则上述就是矩阵 $\boldsymbol{A}$ 的一个分块，而等式右边称为一个分块矩阵.

给了一个矩阵，可根据需要进行不同的分块. 如令 $\boldsymbol{E}_2=\begin{pmatrix}1 & 0\\ 0 & 1\end{pmatrix}$,

$\boldsymbol{A}_3=\begin{pmatrix}0 & 3\\ 0 & -1\end{pmatrix}$, $\boldsymbol{0}=\begin{pmatrix}0 & 0\\ 0 & 0\end{pmatrix}$, 则上例中的 $\boldsymbol{A}$ 可分块成

$$\boldsymbol{A}=\begin{pmatrix}\boldsymbol{E}_2 & \boldsymbol{A}_3\\ \boldsymbol{0} & \boldsymbol{E}_2\end{pmatrix}.$$

设 $\boldsymbol{A}=(a_{ij})_{m\times n}$，若记 $\boldsymbol{\alpha}_i=(a_{i1},a_{i2},\cdots,a_{in})$, $i=1,2,\cdots,m$,

$$\boldsymbol{\beta}_j=\begin{pmatrix}a_{1j}\\a_{2j}\\\vdots\\a_{mj}\end{pmatrix},j=1,2,\cdots,n.$$

则 $\boldsymbol{A}=\begin{pmatrix}\boldsymbol{\alpha}_1\\\boldsymbol{\alpha}_2\\\vdots\\\boldsymbol{\alpha}_m\end{pmatrix}$,称 $\boldsymbol{A}$ 按行进行分块;或 $\boldsymbol{A}=(\boldsymbol{\beta}_1,\boldsymbol{\beta}_2,\cdots,\boldsymbol{\beta}_n)$,称 $\boldsymbol{A}$ 按列进行分块.

2. 分块矩阵的运算

在分块矩阵运算时,把子块当做元素来处理直接运用矩阵运算的有关法则,但应注意以下问题.

(1) 对分块矩阵作加法时,两个同型矩阵行、列分法必须相同,用 k 去乘分块矩阵时,k 应与每一子块相乘.

设 $m\times n$ 矩阵 $\boldsymbol{A}$ 分块为

$$\boldsymbol{A}=\begin{pmatrix}\boldsymbol{A}_{11}&\boldsymbol{A}_{12}&\cdots&\boldsymbol{A}_{1q}\\\boldsymbol{A}_{21}&\boldsymbol{A}_{22}&\cdots&\boldsymbol{A}_{2q}\\\cdots&\cdots&\cdots&\cdots\\\boldsymbol{A}_{p1}&\boldsymbol{A}_{p2}&\cdots&\boldsymbol{A}_{pq}\end{pmatrix},$$

则

$$k\boldsymbol{A}=\begin{pmatrix}k\boldsymbol{A}_{11}&k\boldsymbol{A}_{12}&\cdots&k\boldsymbol{A}_{1q}\\k\boldsymbol{A}_{21}&k\boldsymbol{A}_{22}&\cdots&k\boldsymbol{A}_{2q}\\\cdots&\cdots&\cdots&\cdots\\k\boldsymbol{A}_{p1}&k\boldsymbol{A}_{p2}&\cdots&k\boldsymbol{A}_{pq}\end{pmatrix}.$$

若 $\boldsymbol{A}=(a_{ij})_{m\times n},\boldsymbol{B}=(b_{ij})_{m\times n}$,分块为

$$\boldsymbol{A}=\begin{pmatrix}\boldsymbol{A}_{11}&\boldsymbol{A}_{12}&\cdots&\boldsymbol{A}_{1t}\\\boldsymbol{A}_{21}&\boldsymbol{A}_{22}&\cdots&\boldsymbol{A}_{2t}\\\cdots&\cdots&\cdots&\cdots\\\boldsymbol{A}_{s1}&\boldsymbol{A}_{s2}&\cdots&\boldsymbol{A}_{st}\end{pmatrix},$$

$$\boldsymbol{B}=\begin{pmatrix}\boldsymbol{B}_{11}&\boldsymbol{B}_{12}&\cdots&\boldsymbol{B}_{1t}\\\boldsymbol{B}_{21}&\boldsymbol{B}_{22}&\cdots&\boldsymbol{B}_{2t}\\\cdots&\cdots&\cdots&\cdots\\\boldsymbol{B}_{s1}&\boldsymbol{B}_{s2}&\cdots&\boldsymbol{B}_{st}\end{pmatrix}.$$

其中对应子块 $\boldsymbol{A}_{pq}$ 与 $\boldsymbol{B}_{pq}$ 分别有相同的行数和列数 ($p=1,2,\cdots,s;q=1,$

$2,\cdots,t)$，则

$$\boldsymbol{A}+\boldsymbol{B}=(\boldsymbol{A}_{pq}+\boldsymbol{B}_{pq}).$$

(2) 对两个可乘矩阵 $\boldsymbol{A},\boldsymbol{B}$ 作分块乘法时，应使左矩阵 $\boldsymbol{A}$ 的列的分块方式同 $\boldsymbol{B}$ 的行的分块方式一致，然后再把各子块看成元素按矩阵乘法进行，但 $\boldsymbol{A}$ 的子块必须分别左乘 $\boldsymbol{B}$ 的子块.

设 $\boldsymbol{A}=(a_{ij})_{m\times s},\boldsymbol{B}=(b_{ij})_{s\times n}$，$\boldsymbol{A},\boldsymbol{B}$ 分别分块成

$$\boldsymbol{A}=\begin{pmatrix}\boldsymbol{A}_{11} & \boldsymbol{A}_{12} & \cdots & \boldsymbol{A}_{1r}\\ \boldsymbol{A}_{21} & \boldsymbol{A}_{22} & \cdots & \boldsymbol{A}_{2r}\\ \cdots & \cdots & \cdots & \cdots\\ \boldsymbol{A}_{k1} & \boldsymbol{A}_{k2} & \cdots & \boldsymbol{A}_{kr}\end{pmatrix}\begin{matrix}m_1\text{ 行}\\ m_2\text{ 行}\\ \vdots\\ m_k\text{ 行}\end{matrix},\quad \begin{matrix}s_1\text{列} & s_2\text{列} & s_r\text{列}\end{matrix}$$

$$\boldsymbol{B}=\begin{pmatrix}\boldsymbol{B}_{11} & \boldsymbol{B}_{12} & \cdots & \boldsymbol{B}_{1t}\\ \boldsymbol{B}_{21} & \boldsymbol{B}_{22} & \cdots & \boldsymbol{B}_{2t}\\ \cdots & \cdots & \cdots & \cdots\\ \boldsymbol{B}_{r1} & \boldsymbol{B}_{r2} & \cdots & \boldsymbol{B}_{rt}\end{pmatrix}\begin{matrix}s_1\text{ 行}\\ s_2\text{ 行}\\ \vdots\\ s_r\text{ 行}\end{matrix}.\quad \begin{matrix}n_1\text{列} & n_2\text{列} & n_t\text{列}\end{matrix}$$

则　$\boldsymbol{AB}=\boldsymbol{C}=(\boldsymbol{C}_{ij})$. 其中

$$\boldsymbol{C}_{ij}=\boldsymbol{A}_{i1}\boldsymbol{B}_{1j}+\boldsymbol{A}_{i2}\boldsymbol{B}_{2j}+\cdots+\boldsymbol{A}_{ir}\boldsymbol{B}_{rj}\quad(i=1,2,\cdots,k;j=1,2,\cdots,t).$$

例 1　设 $\boldsymbol{A},\boldsymbol{B}$ 分块成

$$\boldsymbol{A}=\left(\begin{array}{cc:cc}1 & 0 & -2 & 0\\ 0 & 1 & 0 & -2\\ \hdashline 0 & 0 & 5 & 3\end{array}\right)=\begin{pmatrix}\boldsymbol{E}_2 & -2\boldsymbol{E}_2\\ \boldsymbol{0} & \boldsymbol{A}_{22}\end{pmatrix},$$

$$\boldsymbol{B}=\left(\begin{array}{c:cc}3 & 0 & -2\\ 1 & 2 & 0\\ \hdashline 0 & 1 & 0\\ 0 & 0 & 1\end{array}\right)=\begin{pmatrix}\boldsymbol{B}_{11} & \boldsymbol{B}_{12}\\ \boldsymbol{0} & \boldsymbol{E}_2\end{pmatrix}.$$

求 $\boldsymbol{AB}$.

解　$\boldsymbol{A}$ 与 $\boldsymbol{B}$ 可乘，且 $\boldsymbol{A}$ 的列的分块方式与 $\boldsymbol{B}$ 行的分块方式一致，故可进行分块乘法.

$$\boldsymbol{AB}=\begin{pmatrix}\boldsymbol{E}_2 & -2\boldsymbol{E}_2\\ \boldsymbol{0} & \boldsymbol{A}_{22}\end{pmatrix}\begin{pmatrix}\boldsymbol{B}_{11} & \boldsymbol{B}_{12}\\ \boldsymbol{0} & \boldsymbol{E}_2\end{pmatrix}=\begin{pmatrix}\boldsymbol{B}_{11} & \boldsymbol{B}_{12}-2\boldsymbol{E}_2\\ 0 & \boldsymbol{A}_{22}\end{pmatrix}$$

$$=\left(\begin{array}{c:cc}3 & -2 & -2\\ 1 & 2 & -2\\ \hdashline 0 & 5 & 3\end{array}\right).$$

这与普通乘法结果一致.

例 2 设矩阵 $\boldsymbol{A},\boldsymbol{B}$ 可乘，$\boldsymbol{B}$ 按列分块成 $\boldsymbol{B}=(\boldsymbol{B}_1,\boldsymbol{B}_2,\cdots,\boldsymbol{B}_n)$. 则

$$\boldsymbol{AB}=(\boldsymbol{AB}_1,\boldsymbol{AB}_2,\cdots,\boldsymbol{AB}_n).$$

若 $\boldsymbol{AB}=\boldsymbol{0}$ 则 $\boldsymbol{AB}_j=\boldsymbol{0}\ (j=1,2,\cdots,n)$.

(3) 分块矩阵的转置. 将分块矩阵 $\boldsymbol{A}$ 的行列互换后各子块再转置即得分块矩阵的转置.

设
$$\boldsymbol{A}=\begin{pmatrix}\boldsymbol{A}_{11} & \boldsymbol{A}_{12} & \cdots & \boldsymbol{A}_{1t}\\ \boldsymbol{A}_{21} & \boldsymbol{A}_{22} & \cdots & \boldsymbol{A}_{2t}\\ \cdots & \cdots & \cdots & \cdots\\ \boldsymbol{A}_{s1} & \boldsymbol{A}_{s2} & \cdots & \boldsymbol{A}_{st}\end{pmatrix},$$

则
$$\boldsymbol{A}^{\mathrm{T}}=\begin{pmatrix}\boldsymbol{A}_{11}^{\mathrm{T}} & \boldsymbol{A}_{21}^{\mathrm{T}} & \cdots & \boldsymbol{A}_{s1}^{\mathrm{T}}\\ \boldsymbol{A}_{12}^{\mathrm{T}} & \boldsymbol{A}_{22}^{\mathrm{T}} & \cdots & \boldsymbol{A}_{s2}^{\mathrm{T}}\\ \cdots & \cdots & \cdots & \cdots\\ \boldsymbol{A}_{1t}^{\mathrm{T}} & \boldsymbol{A}_{2t}^{\mathrm{T}} & \cdots & \boldsymbol{A}_{st}^{\mathrm{T}}\end{pmatrix}.$$

(4) 两类特殊的分块矩阵.

① 分块对角矩阵(或准对角矩阵).

形如
$$\boldsymbol{A}=\begin{pmatrix}\boldsymbol{A}_1 & \boldsymbol{0} & \cdots & \boldsymbol{0}\\ \boldsymbol{0} & \boldsymbol{A}_2 & \cdots & \boldsymbol{0}\\ \vdots & \vdots & \ddots & \vdots\\ \boldsymbol{0} & \boldsymbol{0} & \cdots & \boldsymbol{A}_s\end{pmatrix},$$

其中 $\boldsymbol{A}_i$ 均为方阵，其余子块均为零矩阵，称为分块对角矩阵或准对角矩阵.

同结构的分块对角矩阵的和、积、数乘仍是分块对角矩阵.

② 分块上(下)三角矩阵.

形如
$$\begin{pmatrix}\boldsymbol{A}_{11} & \boldsymbol{A}_{12} & \cdots & \boldsymbol{A}_{1t}\\ \boldsymbol{0} & \boldsymbol{A}_{22} & \cdots & \boldsymbol{A}_{2t}\\ \cdots & \cdots & \cdots & \cdots\\ \boldsymbol{0} & \boldsymbol{0} & \cdots & \boldsymbol{A}_{tt}\end{pmatrix} \text{和} \begin{pmatrix}\boldsymbol{A}_{11} & \boldsymbol{0} & \cdots & \boldsymbol{0}\\ \boldsymbol{A}_{12} & \boldsymbol{A}_{22} & \cdots & \boldsymbol{0}\\ \cdots & \cdots & \cdots & \cdots\\ \boldsymbol{A}_{t1} & \boldsymbol{A}_{t2} & \cdots & \boldsymbol{A}_{tt}\end{pmatrix}$$

其中 $\boldsymbol{A}_{ii}$ 为方阵($i=1,2,\cdots,t$)，分别称为分块上三角矩阵和分块下三角矩阵.

同结构的分块上(下)三角矩阵的和、积、数乘仍是分块上(下)三角矩阵.

设
$$\boldsymbol{A}=\begin{pmatrix}\boldsymbol{A}_{11} & \boldsymbol{A}_{12} & \cdots & \boldsymbol{A}_{1t}\\ \boldsymbol{0} & \boldsymbol{A}_{22} & \cdots & \boldsymbol{A}_{2t}\\ \cdots & \cdots & \cdots & \cdots\\ \boldsymbol{0} & \boldsymbol{0} & \cdots & \boldsymbol{A}_{tt}\end{pmatrix}$$

是分块上三角矩阵,则

$$|\boldsymbol{A}|=|\boldsymbol{A}_{11}||\boldsymbol{A}_{22}|\cdots|\boldsymbol{A}_{tt}|.$$

由此,$\boldsymbol{A}$ 可逆充分必要条件为 $\boldsymbol{A}_{ii}$ 都可逆($i=1,2,\cdots,t$),且 $\boldsymbol{A}$ 可逆时,$\boldsymbol{A}^{-1}$ 仍是分块上三角矩阵,且形如

$$\boldsymbol{A}^{-1}=\begin{pmatrix}\boldsymbol{A}_{11}^{-1} & \boldsymbol{B}_{12} & \cdots & \boldsymbol{B}_{1t}\\ \boldsymbol{0} & \boldsymbol{A}_{22}^{-1} & \cdots & \boldsymbol{B}_{2t}\\ \cdots & \cdots & \cdots & \cdots\\ \boldsymbol{0} & \boldsymbol{0} & \cdots & \boldsymbol{A}_{tt}^{-1}\end{pmatrix}.$$

例 3 设 $\boldsymbol{M}=\begin{pmatrix}\boldsymbol{A} & \boldsymbol{B}\\ \boldsymbol{0} & \boldsymbol{C}\end{pmatrix}$,

其中 $\boldsymbol{A},\boldsymbol{C}$ 分别是 r 阶和 s 阶可逆矩阵,证明 $\boldsymbol{M}$ 可逆,并求 $\boldsymbol{M}^{-1}$.

解 $|\boldsymbol{M}|=|\boldsymbol{A}||\boldsymbol{C}|\neq 0$,故 $\boldsymbol{M}$ 可逆.

设 $\boldsymbol{M}^{-1}=\begin{pmatrix}\boldsymbol{X}_{11} & \boldsymbol{X}_{12}\\ \boldsymbol{X}_{21} & \boldsymbol{X}_{22}\end{pmatrix}$,$\boldsymbol{X}_{11}$ 为 $r\times r$ 矩阵,则

$$\begin{pmatrix}\boldsymbol{A} & \boldsymbol{B}\\ \boldsymbol{0} & \boldsymbol{C}\end{pmatrix}\begin{pmatrix}\boldsymbol{X}_{11} & \boldsymbol{X}_{12}\\ \boldsymbol{X}_{21} & \boldsymbol{X}_{22}\end{pmatrix}=\begin{pmatrix}\boldsymbol{E}_r & \boldsymbol{0}\\ \boldsymbol{0} & \boldsymbol{E}_s\end{pmatrix}.$$

于是得

$$\begin{cases}\boldsymbol{AX}_{11}+\boldsymbol{B}X_{21}=\boldsymbol{E}_r\\ \boldsymbol{AX}_{12}+\boldsymbol{B}X_{22}=\boldsymbol{0}\\ \boldsymbol{CX}_{21}=\boldsymbol{0}\\ \boldsymbol{CX}_{22}=\boldsymbol{E}_s.\end{cases}$$

解得 $\boldsymbol{X}_{11}=\boldsymbol{A}^{-1},\boldsymbol{X}_{21}=\boldsymbol{0},\boldsymbol{X}_{12}=-\boldsymbol{A}^{-1}\boldsymbol{BC}^{-1}$,
$\boldsymbol{X}_{22}=\boldsymbol{C}^{-1}$.

所以 $$\boldsymbol{M}^{-1}=\begin{pmatrix}\boldsymbol{A}^{-1} & -\boldsymbol{A}^{-1}\boldsymbol{BC}^{-1}\\ \boldsymbol{0} & \boldsymbol{C}^{-1}\end{pmatrix}.$$

习题二

1\. 设 $\boldsymbol{A}=\begin{pmatrix}1 & 2 & 1 & 2\\ 2 & 1 & 2 & 1\\ 1 & 2 & 3 & 4\end{pmatrix}$,$\boldsymbol{B}=\begin{pmatrix}4 & 3 & 2 & 1\\ -2 & 1 & -2 & 1\\ 0 & -1 & 0 & -1\end{pmatrix}$.

试求 (1) $3\boldsymbol{A}-2\boldsymbol{B}$;

(2) $2\boldsymbol{A}+3\boldsymbol{B}$;

(3) 若 $\boldsymbol{X}$ 满足 $\boldsymbol{A}+2\boldsymbol{X}=\boldsymbol{B}$,求 $\boldsymbol{X}$;

(4) 若 $\boldsymbol{Y}$ 满足 $(2\boldsymbol{A}-\boldsymbol{Y})+2(\boldsymbol{B}-\boldsymbol{Y})=0$,求 $\boldsymbol{Y}$.

2. 设

$$A=\begin{pmatrix}x & 0\\ 7 & y\end{pmatrix},\quad B=\begin{pmatrix}u & v\\ y & 2\end{pmatrix},\quad C=\begin{pmatrix}3 & -4\\ x & v\end{pmatrix},\text{且 } A+2B-C=0,$$

求 x,y,u,v 的值.

3. 计算下列矩阵的乘积.

(1) $A=\begin{pmatrix}1\\2\\3\end{pmatrix},\quad B=(1,-2,1)$,求 AB,BA;

(2) $\begin{pmatrix}3 & -2\\ 5 & -4\end{pmatrix}\begin{pmatrix}3 & 4\\ 2 & 5\end{pmatrix},\quad \begin{pmatrix}3 & 4\\ 2 & 5\end{pmatrix}\begin{pmatrix}3 & -2\\ 5 & -4\end{pmatrix}$;

(3) $\begin{pmatrix}3 & -2 & 1\\ 1 & -1 & 2\end{pmatrix}\begin{pmatrix}-1 & 5\\ -2 & 4\\ 3 & -1\end{pmatrix},\quad \begin{pmatrix}-1 & 5\\ -2 & 4\\ 3 & -1\end{pmatrix}\begin{pmatrix}3 & -2 & 1\\ 1 & -1 & 2\end{pmatrix}$;

(4) $(1,-1,2)\begin{pmatrix}-1 & 2 & 0\\ 0 & 1 & 1\\ 3 & 0 & -1\end{pmatrix}\begin{pmatrix}2\\ -1\\ -2\end{pmatrix}$;

(5) $\begin{pmatrix}0 & 0 & 1\\ 0 & 1 & 0\\ 1 & 0 & 0\end{pmatrix}\begin{pmatrix}6 & 2 & -1\\ 1 & 4 & -6\\ 3 & -5 & 4\end{pmatrix}$.

4. 设 $A=\begin{pmatrix}a_{11} & a_{12} & a_{13} & a_{14}\\ a_{21} & a_{22} & a_{23} & a_{24}\\ a_{31} & a_{32} & a_{33} & a_{34}\end{pmatrix}$,

计算

(1) $\begin{pmatrix}0 & 0 & 1\\ 0 & 1 & 0\\ 1 & 0 & 0\end{pmatrix}A$;　　(2) $A\begin{pmatrix}1 & 0 & 0 & 0\\ 0 & 2 & 0 & 0\\ 0 & 0 & 1 & 0\\ 0 & 0 & 0 & 1\end{pmatrix}$;

(3) $\begin{pmatrix}1 & 0 & 0\\ -k & 1 & 0\\ 0 & 0 & 1\end{pmatrix}A$;　　(4) $\begin{pmatrix}1 & 0 & 0\\ 0 & 0 & 1\\ 0 & 1 & 0\end{pmatrix}A$.

5. 某厂生产 5 种产品,前三季度生产数量及产品单价如表:

季度 \ 产量 \ 产品	A	B	C	D	E
1	500	300	250	100	50
2	300	600	250	200	100
3	500	600	0	250	50
单价(单位:万元)	0.95	1.2	2.35	3	5.2

作矩阵 $\boldsymbol{A}=(a_{ij})_{3\times5}$，使 a_{ij} 表示 i 季度生产 j 种产品的数量；$\boldsymbol{B}=(b_j)_{5\times1}$，使 b_j 表示 j 种产品的单位价格；计算该厂各季度的总产值.

6. 设 $\boldsymbol{A},\boldsymbol{B}$ 都是 n 阶对称矩阵，试判断下列结论是否正确，并说明理由：

(1) $\boldsymbol{A}+\boldsymbol{B}$ 为对称矩阵；

(2) $k\boldsymbol{A}$ 为对称矩阵；

(3) $\boldsymbol{AB}$ 为对称矩阵.

7. 计算下列矩阵（n 为正整数）.

(1) $\begin{pmatrix}1 & -2\\ 3 & 4\end{pmatrix}^3$；　　(2) $\begin{pmatrix}2 & 1\\ -1 & 3\end{pmatrix}^{10}$；

(3) $\begin{pmatrix}1 & 1 & 1\\ 0 & 1 & 1\\ 0 & 0 & 1\end{pmatrix}^3$；　　(4) $\begin{pmatrix}1 & 1\\ 0 & 1\end{pmatrix}^n$；

(5) $\begin{pmatrix}a & 0 & 0\\ 0 & b & 0\\ 0 & 0 & c\end{pmatrix}^n$；　　(6) $\begin{pmatrix}0 & 0 & 0\\ a & 0 & 0\\ b & c & 0\end{pmatrix}^3$；

(7) $\begin{pmatrix}1 & 1\\ -1 & 1\end{pmatrix}^4$；　　(8) $\begin{pmatrix}0 & 1 & 0 & 0\\ 0 & 0 & 1 & 0\\ 0 & 0 & 0 & 1\\ 0 & 0 & 0 & 0\end{pmatrix}^4$.

8. 已知

$$\boldsymbol{A}=\begin{pmatrix}1 & 0 & 3\\ 0 & 2 & 1\\ 0 & 0 & 1\end{pmatrix},\quad \boldsymbol{B}=\begin{pmatrix}1 & 0 & 0\\ 0 & 2 & 1\\ 3 & 0 & 1\end{pmatrix}.$$

求(1) $(\boldsymbol{A}+\boldsymbol{B})(\boldsymbol{A}-\boldsymbol{B})$；　(2) $\boldsymbol{A}^2-\boldsymbol{B}^2$.

比较(1)与(2)结果，可得出什么结论？

9. 解下列矩阵方程

(1) $\begin{pmatrix}2 & 5\\ 1 & 3\end{pmatrix}\boldsymbol{X}=\begin{pmatrix}4 & -6\\ 2 & 1\end{pmatrix}$；

(2) $\boldsymbol{X}\begin{pmatrix}1 & 1 & -1\\ 2 & 1 & 0\\ 1 & -1 & 1\end{pmatrix}=\begin{pmatrix}1 & 1 & 3\\ 4 & 3 & 2\\ 1 & 2 & 5\end{pmatrix}$.

10. 如果 $\boldsymbol{AB}=\boldsymbol{BA}$，则称 $\boldsymbol{A},\boldsymbol{B}$ 可交换，设 $\boldsymbol{A}=\begin{pmatrix}1 & 1\\ 0 & 1\end{pmatrix}$，求所有与 $\boldsymbol{A}$ 可交换的矩阵.

11. 设 $\boldsymbol{A}=(a_{ij})$ 为 n 阶矩阵，试分别求出 $\boldsymbol{A}^2,\boldsymbol{AA}^{\mathrm{T}},\boldsymbol{A}^{\mathrm{T}}\boldsymbol{A}$ 的 (k,l) 元素.

12. 设 $\boldsymbol{AB}=\boldsymbol{BA},\boldsymbol{AC}=\boldsymbol{CA}$. 证明 $\boldsymbol{A}(\boldsymbol{B}+\boldsymbol{C})=(\boldsymbol{B}+\boldsymbol{C})\boldsymbol{A}$.

13. 设 $\boldsymbol{A},\boldsymbol{B}$ 为 n 阶矩阵，且满足 $\boldsymbol{A}=\frac{1}{2}(\boldsymbol{B}+\boldsymbol{E})$. 求证 $\boldsymbol{A}^2=\boldsymbol{A}$ 当且仅当 $\boldsymbol{B}^2=\boldsymbol{E}$.

14. 设 $\boldsymbol{A}=(a_{ij})$ 为 n 阶矩阵，称 $\boldsymbol{A}$ 的主对角元素之和 $a_{11}+a_{22}+\cdots+a_{nn}$ 为 $\boldsymbol{A}$ 的

迹，记作 $\mathrm{tr}\boldsymbol{A}$，即

$$\mathrm{tr}\boldsymbol{A}=a_{11}+a_{22}+\cdots+a_{nn}=\sum_{i=1}^{n}a_{ii}$$

求证：当 $\boldsymbol{A}=(a_{ij})$，$\boldsymbol{B}=(b_{ij})$ 均为 n 阶矩阵时有

(1) $\mathrm{tr}(\boldsymbol{A}+\boldsymbol{B})=\mathrm{tr}\boldsymbol{A}+\mathrm{tr}\boldsymbol{B}$.

(2) $\mathrm{tr}(k\boldsymbol{A})=k\,\mathrm{tr}\boldsymbol{A}$（$k$ 为任意常数）.

(3) $\mathrm{tr}\boldsymbol{A}^{\mathrm{T}}=\mathrm{tr}\boldsymbol{A}$.

(4) $\mathrm{tr}(\boldsymbol{AB})=\mathrm{tr}\boldsymbol{BA}$.

15. 用矩阵 $\boldsymbol{A}=\begin{pmatrix}1&1\\0&3\end{pmatrix}$，$\boldsymbol{B}=\begin{pmatrix}1&0\\2&1\end{pmatrix}$ 验证 $(\boldsymbol{AB})^{\mathrm{T}}=\boldsymbol{B}^{\mathrm{T}}\boldsymbol{A}^{\mathrm{T}}$.

16. 设 $f(x)=ax^2+bx+c$，对 n 阶矩阵 $\boldsymbol{A}$，定义 $f(\boldsymbol{A})=a\boldsymbol{A}^2+b\boldsymbol{A}+c\boldsymbol{E}_n$.

(1) 已知 $f(x)=x^2-x-1$，$\boldsymbol{A}=\begin{pmatrix}3&1&1\\3&1&2\\1&-1&0\end{pmatrix}$. 求 $f(\boldsymbol{A})$；

(2) 已知 $f(x)=x^2-5x+3$，$\boldsymbol{A}=\begin{pmatrix}2&-1\\-3&3\end{pmatrix}$. 求 $f(\boldsymbol{A})$.

17. 对任意 $m\times n$ 矩阵 $\boldsymbol{A}$，求证 $\boldsymbol{AA}^{\mathrm{T}}$，$\boldsymbol{A}^{\mathrm{T}}\boldsymbol{A}$ 都是对称矩阵.

18. 设 $\boldsymbol{A}$ 为三阶矩阵，$|\boldsymbol{A}|=-2$，$\boldsymbol{A}$ 按列分块为 $\boldsymbol{A}=(\boldsymbol{A}_1,\boldsymbol{A}_2,\boldsymbol{A}_3)$，求下列行列式

(1) $|\boldsymbol{A}_1,2\boldsymbol{A}_3,\boldsymbol{A}_2|$；　　(2) $|\boldsymbol{A}_3-2\boldsymbol{A}_1,3\boldsymbol{A}_2,\boldsymbol{A}_1|$.

19. 判断下列矩阵是否可逆，若可逆，利用伴随矩阵求其逆矩阵.

(1) $\begin{pmatrix}5&4\\3&2\end{pmatrix}$；　　(2) $\begin{pmatrix}1&0&0\\1&2&0\\1&2&3\end{pmatrix}$.

20. 利用初等行变换法求下列矩阵的逆矩阵.

(1) $\begin{pmatrix}1&0&0\\1&2&0\\1&2&3\end{pmatrix}$；　　(2) $\begin{pmatrix}0&0&0&1\\0&0&1&1\\0&1&1&1\\1&1&1&1\end{pmatrix}$；

(3) $\begin{pmatrix}2&2&-1\\1&-2&4\\5&8&2\end{pmatrix}$；　　(4) $\begin{pmatrix}0&a_1&0&\cdots&0\\0&0&a_2&\cdots&0\\\cdots&\cdots&\cdots&\cdots&\\0&0&0&\cdots&a_{n-1}\\a_n&0&0&\cdots&0\end{pmatrix}$，$a_1a_2\cdots a_n\neq0$.

21. 已知 n 阶矩阵 $\boldsymbol{A}$ 满足 $\boldsymbol{A}^2-3\boldsymbol{A}-2\boldsymbol{E}=\boldsymbol{0}$，求证 $\boldsymbol{A}$ 可逆，并求 $\boldsymbol{A}^{-1}$.

22. 设
$$\boldsymbol{A}=\begin{pmatrix}1&0&0\\2&2&0\\3&4&5\end{pmatrix},$$
求 $(\boldsymbol{A}^*)^{-1}$.

23. 设矩阵

$$\boldsymbol{A}=\begin{pmatrix}1 & 0 & 1\\ 0 & 2 & 0\\ 1 & 0 & 1\end{pmatrix},$$

矩阵 X 满足 $\boldsymbol{AX}+\boldsymbol{E}=\boldsymbol{A}^2+\boldsymbol{X}$,求矩阵 $\boldsymbol{X}$.

24. 设 $\boldsymbol{A}$ 为 3 阶矩阵,$\boldsymbol{A}^*$ 为 $\boldsymbol{A}$ 的伴随矩阵且 $|\boldsymbol{A}|=-2$,求行列式 $|(2\boldsymbol{A})^{-1}-2\boldsymbol{A}^*|$ 的值.

25. 设 $\boldsymbol{A}$ 是 n 阶可逆对称矩阵,则 $\boldsymbol{A}^{-1}$ 也是对称矩阵.

26. 设 $\boldsymbol{M}=\begin{pmatrix}\boldsymbol{0} & \boldsymbol{B}\\ \boldsymbol{C} & \boldsymbol{0}\end{pmatrix}$,$\boldsymbol{B}$,$\boldsymbol{C}$ 都是可逆矩阵.证明 $\boldsymbol{M}$ 可逆,并求 $\boldsymbol{M}^{-1}$.

27. 设三阶矩阵 $\boldsymbol{A}$,$\boldsymbol{B}$ 满足 $\boldsymbol{A}^{-1}\boldsymbol{BA}=6\boldsymbol{A}+\boldsymbol{BA}$,其中 $\boldsymbol{A}=\begin{pmatrix}\frac{1}{3} & 0 & 0\\ 0 & \frac{1}{4} & 0\\ 0 & 0 & \frac{1}{7}\end{pmatrix}$,求 $\boldsymbol{B}$.

28. 设 n 阶矩阵 $\boldsymbol{A}$ 满足 $\boldsymbol{A}^k=\boldsymbol{0}$ (k 为正整数),则证 $\boldsymbol{E}-\boldsymbol{A}$ 可逆.

第3章

线性方程组

在科学技术和社会经济管理中，往往有许多问题可以归结为解一个线性方程组，而方程组可能无解，也可能有唯一解或无穷多组解. 在有无穷多解时，这些解之间有什么关系，这些问题不论在理论上还是应用上都有着重要意义. 故求解线性方程组是线性代数的基本任务之一. 本章将讨论线性方程组有解的条件及解的性质和解的结构等问题.

§3.1 线性方程组的消元法

Cramer 法则只能用于求解未知量个数等于方程个数且系数行列式不为零的线性方程组. 然而，许多线性方程组并不能同时满足这两个条件. 为此，必须讨论一般情况下线性方程组求解方法和解的各种情况. 消元法为我们提供了解决这些问题的一种较为简便的方法和求解形式.

例 1 解线性方程组

$$\begin{cases} 2x_1+2x_2-x_3=6 \\ x_1-2x_2+4x_3=3 \\ 5x_1+7x_2+x_3=28 \end{cases} \tag{①}$$

解 将第二个方程与第三个方程分别减去第一个方程的$\frac{1}{2}$倍与$\frac{5}{2}$倍，得

$$\begin{cases} 2x_1+2x_2-x_3=6 \\ -3x_2+\frac{9}{2}x_3=0 \\ 2x_2+\frac{7}{2}x_3=13 \end{cases} \tag{②}$$

再将上述方程组第三个方程加上第二个方程的$\frac{2}{3}$倍，得

$$\begin{cases} 2x_1+2x_2-x_3=6 \\ -3x_2+\dfrac{9}{2}x_3=0 \\ \dfrac{13}{2}x_3=13 \end{cases} \quad ③$$

这个方程组是一个阶梯形方程组，从第三个方程可得到 x_3 的值，然后再逐次代入前两个方程求出 x_1，x_2，则得到原方程组的解.

将方程组③中第三个方程乘以$\dfrac{2}{13}$得

$$\begin{cases} 2x_1+2x_2-x_3=6 \\ -3x_2+\dfrac{9}{2}x_3=0 \\ x_3=2 \end{cases} \quad ④$$

将方程组④中第一个方程及第二个方程分别加上第三个方程的 1 倍及$-\dfrac{9}{2}$倍，得

$$\begin{cases} 2x_1+2x_2=8 \\ -3x_2=-9 \\ x_3=2 \end{cases} \quad ⑤$$

将⑤的第二个方程乘以$-\dfrac{1}{3}$得

$$\begin{cases} 2x_1+2x_2=8 \\ x_2=3 \\ x_3=2 \end{cases} \quad ⑥$$

再将第⑥个方程组第一个方程加上第二个方程的 -2 倍，得

$$\begin{cases} 2x_1=2 \\ x_2=3 \\ x_3=2 \end{cases} \quad ⑦$$

最后以$\dfrac{1}{2}$乘方程组⑦的第一个方程得

$$\begin{cases} x_1=1 \\ x_2=3 \\ x_3=2 \end{cases} \quad ⑧$$

显然，方程组①与⑧都是同解方程组，因而⑧是方程组①的解.

这种解法就称为消元解法，①至④是消元过程，⑤至⑧是回代过程.

在上述求解过程中，我们对方程组反复进行了以下三种变换：

(1) 交换两个方程的位置;

(2) 用一个非零数乘以某方程的两边;

(3) 将一个方程的适当的倍数加到另一个方程上.

这三种变换均称为线性方程组的初等变换. 由初等代数的知识易证:

命题 3.1.1 线性方程组的初等变换把一个线性方程组变成一个与它同解的线性方程组.

这样,消元法就是对给定线性方程组反复施行初等变换,来得到一串与原方程组同解的方程组,使得某些未知量在方程组中出现的次数逐渐减少. 换句话说,消元法就是利用初等变换来化简方程组.

现在我们讨论一般形式的线性方程组. 设有 m 个方程 n 个未知量的 n 元线性方程组

$$\begin{cases} a_{11}x_1+a_{12}x_2+\cdots+a_{1n}x_n=b_1 \\ a_{21}x_1+a_{22}x_2+\cdots+a_{2n}x_n=b_n \\ \cdots\cdots\cdots\cdots\cdots\cdots\cdots\cdots\cdots\cdots \\ a_{m1}x_1+a_{m2}x_2+\cdots+a_{mn}x_n=b_m, \end{cases} \tag{1.1}$$

其中 $x_1,x_2,\cdots,x_n$ 表示未知量,$a_{ij}(i=1,2,\cdots,m;j=1,2,\cdots,n)$称为第 i 个方程中未知量 x_j 的系数,$b_k(k=1,2,\cdots,m)$称为常数项,m 与 n 不一定相等.

若有一组数 $c_1,c_2,\cdots,c_n$,使当 $x_i=c_i(i=1,2,\cdots,n)$时,(1.1)式 m 个方程都成为恒等式,则称 $x_i=c_i(i=1,2,\cdots,n)$为该方程组的一组解,方程组(1.1)解的全体称为它的解集.

如果有两个 n 元线性方程组(Ⅰ)与(Ⅱ),(Ⅰ)的每组解都是(Ⅱ)的解,同时(Ⅱ)的每组解也都是(Ⅰ)的解,则称(Ⅰ)与(Ⅱ)同解.

以方程组(1.1)的系数和常数项为元素可得以下两矩阵

$$\boldsymbol{A}=\begin{pmatrix} a_{11} & a_{12} & \cdots & a_{1n} \\ a_{21} & a_{22} & \cdots & a_{2n} \\ \cdots & \cdots & \cdots & \cdots \\ a_{m1} & a_{m2} & \cdots & a_{mn} \end{pmatrix}$$

和

$$\overline{\boldsymbol{A}}=\begin{pmatrix} a_{11} & a_{12} & \cdots & a_{1n} & b_1 \\ a_{21} & a_{22} & \cdots & a_{2n} & b_2 \\ \cdots & \cdots & \cdots & \cdots & \cdots \\ a_{m1} & a_{m2} & \cdots & a_{mn} & b_m \end{pmatrix}.$$

$\boldsymbol{A}$ 与$\overline{\boldsymbol{A}}$分别称为线性方程组(1.1)的系数矩阵与增广矩阵.

从上面的例子可看出,对方程组施行初等变换相当于对它的增广矩阵进行初等变换,而化简方程组相当于用初等行变换化简它的增广矩阵.因此我们通过简化方程组的增广矩阵来化简线性方程组,这样做不仅讨论方便,而且为我们提供了一种解线性方程组的方法.用线性方程组增广矩阵来解方程组,而不必每次把未知量写出.根据需要,除对增广矩阵施以行初等变换外,还允许交换两列,这对方程组来说相当于交换两个未知量的位置,而不会影响方程组解的情况.注意,其他两种列变换不允许使用.

如例 1 中增广矩阵及初等变换如下

$$\overline{\boldsymbol{A}}=\begin{pmatrix}2&2&-1&6\\1&-2&4&3\\5&7&1&28\end{pmatrix}\to\begin{pmatrix}2&2&-1&6\\0&-3&\frac{9}{2}&0\\0&2&\frac{7}{2}&13\end{pmatrix}$$

$$\to\begin{pmatrix}2&2&-1&6\\0&-3&\frac{9}{2}&0\\0&0&\frac{13}{2}&13\end{pmatrix}\to\begin{pmatrix}2&2&-1&6\\0&-3&\frac{9}{2}&0\\0&0&1&2\end{pmatrix}$$

$$\to\begin{pmatrix}2&2&0&8\\0&-3&0&-9\\0&0&1&2\end{pmatrix}\to\begin{pmatrix}2&2&0&8\\0&1&0&3\\0&0&1&2\end{pmatrix}$$

$$\to\begin{pmatrix}2&0&0&2\\0&1&0&3\\0&0&1&2\end{pmatrix}\to\begin{pmatrix}1&0&0&1\\0&1&0&3\\0&0&1&2\end{pmatrix}.$$

最后得到的增广矩阵对应的方程组为

$$\begin{cases}x_1=1\\x_2=3\\x_3=2,\end{cases}$$

其与原方程组同解,因此 $x_1=1,x_2=3,x_3=2$ 即为原方程组的解.

现用增广矩阵初等变换讨论一般线性方程组解的问题.对线性方程组(1.1)的增广矩阵$\overline{\boldsymbol{A}}$施以初等行变换以及必要的列交换,可得

$$\overline{\mathbf{A}} \to \begin{pmatrix} 1 & 0 & \cdots & 0 & c_{1r+1} & \cdots & c_{1n} & d_1 \\ 0 & 1 & \cdots & 0 & c_{2r+1} & \cdots & c_{2n} & d_2 \\ \cdots & \cdots & \cdots & \cdots & \cdots & \cdots & \cdots & \cdots \\ 0 & 0 & \cdots & 1 & c_{rr+1} & \cdots & c_{rn} & d_r \\ 0 & 0 & \cdots & 0 & 0 & \cdots & 0 & d_{r+1} \\ \cdots & \cdots & \cdots & \cdots & \cdots & \cdots & \cdots & \cdots \\ 0 & 0 & 0 & 0 & \cdots & 0 & 0 & 0 \end{pmatrix}. \tag{1.2}$$

与(1.2)式对应的线性方程组为

$$\begin{cases} x_1 + c_{1r+1}x_{r+1} + \cdots + c_{1n}x_n = d_1 \\ x_2 + c_{2r+1}x_{r+1} + \cdots + c_{2n}x_n = d_2 \\ \cdots \cdots \cdots \cdots \cdots \cdots \cdots \cdots \cdots \cdots \\ x_r + c_{rr+1}x_{r+1} + \cdots + c_{rn}x_n = d_r \\ 0 = d_{r+1}. \end{cases} \tag{1.3}$$

注意这里 $x_1,\cdots,x_n$ 顺序有可能变化,但我们仍以 $x_1,x_2,\cdots,x_n$ 顺序写出,而不影响讨论方程组解的情况.

由前面讨论知,方程组(1.1)与(1.3)同解.而方程组(1.3)是否有解及有怎样的解则容易得到.

情形 1 当 $r<m$ 时,而 $d_{r+1}\neq 0$,则方程组(1.3)中第 $r+1$ 个方程为$0=d_{r+1}$,这是矛盾方程,从而(1.3)无解,于是原方程组(1.1)无解.

情形 2 $d_{r+1}=0$,这时方程组(1.1)与方程组

$$\begin{cases} x_1 + c_{1r+1}x_{r+1} + \cdots + c_{1n}x_n = d_1 \\ x_2 + c_{2r+1}x_{r+1} + \cdots + c_{2n}x_n = d_2 \\ \cdots \cdots \cdots \cdots \cdots \cdots \cdots \cdots \cdots \cdots \\ x_r + c_{rr+1}x_{r+1} + \cdots + c_{rn}x_n = d_r \end{cases} \tag{1.4}$$

同解.

① 当 $r=n$ 时,方程组(3.4)有唯一一组解 $x_1=d_1,x_2=d_2,\cdots,x_n=d_n$,它也是原方程组(1.1)唯一的一组解.

② 当 $r<n$ 时,方程组(1.3)可写成

$$\begin{cases} x_1 = d_1 - c_{1r+1}x_{r+1} - \cdots - c_{1n}x_n \\ x_2 = d_2 - c_{2r+1}x_{r+1} - \cdots - c_{2n}x_n \\ \cdots \cdots \cdots \cdots \cdots \cdots \cdots \cdots \cdots \cdots \\ x_r = d_r - c_{rr+1}x_{r+1} - \cdots - c_{rn}x_n. \end{cases} \tag{1.5}$$

于是给未知量 $x_{r+1},\cdots,x_n$ 任意一组数 $k_{r+1},\cdots,k_n$ 就可得方程组(1.5)的一组解

$$\begin{cases} x_1=d_1-c_{1\,r+1}k_{r+1}-\cdots-c_{1n}k_n \\ x_2=d_2-c_{2\,r+1}k_{r+1}-\cdots-c_{2n}k_n \\ \cdots\ \cdots\ \cdots\ \cdots\ \cdots\ \cdots\ \cdots\ \cdots\ \cdots\ \cdots \\ x_r=d_r-c_{r\,r+1}k_{r+1}-\cdots-c_{rn}k_n \\ x_{r+1}=k_{r+1} \\ \cdots\ \cdots\ \cdots\ \cdots\ \cdots\ \cdots\ \cdots\ \cdots\ \cdots\ \cdots \\ x_n=k_n. \end{cases} \tag{1.6}$$

这也是方程组(1.1)的一组解. 由于 $k_{r+1},\cdots,k_n$ 可以任意选取,从而可得方程组有无穷多解. 我们把(1.6)式称为方程组(1.1)解的一般形式或一般解. $k_{r+1},\cdots,k_n$ 可以任意取,因此称 $x_{r+1},x_{r+2},\cdots,x_n$ 为自由未知量.

总之,解线性方程组(1.1)的步聚是:用初等行变换化(1.1)的增广矩阵 $\overline{\mathbf{A}}$ 为(1.2)的形式,根据 d_{r+1} 是否为零来判断原方程组是否有解.

若 $d_{r+1}\neq 0$,则(1.1)无解.

若 $d_{r+1}=0$,① $r=n$ 时(1.1)解唯一;② $r<n$ 时,(1.1)解有无穷多,其一般解可由(1.6)式给出.

例 2　解线性方程组

$$\begin{cases} x_1+3x_2+5x_3+2x_4=2 \\ 3x_1+5x_2+6x_3+4x_4=4 \\ x_1+7x_2+14x_3+4x_4=4 \\ 3x_1+x_2-3x_3+2x_4=5. \end{cases}$$

解

$$\overline{\mathbf{A}}=\begin{pmatrix} 1 & 3 & 5 & 2 & 2 \\ 3 & 5 & 6 & 4 & 4 \\ 1 & 7 & 14 & 4 & 4 \\ 3 & 1 & -3 & 2 & 5 \end{pmatrix} \to \begin{pmatrix} 1 & 3 & 5 & 2 & 2 \\ 0 & -4 & -9 & -2 & -2 \\ 0 & 4 & 9 & 2 & 2 \\ 0 & -8 & -18 & -4 & -1 \end{pmatrix}$$

$$\to \begin{pmatrix} 1 & 3 & 5 & 2 & 2 \\ 0 & -4 & -9 & -2 & -2 \\ 0 & 0 & 0 & 0 & 0 \\ 0 & 0 & 0 & 0 & 3 \end{pmatrix} \to \begin{pmatrix} 1 & 3 & 5 & 2 & 2 \\ 0 & -4 & -9 & -2 & -2 \\ 0 & 0 & 0 & 0 & 3 \\ 0 & 0 & 0 & 0 & 0 \end{pmatrix}.$$

与上矩阵对应的方程组为

$$\begin{cases} x_1+3x_2+5x_3+2x_4=2 \\ -4x_2-9x_3-2x_4=-2 \\ 0=3. \end{cases}$$

故为矛盾方程组,于是原方程组无解.

例 3 解线性方程组

$$\begin{cases} x_1+2x_2+3x_3+x_4=5 \\ 2x_1+4x_2-x_4=-3 \\ -x_1-2x_2+3x_3+2x_4=8 \\ x_1+2x_2-9x_3-5x_4=-21. \end{cases}$$

解

$$\overline{\mathbf{A}}=\begin{pmatrix} 1 & 2 & 3 & 1 & 5 \\ 2 & 4 & 0 & -1 & -3 \\ -1 & -2 & 3 & 2 & 8 \\ 1 & 2 & -9 & -5 & -21 \end{pmatrix},$$

把第一行的 -2 倍、1 倍、-1 倍分别加到第二、三、四行得

$$\overline{\mathbf{A}}\to\begin{pmatrix} 1 & 2 & 3 & 1 & 5 \\ 0 & 0 & -6 & -3 & -13 \\ 0 & 0 & 6 & 3 & 13 \\ 0 & 0 & -12 & -6 & -26 \end{pmatrix},$$

再将第二行加到第三行，第二行的 -2 倍加到第四行及以 $-\frac{1}{6}$ 乘以第二行，然后再将第二行的 -3 倍加到第一行得

$$\overline{\mathbf{A}}\to\begin{pmatrix} 1 & 2 & 0 & -\frac{1}{2} & -\frac{3}{2} \\ 0 & 0 & 1 & \frac{1}{2} & \frac{13}{6} \\ 0 & 0 & 0 & 0 & 0 \\ 0 & 0 & 0 & 0 & 0 \end{pmatrix}$$

交换 2,3 两列

$$\begin{matrix} & x_1 & x_3 & x_2 & x_4 & x_5 \end{matrix}$$

$$\overline{\mathbf{A}}\to\begin{pmatrix} 1 & 0 & 2 & -\frac{1}{2} & -\frac{3}{2} \\ 0 & 1 & 0 & \frac{1}{2} & \frac{13}{6} \\ 0 & 0 & 0 & 0 & 0 \\ 0 & 0 & 0 & 0 & 0 \end{pmatrix}.$$

对应的线性方程组为

$$\begin{cases} x_1+2x_2-\frac{1}{2}x_4=-\frac{3}{2} \\ x_3+\frac{1}{2}x_4=\frac{13}{6}. \end{cases}$$

x_2, x_4 看做自由未知量，移到右边，令 $x_2=k_1, x_4=k_2, k_1, k_2$ 为任意数，得原方程组的一般解为

$$\begin{cases} x_1=-\dfrac{3}{2}-2k_1+\dfrac{1}{2}k_2 \\ x_3=\dfrac{13}{6}-\dfrac{1}{2}k_2 \\ x_2=k_1 \\ x_4=k_2 \end{cases} \quad (k_1, k_2 \text{ 为任意常数}).$$

§3.2 向量及其线性运算

为深入讨论线性方程组的问题，我们需要 n 维向量的有关概念.

一个 $m\times n$ 矩阵的每一行都是由 n 个数组成的有序数组，每一列都是由 m 个数组成的有序数组. 在研究其他问题时也常遇到有序数组. 例如，平面上一点的坐标和空间中的一点的坐标分别是二元和三元有序数组 (x,y) 和 (x,y,z). 又如，把组成社会生产的各部门的产品或劳务数量，按一定次序排列起来，就得到国民经济各部门产品或劳务的有序数组.

定义 3.2.1 n 个实数(或复数)组成的有序数组 $(a_1,a_2,\cdots,a_n)$ 称为n 维向量，a_i 称为该向量的第 i 个分量 $(i=1,2,\cdots,n)$.

一般用小写的希腊字母 $\boldsymbol{\alpha},\boldsymbol{\beta},\boldsymbol{\gamma}$ 等表示向量，如 $\boldsymbol{\alpha}=(a_1,a_2,\cdots,a_n)$，称为 n 维行向量.

$$\boldsymbol{\beta}=\begin{pmatrix} b_1 \\ b_2 \\ \vdots \\ b_n \end{pmatrix}$$

称为 n 维列向量.

例如 n 元线性方程组(1.1)的系数矩阵 $\mathbf{A}=(a_{ij})_{m\times n}$ 的第 i 行为 n 维行向量，可记作

$$\boldsymbol{\alpha}_i=(a_{i1},a_{i2},\cdots,a_{in}) \quad (i=1,2,\cdots,m),$$

而 A 的第 j 列为 m 维的列向量，可记作

$$\boldsymbol{\beta}_j=\begin{pmatrix} a_{1j} \\ a_{2j} \\ \vdots \\ a_{mj} \end{pmatrix} \text{或 } \boldsymbol{\beta}_j=(a_{1j},a_{2j},\cdots,a_{mj})^{\mathrm{T}} \quad (j=1,2,\cdots,n).$$

方程组(1.1)的一组解 $x_1=c_1, x_2=c_2, \cdots, x_n=c_n$，一般用 n 维列向量

$$\begin{pmatrix} c_1 \\ c_2 \\ \vdots \\ c_n \end{pmatrix} \text{或} (c_1, c_2, \cdots, c_n)^{\mathrm{T}}$$

表示,故也称为方程组的一个解向量.

n 维向量,可以看成特殊的 $1\times n$ 矩阵(或 $n\times 1$ 矩阵),故其运算与矩阵运算有类似的性质.引入 n 维向量及运算的概念之后,研究 n 元线性方程组中各方程间的关系,就转化为研究若干个 n 维向量之间的相互关系.

由于列向量是行向量的转置,因而我们可仅就行向量进行讨论.

两个 n 维向量 $\boldsymbol{\alpha}=(a_1,a_2,\cdots,a_n)$,$\boldsymbol{\beta}=(b_1,b_2,\cdots,b_n)$.如果所有 $a_i=b_i$ $(i=1,2,\cdots,n)$,则称向量 $\boldsymbol{\alpha}$ 与向量 $\boldsymbol{\beta}$ 相等,记作 $\boldsymbol{\alpha}=\boldsymbol{\beta}$.

所有分量均为 0 的向量称为零向量,记作

$$\mathbf{0}=(0,0,\cdots,0).$$

n 维向量 $\boldsymbol{\alpha}=(a_1,a_2,\cdots,a_n)$ 的各分量的相反数组成的 n 维向量,称为 $\boldsymbol{\alpha}$ 的负向量,记作 $-\boldsymbol{\alpha}$ 即 $-\boldsymbol{\alpha}=(-a_1,-a_2,\cdots,-a_n)$.

定义 3.2.2(向量的加法) 两个 n 维向量 $\boldsymbol{\alpha}=(a_1,a_2,\cdots,a_n)$,$\boldsymbol{\beta}=(b_1,b_2,\cdots,b_n)$ 的各对应分量之和组成的向量,称为向量 $\boldsymbol{\alpha}$ 与 $\boldsymbol{\beta}$ 的和,记作 $\boldsymbol{\alpha}+\boldsymbol{\beta}$,即 $\boldsymbol{\alpha}+\boldsymbol{\beta}=(a_1+b_1,a_2+b_2,\cdots,a_n+b_n)$.

由向量加法及负向量的定义,可定义减法

$$\begin{aligned}\boldsymbol{\alpha}-\boldsymbol{\beta}&=\boldsymbol{\alpha}+(-\boldsymbol{\beta})\\&=(a_1,a_2,\cdots,a_n)+(-b_1,-b_2,\cdots,-b_n)\\&=(a_1-b_1,a_2-b_2,\cdots,a_n-b_n).\end{aligned}$$

定义 3.2.3(数与向量的乘法) 设有 n 维向量 $\boldsymbol{\alpha}=(a_1,a_2,\cdots,a_n)$,$k$ 为一数,k 与 $\boldsymbol{\alpha}$ 的所有分量乘积组成的向量称为数 k 与向量 $\boldsymbol{\alpha}$ 的乘积,简称数乘,记作 $k\boldsymbol{\alpha}$,即 $k\boldsymbol{\alpha}=(ka_1,ka_2,\cdots,ka_n)$.

向量的加法与数乘运算统称向量的线性运算.

定义 3.2.4 所有 n 维实向量集合记为 $\mathbf{R}^n$,我们称 $\mathbf{R}^n$ 为 n 维实向量空间,它指在 $\mathbf{R}^n$ 中定义了加法和数乘这两种运算,且这两种运算满足以下八条规律:

(1) $\boldsymbol{\alpha}+\boldsymbol{\beta}=\boldsymbol{\beta}+\boldsymbol{\alpha}$;

(2) $(\boldsymbol{\alpha}+\boldsymbol{\beta})+\boldsymbol{\gamma}=\boldsymbol{\alpha}+(\boldsymbol{\beta}+\boldsymbol{\gamma})$;

(3) $\boldsymbol{\alpha}+\mathbf{0}=\boldsymbol{\alpha}$;

(4) $\boldsymbol{\alpha}+(-\boldsymbol{\alpha})=\mathbf{0}$;

(5) $k(\boldsymbol{\alpha}+\boldsymbol{\beta})=k\boldsymbol{\alpha}+k\boldsymbol{\beta}$;

(6) $(k+l)\boldsymbol{\alpha}=k\boldsymbol{\alpha}+l\boldsymbol{\alpha}$;

(7) $(kl)\boldsymbol{\alpha}=k(l\boldsymbol{\alpha})$;

(8) $1\boldsymbol{\alpha}=\boldsymbol{\alpha}$.

其中 $\boldsymbol{\alpha},\boldsymbol{\beta},\boldsymbol{\gamma}$ 都是 n 维实向量,k,l 为实数.

当 $n=2$ 时,$\mathbf{R}^2$ 就是二维几何空间,即二维平面,当 $n=3$ 时,$\mathbf{R}^3$ 就是三维几何空间.

定义 3.2.5　设 W 是 $\mathbf{R}^n$ 的非空子集,若满足

(1) 对任意 $\boldsymbol{\alpha},\boldsymbol{\beta}\in W$ 有 $\boldsymbol{\alpha}+\boldsymbol{\beta}\in W$;

(2) 对任意 $k\in\mathbf{R},\boldsymbol{\alpha}\in W$,有 $k\boldsymbol{\alpha}\in W$.

则称 W 是 $\mathbf{R}^n$ 的一个子空间.

例如　$W=\{(a,b,0)\mid a,b\in\mathbf{R}\}$ 是 $\mathbf{R}^3$ 的一个子空间,又如 $W=\{(0,0,0)\}=\{\mathbf{0}\}$,称为 $\mathbf{R}^3$ 的零子空间.

例 1　在向量空间 $\mathbf{R}^3$ 中.

(1) 设 $\boldsymbol{\alpha}=(1,-2,3)$,若 $2\boldsymbol{\alpha}+3\boldsymbol{\beta}=\mathbf{0}$,求 $\boldsymbol{\beta}$;

(2) 若 $\boldsymbol{\alpha}+\boldsymbol{\beta}=(-1,3,2),\boldsymbol{\alpha}-\boldsymbol{\beta}=(1,1,4)$,则

$\boldsymbol{\alpha}=$________,$\boldsymbol{\beta}=$________.

解　(1)由 $2\boldsymbol{\alpha}+3\boldsymbol{\beta}=\mathbf{0}$,知 $3\boldsymbol{\beta}=-2\boldsymbol{\alpha}$,从而

$$\boldsymbol{\beta}=-\frac{2}{3}\boldsymbol{\alpha}=-\frac{2}{3}(1,-2,3)=(-\frac{2}{3},\frac{4}{3},-2);$$

(2) 由 $(\boldsymbol{\alpha}+\boldsymbol{\beta})+(\boldsymbol{\alpha}-\boldsymbol{\beta})=2\boldsymbol{\alpha},(\boldsymbol{\alpha}+\boldsymbol{\beta})-(\boldsymbol{\alpha}-\boldsymbol{\beta})=2\boldsymbol{\beta}$,可得

$$\begin{aligned}\boldsymbol{\alpha}&=\frac{1}{2}[(\boldsymbol{\alpha}+\boldsymbol{\beta})+(\boldsymbol{\alpha}-\boldsymbol{\beta})]\\&=\frac{1}{2}[(-1,3,2)+(1,1,4)]\\&=(0,2,3),\\\boldsymbol{\beta}&=\frac{1}{2}[(\boldsymbol{\alpha}+\boldsymbol{\beta})-(\boldsymbol{\alpha}-\boldsymbol{\beta})]\\&=\frac{1}{2}[(-1,3,2)-(1,1,4)]\\&=(-1,1,-1).\end{aligned}$$

§3.3　向量间的线性关系

1. 线性组合

线性方程组(1.1)的系数矩阵按列分块为

$$\mathbf{A}=(\boldsymbol{\alpha}_1,\boldsymbol{\alpha}_2,\cdots,\boldsymbol{\alpha}_n)\text{，并记 }\boldsymbol{\beta}=(b_1,b_2,\cdots,b_m)^{\mathrm{T}}.$$

则(1.1)可表示成向量关系式

$$x_1\boldsymbol{\alpha}_1+x_2\boldsymbol{\alpha}_2+\cdots+x_n\boldsymbol{\alpha}_n=\boldsymbol{\beta}, \tag{3.1}$$

称为方程组(1.1)的向量形式.

于是(3.1)是否有解，就相当于是否存在一组数：$x_1=k_1, x_2=k_2, \cdots, x_n=k_n$，使关系式

$$k_1\boldsymbol{\alpha}_1+k_2\boldsymbol{\alpha}_2+\cdots+k_n\boldsymbol{\alpha}_n=\boldsymbol{\beta}$$

成立. 如果有数 $k_1,k_2,\cdots,k_n$ 使上式成立，则方程组有解，否则，方程组无解. $\boldsymbol{\beta}$ 可以表示成上述关系式，则称向量 $\boldsymbol{\beta}$ 是向量组 $\boldsymbol{\alpha}_1,\boldsymbol{\alpha}_2,\cdots,\boldsymbol{\alpha}_n$ 的线性组合，或称 $\boldsymbol{\beta}$ 可由向量组 $\boldsymbol{\alpha}_1,\boldsymbol{\alpha}_2,\cdots,\boldsymbol{\alpha}_n$ 线性表示. 由此有定义：

定义 3.3.1 对于给定向量 $\boldsymbol{\beta},\boldsymbol{\alpha}_1,\boldsymbol{\alpha}_2,\cdots,\boldsymbol{\alpha}_s$，若存在一组数 $k_1,k_2,\cdots,k_s$ 使关系式

$$\boldsymbol{\beta}=k_1\boldsymbol{\alpha}_1+k_2\boldsymbol{\alpha}_2+\cdots+k_s\boldsymbol{\alpha}_s \tag{3.2}$$

成立，则称向量 $\boldsymbol{\beta}$ 是向量组 $\boldsymbol{\alpha}_1,\boldsymbol{\alpha}_2,\cdots,\boldsymbol{\alpha}_s$ 的线性组合或称向量 $\boldsymbol{\beta}$ 可以由向量组 $\boldsymbol{\alpha}_1,\boldsymbol{\alpha}_2,\cdots,\boldsymbol{\alpha}_s$ 线性表示.

例如，$\boldsymbol{\beta}=(2,-1,1)$，$\boldsymbol{\alpha}_1=(1,0,0)$，$\boldsymbol{\alpha}_2=(0,1,0)$，$\boldsymbol{\alpha}_3=(0,0,1)$，则显然有 $\boldsymbol{\beta}=2\boldsymbol{\alpha}_1-\boldsymbol{\alpha}_2+\boldsymbol{\alpha}_3$，即 $\boldsymbol{\beta}$ 可由 $\boldsymbol{\alpha}_1,\boldsymbol{\alpha}_2,\boldsymbol{\alpha}_3$ 线性表示.

一般地，向量 $\boldsymbol{\beta}=\begin{pmatrix}b_1\\b_2\\\vdots\\b_m\end{pmatrix}$，可以由 $\boldsymbol{\alpha}_j=\begin{pmatrix}a_{1j}\\a_{2j}\\\vdots\\a_{mj}\end{pmatrix}$，$j=1,2,\cdots,n$，线性表示的充要条件是 n 元线性方程组

$$\begin{cases}a_{11}x_1+a_{12}x_2+\cdots+a_{1n}x_n=b_1\\a_{21}x_1+a_{22}x_2+\cdots+a_{2n}x_n=b_2\\\cdots\cdots\cdots\cdots\cdots\cdots\cdots\cdots\cdots\\a_{m1}x_1+a_{m2}x_2+\cdots+a_{mn}x_n=b_m\end{cases} \tag{3.3}$$

有解.

进一步，若方程组(3.3)有唯一解，说明 $\boldsymbol{\beta}$ 可由 $\boldsymbol{\alpha}_1,\boldsymbol{\alpha}_2,\cdots,\boldsymbol{\alpha}_n$ 线性表示且表示法唯一；若(3.3)有无穷多组解，则说明 $\boldsymbol{\beta}$ 可由 $\boldsymbol{\alpha}_1,\boldsymbol{\alpha}_2,\cdots,\boldsymbol{\alpha}_n$ 线性表示，但表示方法不唯一.

任何向量 $\boldsymbol{\alpha}=(a_1,a_2,\cdots,a_n)$ 都是 n 维向量组 $\boldsymbol{\varepsilon}_1=(1,0,\cdots,0)$，$\boldsymbol{\varepsilon}_2=(0,1,\cdots,0)$，$\cdots$，$\boldsymbol{\varepsilon}_n=(0,0,\cdots,1)$的线性组合.

零向量是任一向量组的线性组合. 因为

$$\mathbf{0}=0\cdot\boldsymbol{\alpha}_1+0\cdot\boldsymbol{\alpha}_2+\cdots+0\cdot\boldsymbol{\alpha}_n.$$

2. 向量组线性相关与线性无关

定义 3.3.2　设有 s 个 n 维向量 $\boldsymbol{\alpha}_1,\boldsymbol{\alpha}_2,\cdots,\boldsymbol{\alpha}_s$，若存在不全为零的数 $k_1,k_2,\cdots,k_s$，使

$$k_1\boldsymbol{\alpha}_1+k_2\boldsymbol{\alpha}_2+\cdots+k_s\boldsymbol{\alpha}_s=\mathbf{0} \tag{3.4}$$

成立，则称 $\boldsymbol{\alpha}_1,\boldsymbol{\alpha}_2,\cdots,\boldsymbol{\alpha}_s$线性相关，否则称 $\boldsymbol{\alpha}_1,\boldsymbol{\alpha}_2,\cdots,\boldsymbol{\alpha}_s$线性无关.

向量组线性无关可以表述为：对任一组数 $k_1,k_2,\cdots,k_s$，若有 $k_1\boldsymbol{\alpha}_1+k_2\boldsymbol{\alpha}_2+\cdots+k_s\boldsymbol{\alpha}_s=\mathbf{0}$，必有 $k_1=k_2=\cdots=k_s=0$，则称 $\boldsymbol{\alpha}_1,\boldsymbol{\alpha}_2,\cdots,\boldsymbol{\alpha}_s$线性无关.

对于向量组 $\boldsymbol{\alpha}_1,\boldsymbol{\alpha}_2,\cdots,\boldsymbol{\alpha}_s\in\mathbf{R}^n$，其中

$$\boldsymbol{\alpha}_j=(a_{1j},a_{2j},\cdots,a_{nj}),j=1,2,\cdots,s$$

则向量组 $\boldsymbol{\alpha}_1,\boldsymbol{\alpha}_2,\cdots,\boldsymbol{\alpha}_s$线性相关的充要条件是齐次线性方程组

$$\begin{cases}a_{11}x_1+a_{12}x_2+\cdots+a_{1s}x_s=0\\a_{21}x_1+a_{22}x_2+\cdots+a_{2s}x_s=0\\\cdots\cdots\cdots\cdots\cdots\cdots\cdots\cdots\cdots\\a_{n1}x_1+a_{n2}x_2+\cdots+a_{ns}x_s=0\end{cases} \tag{3.5}$$

有非零解.

向量组 $\boldsymbol{\alpha}_1,\boldsymbol{\alpha}_2,\cdots,\boldsymbol{\alpha}_s$线性无关的充要条件是齐次线性方程组(3.5)仅有零解.

特别当 $s=n$ 时，$\boldsymbol{\alpha}_1,\boldsymbol{\alpha}_2,\cdots,\boldsymbol{\alpha}_n$线性相关(线性无关)的充要条件是

$$\begin{vmatrix}a_{11}&a_{12}&\cdots&a_{1n}\\a_{21}&a_{22}&\cdots&a_{2n}\\\cdots&\cdots&\cdots&\cdots\\a_{n1}&a_{n2}&\cdots&a_{nn}\end{vmatrix}=(\neq)0.$$

命题 3.3.1　在向量空间 $\mathbf{R}^n$ 中有

(1) 一个向量组中部分向量组线性相关，则该向量组线性相关.

(2) 一个向量组线性无关，则其任何一部分向量组必线性无关.

(3) 任何一个包含零向量的向量组必线性相关.

(4) 一个向量 $\boldsymbol{\alpha}$ 组成的向量组，①线性相关当且仅当 $\boldsymbol{\alpha}=\mathbf{0}$；② 线性无关当且仅当 $\boldsymbol{\alpha}\neq\mathbf{0}$.

证明　(1) 设 $\boldsymbol{\alpha}_1,\cdots,\boldsymbol{\alpha}_s$中有部分向量组，不妨设为 $\boldsymbol{\alpha}_1,\cdots,\boldsymbol{\alpha}_r(r<s)$线性相关，故有不全为零的数 $k_1,k_2,\cdots,k_r$使

$$k_1\boldsymbol{\alpha}_1+k_2\boldsymbol{\alpha}_2+\cdots+k_r\boldsymbol{\alpha}_r=\mathbf{0}.$$

于是　$$k_1\boldsymbol{\alpha}_1+k_2\boldsymbol{\alpha}_2+\cdots+k_r\boldsymbol{\alpha}_r+0\cdot\boldsymbol{\alpha}_{r+1}+\cdots+0\cdot\boldsymbol{\alpha}_s=\mathbf{0}.$$

而 $k_1,k_2,\cdots,k_r,0,\cdots,0$ 不全为零，故 $\boldsymbol{\alpha}_1,\boldsymbol{\alpha}_2,\cdots,\boldsymbol{\alpha}_s$线性相关.

(2) 是(1)的逆否命题,故成立.

(3) $1\cdot\mathbf{0}+0\cdot\boldsymbol{\alpha}_1+\cdots+0\cdot\boldsymbol{\alpha}_s=\mathbf{0}$,故命题成立.

(4) 设 $k\boldsymbol{\alpha}=\mathbf{0}$. 则 $\boldsymbol{\alpha}$ 线性相关$\Leftrightarrow k\neq 0 \Leftrightarrow \boldsymbol{\alpha}=\mathbf{0}$.

线性相关的性质:

定理 3.3.1 向量组 $\boldsymbol{\alpha}_1,\boldsymbol{\alpha}_2,\cdots,\boldsymbol{\alpha}_s(s\geqslant 2)$ 线性相关的充分必要条件是 $\boldsymbol{\alpha}_1,\boldsymbol{\alpha}_2,\cdots,\boldsymbol{\alpha}_s$ 中至少有一个向量是其余向量的线性组合.

证明 必要性:设 $\boldsymbol{\alpha}_1,\boldsymbol{\alpha}_2,\cdots,\boldsymbol{\alpha}_s$ 线性相关,故有不全为零的数 $k_1,k_2,\cdots,k_s$ 使

$$k_1\boldsymbol{\alpha}_1+k_2\boldsymbol{\alpha}_2+\cdots+k_s\boldsymbol{\alpha}_s=\mathbf{0}.$$

设 $k_i\neq 0$,则 $\boldsymbol{\alpha}_i=-\dfrac{k_1}{k_i}\boldsymbol{\alpha}_1-\cdots-\dfrac{k_{i-1}}{k_i}\boldsymbol{\alpha}_{i-1}-\dfrac{k_{i+1}}{k_i}\boldsymbol{\alpha}_{i+1}-\cdots-\dfrac{k_s}{k_i}\boldsymbol{\alpha}_s$.

充分性:设 $\boldsymbol{\alpha}_j$ 可由其余向量线性表示,设

$$\boldsymbol{\alpha}_j=m_1\boldsymbol{\alpha}_1+\cdots+m_{j-1}\boldsymbol{\alpha}_{j-1}+m_{j+1}\boldsymbol{\alpha}_{j+1}+\cdots+m_s\boldsymbol{\alpha}_s,$$

则 $$m_1\boldsymbol{\alpha}_1+\cdots+m_{j-1}\boldsymbol{\alpha}_{j-1}-a_j+m_{j+1}\boldsymbol{\alpha}_{j+1}+\cdots+m_s\boldsymbol{\alpha}_s=\mathbf{0}.$$

由于 $m_1,\cdots,m_{j-1},-1,m_{j+1},\cdots,m_s$ 不全为零,从而 $\boldsymbol{\alpha}_1,\boldsymbol{\alpha}_2,\cdots,\boldsymbol{\alpha}_{j-1},\boldsymbol{\alpha}_j,\boldsymbol{\alpha}_{j+1},\cdots,\boldsymbol{\alpha}_s$ 线性相关.

推论 3.3.1 $\boldsymbol{\alpha}_1,\boldsymbol{\alpha}_2,\cdots,\boldsymbol{\alpha}_s(s\geqslant 2)$ 线性无关的充要条件是 $\boldsymbol{\alpha}_1,\boldsymbol{\alpha}_2,\cdots,\boldsymbol{\alpha}_s$ 中的每一向量都不是其余向量的线性组合.

定理 3.3.2 设向量 $\boldsymbol{\beta}$ 可由 $\boldsymbol{\alpha}_1,\boldsymbol{\alpha}_2,\cdots,\boldsymbol{\alpha}_s$ 线性表示,则表示法唯一的充分必要条件是 $\boldsymbol{\alpha}_1,\boldsymbol{\alpha}_2,\cdots,\boldsymbol{\alpha}_s$ 线性无关.

证明 必要性:

设有 $k_1,k_2,\cdots,k_s$ 使

$$k_1\boldsymbol{\alpha}_1+k_2\boldsymbol{\alpha}_2+\cdots+k_s\boldsymbol{\alpha}_s=\mathbf{0},$$

并设 $$\boldsymbol{\beta}=l_1\boldsymbol{\alpha}_1+l_2\boldsymbol{\alpha}_2+\cdots+l_s\boldsymbol{\alpha}_s.$$

于是 $$\boldsymbol{\beta}=(l_1+k_1)\boldsymbol{\alpha}_1+(l_1+k_2)\boldsymbol{\alpha}_2+\cdots+(l_s+k_s)\boldsymbol{\alpha}_s.$$

由 $\boldsymbol{\beta}$ 的表示法唯一得

$$l_i+k_i=l_i\quad(i=1,2,\cdots,s).$$

从而 $k_i=0,i=1,2,\cdots,s$,于是 $\boldsymbol{\alpha}_1,\boldsymbol{\alpha}_2,\cdots,\boldsymbol{\alpha}_s$ 线性无关.

充分性:设 $\boldsymbol{\beta}=a_1\boldsymbol{\alpha}_1+a_2\boldsymbol{\alpha}_2+\cdots+a_s\boldsymbol{\alpha}_s$,

又有 $$\boldsymbol{\beta}=b_1\boldsymbol{\alpha}_1+b_2\boldsymbol{\alpha}_2+\cdots+b_s\boldsymbol{\alpha}_s,$$

于是得 $$(a_1-b_1)\boldsymbol{\alpha}_1+(a_2-b_2)\boldsymbol{\alpha}_2+\cdots+(a_s-b_s)\boldsymbol{\alpha}_s=\mathbf{0}.$$

由于 $\boldsymbol{\alpha}_1,\boldsymbol{\alpha}_2,\cdots,\boldsymbol{\alpha}_s$ 线性无关,可得

$$a_1-b_1=0,\ a_2-b_2=0,\cdots,a_s-b_s=0,$$

即 $$a_1=b_1,a_2=b_2,\cdots,a_s=b_s.$$

这表明 $\boldsymbol{\beta}$ 由 $\boldsymbol{\alpha}_1,\boldsymbol{\alpha}_2,\cdots,\boldsymbol{\alpha}_s$ 的表示法唯一.

例 1　设 $\boldsymbol{\alpha}_1,\boldsymbol{\alpha}_2,\cdots,\boldsymbol{\alpha}_s$线性无关，$\boldsymbol{\beta},\boldsymbol{\alpha}_1,\cdots,\boldsymbol{\alpha}_s$ 线性相关，则 $\boldsymbol{\beta}$ 可由 $\boldsymbol{\alpha}_1,\boldsymbol{\alpha}_2,\cdots,\boldsymbol{\alpha}_s$线性表示.

证明　由 $\boldsymbol{\beta},\boldsymbol{\alpha}_1,\boldsymbol{\alpha}_2,\cdots,\boldsymbol{\alpha}_s$线性相关，故有不全为零的数 $k,k_1,\cdots,k_s$使

$$k\boldsymbol{\beta}+k_1\boldsymbol{\alpha}_1+k_2\boldsymbol{\alpha}_2+\cdots+k_s\boldsymbol{\alpha}_s=\mathbf{0}.$$

则有 $k\neq 0$，否则上式变成 $k_1\boldsymbol{\alpha}_1+k_2\boldsymbol{\alpha}_2+\cdots+k_s\boldsymbol{\alpha}_s=\mathbf{0}$.
由 $\boldsymbol{\alpha}_1,\boldsymbol{\alpha}_2,\cdots,\boldsymbol{\alpha}_s$线性无关知

$$k_1=k_2=\cdots=k_s=0.$$

这与 $k,k_1,\cdots,k_s$不全为零矛盾. 于是 $k\neq 0$，从而

$$\boldsymbol{\beta}=-\frac{k_1}{k}\boldsymbol{\alpha}_1-\frac{k_2}{k}\boldsymbol{\alpha}_2-\cdots-\frac{k_s}{k}\boldsymbol{\alpha}_s.$$

例 2　判断向量组 $\boldsymbol{\alpha}_1=(3,1,1),\boldsymbol{\alpha}_2=(0,2,-1),\boldsymbol{\alpha}_3=(1,1,0)$ 是否线性相关？

解　因为 $\begin{vmatrix}3&1&1\\0&2&-1\\1&1&0\end{vmatrix}=0$，

故 $\boldsymbol{\alpha}_1,\boldsymbol{\alpha}_2,\boldsymbol{\alpha}_3$线性相关.

例 3　(1)设 $\boldsymbol{\alpha}_1,\boldsymbol{\alpha}_2,\boldsymbol{\alpha}_3$线性无关，证明 $\boldsymbol{\alpha}_1+\boldsymbol{\alpha}_2,\boldsymbol{\alpha}_2+\boldsymbol{\alpha}_3,\boldsymbol{\alpha}_3+\boldsymbol{\alpha}_1$也线性无关；

(2) 设 $\boldsymbol{\alpha}_1,\boldsymbol{\alpha}_2,\boldsymbol{\alpha}_3,\boldsymbol{\alpha}_4$线性无关，问 $\boldsymbol{\alpha}_1+\boldsymbol{\alpha}_2,\boldsymbol{\alpha}_2+\boldsymbol{\alpha}_3,\boldsymbol{\alpha}_3+\boldsymbol{\alpha}_4,\boldsymbol{\alpha}_4+\boldsymbol{\alpha}_1$是否无关？为什么？

(3) 一般地设 $\boldsymbol{\alpha}_1,\boldsymbol{\alpha}_2,\cdots,\boldsymbol{\alpha}_n$线性无关，问 $\boldsymbol{\alpha}_1+\boldsymbol{\alpha}_2,\boldsymbol{\alpha}_2+\boldsymbol{\alpha}_3,\cdots,\boldsymbol{\alpha}_{n-1}+\boldsymbol{\alpha}_n,\boldsymbol{\alpha}_n+\boldsymbol{\alpha}_1$是否一定线性无关？为什么？

(1) 证明　设 $k_1(\boldsymbol{\alpha}_1+\boldsymbol{\alpha}_2)+k_2(\boldsymbol{\alpha}_2+\boldsymbol{\alpha}_3)+k_3(\boldsymbol{\alpha}_3+\boldsymbol{\alpha}_1)=\mathbf{0}$，

于是　$(k_1+k_3)\boldsymbol{\alpha}_1+(k_1+k_2)\boldsymbol{\alpha}_2+(k_2+k_3)\boldsymbol{\alpha}_3=\mathbf{0}.$

由 $\boldsymbol{\alpha}_1,\boldsymbol{\alpha}_2,\boldsymbol{\alpha}_3$线性无关，故

$$\begin{cases}k_1+k_3=0\\k_1+k_2=0\\k_2+k_3=0,\end{cases}$$

解得 $k_1=k_2=k_3=0$，故 $\boldsymbol{\alpha}_1+\boldsymbol{\alpha}_2,\boldsymbol{\alpha}_2+\boldsymbol{\alpha}_3,\boldsymbol{\alpha}_3+\boldsymbol{\alpha}_1$也线性无关.

(2) 由于$(\boldsymbol{\alpha}_1+\boldsymbol{\alpha}_2)+(\boldsymbol{\alpha}_3+\boldsymbol{\alpha}_4)-(\boldsymbol{\alpha}_2+\boldsymbol{\alpha}_3)-(\boldsymbol{\alpha}_4+\boldsymbol{\alpha}_1)=\mathbf{0}$，
而 $1,-1,1,-1$ 不全为零，故 $\boldsymbol{\alpha}_1+\boldsymbol{\alpha}_2,\boldsymbol{\alpha}_2+\boldsymbol{\alpha}_3,\boldsymbol{\alpha}_3+\boldsymbol{\alpha}_4,\boldsymbol{\alpha}_4+\boldsymbol{\alpha}_1$线性相关.

(3) 可证 n 为奇数时无关，n 为偶数时相关(自证).

3. 极大无关组

例 4　考虑 $\mathbf{R}^4$ 中的向量组：$\boldsymbol{\alpha}_1=(1,2,-1,2),\boldsymbol{\alpha}_2=(2,4,1,1)$，

$\boldsymbol{\alpha}_3=(2,4,-2,4)$，$\boldsymbol{\alpha}_4=(-1,-2,-2,1)$. 其中线性无关向量个数最多有几个是我们关心的问题.

首先由 $\boldsymbol{\alpha}_1\neq\mathbf{0}$，故 $\boldsymbol{\alpha}_1$ 是一个线性无关向量，又 $\boldsymbol{\alpha}_1,\boldsymbol{\alpha}_2$ 不成比例，即 $\boldsymbol{\alpha}_2$ 不能由 $\boldsymbol{\alpha}_1$ 线性表示，故 $\boldsymbol{\alpha}_1,\boldsymbol{\alpha}_2$ 线性无关，而 $\boldsymbol{\alpha}_3=2\boldsymbol{\alpha}_1+0\boldsymbol{\alpha}_2$，故 $\boldsymbol{\alpha}_1,\boldsymbol{\alpha}_2,\boldsymbol{\alpha}_3$ 线性相关，又 $\boldsymbol{\alpha}_4=\boldsymbol{\alpha}_1-\boldsymbol{\alpha}_2$，从而 $\boldsymbol{\alpha}_1,\boldsymbol{\alpha}_2,\boldsymbol{\alpha}_4$ 也线性相关. 这表明 $\boldsymbol{\alpha}_1,\boldsymbol{\alpha}_2,\boldsymbol{\alpha}_3,\boldsymbol{\alpha}_4$ 中线性无关部分组最多包含两个向量，且 $\boldsymbol{\alpha}_1,\boldsymbol{\alpha}_2$ 可以作为该向量组中的这两个向量，使其余向量均可由 $\boldsymbol{\alpha}_1,\boldsymbol{\alpha}_2$ 线性表示. 将这一例子推广到一般情形，可以得到如下概念：

定义 3.3.3 若一个向量组的部分组 $\boldsymbol{\alpha}_1,\boldsymbol{\alpha}_2,\cdots,\boldsymbol{\alpha}_r$ 满足以下两个条件：

(1) $\boldsymbol{\alpha}_1,\boldsymbol{\alpha}_2,\cdots,\boldsymbol{\alpha}_r$ 线性无关；

(2) 该向量组中的任一向量均可由 $\boldsymbol{\alpha}_1,\boldsymbol{\alpha}_2,\cdots,\boldsymbol{\alpha}_r$ 线性表示.

则称 $\boldsymbol{\alpha}_1,\boldsymbol{\alpha}_2,\cdots,\boldsymbol{\alpha}_r$ 是该向量组的一个极大线性无关组，简称为极大无关组.

例 4 中的 $\boldsymbol{\alpha}_1,\boldsymbol{\alpha}_2$ 就是该向量组的一个极大无关组.

一个向量组只要含非零向量则必有极大无关组. 如果一个向量组线性无关，则其极大无关组就是这个向量组本身. 一个向量组的极大无关组一般不唯一. 但它们所含向量的个数是否一定相等呢？为此有：

定义 3.3.4 设有两个向量组

$$\text{Ⅰ}:\boldsymbol{\alpha}_1,\boldsymbol{\alpha}_2,\cdots,\boldsymbol{\alpha}_s \text{ 与 Ⅱ}:\boldsymbol{\beta}_1,\boldsymbol{\beta}_2,\cdots,\boldsymbol{\beta}_t.$$

如果向量组Ⅰ中每个向量均可以由向量组Ⅱ线性表示，则称向量组Ⅰ可由向量组Ⅱ线性表示；如果向量组Ⅰ与Ⅱ可以互相线性表示，则称向量组Ⅰ与向量组Ⅱ等价. 记作

$$\{\boldsymbol{\alpha}_1,\boldsymbol{\alpha}_2,\cdots,\boldsymbol{\alpha}_s\}\cong\{\boldsymbol{\beta}_1,\boldsymbol{\beta}_2,\cdots,\boldsymbol{\beta}_t\}.$$

由定义，易得等价向量组具有以下性质：

(1) 反身性：任一向量组与其自身等价. 即 $\{\boldsymbol{\alpha}_1,\boldsymbol{\alpha}_2,\cdots,\boldsymbol{\alpha}_s\}\cong\{\boldsymbol{\alpha}_1,\boldsymbol{\alpha}_2,\cdots,\boldsymbol{\alpha}_s\}$；

(2) 对称性：若向量组 $\{\boldsymbol{\alpha}_1,\boldsymbol{\alpha}_2,\cdots,\boldsymbol{\alpha}_s\}\cong\{\boldsymbol{\beta}_1,\boldsymbol{\beta}_2,\cdots,\boldsymbol{\beta}_t\}$，则 $\{\boldsymbol{\beta}_1,\boldsymbol{\beta}_2,\cdots,\boldsymbol{\beta}_t\}\cong\{\boldsymbol{\alpha}_1,\boldsymbol{\alpha}_2,\cdots,\boldsymbol{\alpha}_s\}$；

(3) 传递性：若 $\{\boldsymbol{\alpha}_1,\boldsymbol{\alpha}_2,\cdots,\boldsymbol{\alpha}_s\}\cong\{\boldsymbol{\beta}_1,\boldsymbol{\beta}_2,\cdots,\boldsymbol{\beta}_t\}$，且 $\{\boldsymbol{\beta}_1,\boldsymbol{\beta}_2,\cdots,\boldsymbol{\beta}_t\}\cong\{\boldsymbol{\gamma}_1,\boldsymbol{\gamma}_2,\cdots,\boldsymbol{\gamma}_p\}$，则 $\{\boldsymbol{\alpha}_1,\boldsymbol{\alpha}_2,\cdots,\boldsymbol{\alpha}_s\}\cong\{\boldsymbol{\gamma}_1,\boldsymbol{\gamma}_2,\cdots,\boldsymbol{\gamma}_p\}$.

由定义不难证明：

定理 3.3.3 任一向量组必与它的极大无关组等价.

推论 3.3.2 任一向量组的两个极大无关组必等价.

定理 3.3.4 若向量组 $\boldsymbol{\alpha}_1,\boldsymbol{\alpha}_2,\cdots,\boldsymbol{\alpha}_s$ 可以由向量组 $\boldsymbol{\beta}_1,\boldsymbol{\beta}_2,\cdots,\boldsymbol{\beta}_t$ 线性表示，且 $s>t$，则向量组 $\boldsymbol{\alpha}_1,\boldsymbol{\alpha}_2,\cdots,\boldsymbol{\alpha}_s$ 必线性相关.

本定理可用齐次方程组的解性质证明.

例 5 设 $\boldsymbol{\alpha}_1,\boldsymbol{\alpha}_2,\boldsymbol{\alpha}_3$ 与 $\boldsymbol{\beta}_1,\boldsymbol{\beta}_2\in\mathbf{R}^n$，且已知 $\boldsymbol{\alpha}_1=\boldsymbol{\beta}_1-2\boldsymbol{\beta}_2,\boldsymbol{\alpha}_2=-2\boldsymbol{\beta}_1+3\boldsymbol{\beta}_2,\boldsymbol{\alpha}_3=\boldsymbol{\beta}_1+4\boldsymbol{\beta}_2$，则 $\boldsymbol{\alpha}_1,\boldsymbol{\alpha}_2,\boldsymbol{\alpha}_3$ 必线性相关.

事实上，设 $a_1\boldsymbol{\alpha}_1+a_2\boldsymbol{\alpha}_2+a_3\boldsymbol{\alpha}_3=\mathbf{0}$，则

$$a_1(\boldsymbol{\beta}_1-2\boldsymbol{\beta}_2)+a_2(-2\boldsymbol{\beta}_1+3\boldsymbol{\beta}_2)+a_3(\boldsymbol{\beta}_1+4\boldsymbol{\beta}_2)=\mathbf{0},$$

即

$$(a_1-2a_2+a_3)\boldsymbol{\beta}_1+(-2a_1+3a_2+4a_3)\boldsymbol{\beta}_2=\mathbf{0}.$$

令

$$\begin{cases}a_1-2a_2-a_3=0\\-2a_1+3a_2+4a_3=0,\end{cases}$$

这个方程组显然有一组非零解 $\begin{pmatrix}11\\6\\1\end{pmatrix}$.

即

$$11\boldsymbol{\alpha}_1+6\boldsymbol{\alpha}_2+\boldsymbol{\alpha}_3=\mathbf{0},$$

从而知 $\boldsymbol{\alpha}_1,\boldsymbol{\alpha}_2,\boldsymbol{\alpha}_3$ 线性相关.

由定理 3.3.4 可得

推论 3.3.3 若向量组 $\boldsymbol{\alpha}_1,\boldsymbol{\alpha}_2,\cdots,\boldsymbol{\alpha}_s$ 线性无关且可由 $\boldsymbol{\beta}_1,\boldsymbol{\beta}_2,\cdots,\boldsymbol{\beta}_t$ 线性表示，则 $s\leqslant t$.

推论 3.3.4 任何 $n+1$ 个 n 维向量必线性相关.

因为设 $\boldsymbol{\alpha}_1,\boldsymbol{\alpha}_2,\cdots,\boldsymbol{\alpha}_n,\boldsymbol{\alpha}_{n+1}$ 是 $n+1$ 个 n 维向量，则可由 $\boldsymbol{\varepsilon}_1=(1,0,\cdots,0),\boldsymbol{\varepsilon}_2=(0,1,\cdots,0)\cdots,\boldsymbol{\varepsilon}_n=(0,0,\cdots,1)$ 线性表示，由定理 3.3.4 知 $\boldsymbol{\alpha}_1,\boldsymbol{\alpha}_2,\cdots,\boldsymbol{\alpha}_n,\boldsymbol{\alpha}_{n+1}$ 线性相关.

推论 3.3.5 两个等价的线性无关的向量组必含相同个数的向量.

证明 由推论 3.3.3 即可得到.

推论 3.3.6 一个向量组的任意两个极大无关组必含有相同个数的向量.

证明 因两个极大无关组都与原向量组等价，再由推论 3.3.5 知它们包含相同个数的向量.

推论 3.3.6 表明，一个向量组的所有极大无关组所含向量个数都相同，这是向量组的一个重要特征. 为此我们定义：

定义 3.3.5 向量组 $\boldsymbol{\alpha}_1,\boldsymbol{\alpha}_2,\cdots,\boldsymbol{\alpha}_s$ 的极大无关组所包含向量的个数，称为该向量组的秩，记作 $\mathrm{r}\{\boldsymbol{\alpha}_1,\boldsymbol{\alpha}_2,\cdots,\boldsymbol{\alpha}_s\}$.

规定：仅由零向量组成的向量组其秩为零.

由定义易得

$\boldsymbol{\alpha}_1,\boldsymbol{\alpha}_2,\cdots,\boldsymbol{\alpha}_s$ 线性无关当且仅当 $\mathrm{r}\{\boldsymbol{\alpha}_1,\boldsymbol{\alpha}_2,\cdots,\boldsymbol{\alpha}_s\}=s$.

定理 3.3.5 设$\{\boldsymbol{\alpha}_1,\boldsymbol{\alpha}_2,\cdots,\boldsymbol{\alpha}_s\}\cong\{\boldsymbol{\beta}_1,\boldsymbol{\beta}_2,\cdots,\boldsymbol{\beta}_t\}$，则 $\mathrm{r}\{\boldsymbol{\alpha}_1,\boldsymbol{\alpha}_2,\cdots,\boldsymbol{\alpha}_s\}=\mathrm{r}\{\boldsymbol{\beta}_1,\boldsymbol{\beta}_2,\cdots,\boldsymbol{\beta}_t\}$.

证明 设 $\mathrm{r}\{\boldsymbol{\alpha}_1,\boldsymbol{\alpha}_2,\cdots,\boldsymbol{\alpha}_s\}=r_1$，$\mathrm{r}\{\boldsymbol{\beta}_1,\boldsymbol{\beta}_2,\cdots,\boldsymbol{\beta}_t\}=r_2$，并且它们的极大无关组分别是 $\boldsymbol{\alpha}_{i_1},\boldsymbol{\alpha}_{i_2},\cdots,\boldsymbol{\alpha}_{i_{r_1}}$，$\boldsymbol{\beta}_{j_1},\boldsymbol{\beta}_{j_2},\cdots,\boldsymbol{\beta}_{j_{r_2}}$，由定义知

$$\{\boldsymbol{\alpha}_{i_1},\boldsymbol{\alpha}_{i_2},\cdots,\boldsymbol{\alpha}_{i_{r_1}}\}\cong\{\boldsymbol{\alpha}_1,\boldsymbol{\alpha}_2,\cdots,\boldsymbol{\alpha}_s\},$$
$$\{\boldsymbol{\beta}_{j_1},\boldsymbol{\beta}_{j_2},\cdots,\boldsymbol{\beta}_{j_{r_2}}\}\cong\{\boldsymbol{\beta}_1,\boldsymbol{\beta}_2,\cdots,\boldsymbol{\beta}_t\},$$

根据等价向量组性质有

$$\{\boldsymbol{\alpha}_{i_1},\boldsymbol{\alpha}_{i_2},\cdots,\boldsymbol{\alpha}_{i_{r_1}}\}\cong\{\boldsymbol{\beta}_{j_1},\boldsymbol{\beta}_{j_2},\cdots,\boldsymbol{\beta}_{j_{r_2}}\}.$$

再由定理 3.3.4 之推论 3.3.5 知 $r_1=r_2$.

例 6 设 $\boldsymbol{\alpha}_1,\boldsymbol{\alpha}_2,\cdots,\boldsymbol{\alpha}_s$ 和 $\boldsymbol{\beta}_1,\boldsymbol{\beta}_2,\cdots,\boldsymbol{\beta}_t$ 是两个向量组，则

$$\mathrm{r}\{\boldsymbol{\alpha}_1,\boldsymbol{\alpha}_2,\cdots,\boldsymbol{\alpha}_s,\boldsymbol{\beta}_1,\boldsymbol{\beta}_2,\cdots,\boldsymbol{\beta}_t\}\leqslant\mathrm{r}\{\boldsymbol{\alpha}_1,\boldsymbol{\alpha}_2,\cdots,\boldsymbol{\alpha}_s\}+\mathrm{r}\{\boldsymbol{\beta}_1,\boldsymbol{\beta}_2,\cdots,\boldsymbol{\beta}_t\}.$$

证明 设 $\mathrm{r}\{\boldsymbol{\alpha}_1,\cdots,\boldsymbol{\alpha}_s\}=r_1$，$\mathrm{r}\{\boldsymbol{\beta}_1,\boldsymbol{\beta}_2,\cdots,\boldsymbol{\beta}_t\}=r_2$，$\boldsymbol{\alpha}_{i_1},\boldsymbol{\alpha}_{i_2},\cdots,\boldsymbol{\alpha}_{i_{r_1}}$ 与 $\boldsymbol{\beta}_{j1},\boldsymbol{\beta}_{j2},\cdots,\boldsymbol{\beta}_{j_{r_2}}$ 分别是$\{\boldsymbol{\alpha}_1,\cdots,\boldsymbol{\alpha}_s\}$与$\{\boldsymbol{\beta}_1,\boldsymbol{\beta}_2,\cdots,\boldsymbol{\beta}_t\}$的极大无关组；又设 $\mathrm{r}\{\boldsymbol{\alpha}_1,\cdots,\boldsymbol{\alpha}_s,\boldsymbol{\beta}_1,\cdots,\boldsymbol{\beta}_t\}=r_3$，$\boldsymbol{\gamma}_1,\boldsymbol{\gamma}_2,\cdots,\boldsymbol{\gamma}_{r_3}$ 是它的一个极大无关组，则 $\boldsymbol{\gamma}_1,\boldsymbol{\gamma}_2,\cdots,\boldsymbol{\gamma}_{r_3}$ 可由 $\boldsymbol{\alpha}_{i_1},\boldsymbol{\alpha}_{i_2},\cdots,\boldsymbol{\alpha}_{i_{r1}},\boldsymbol{\beta}_{j_1},\boldsymbol{\beta}_{j_2},\cdots,\boldsymbol{\beta}_{j_{r_2}}$ 线性表示，由定理 3.3.4 之推论 3.3.3 知

$$r_3\leqslant r_1+r_2.$$

§3.4 矩阵的秩

在§1.4 节介绍 Laplace 定理时，我们曾给出过 r 阶子式的概念. 利用它可以定义矩阵的秩.

定义 3.4.1 矩阵 $\boldsymbol{A}$ 中不为零子式的最高阶数，称为矩阵 $\boldsymbol{A}$ 的秩，记为 $\mathrm{r}(\boldsymbol{A})$. 若一个矩阵中没有不等于零的子式，即 $\boldsymbol{A}$ 的元素都为零，则规定它的秩为零.

由秩的定义显然有

(1) $\mathrm{r}(\boldsymbol{A})=\mathrm{r}(\boldsymbol{A}^{\mathrm{T}})$；

(2) 设 $\boldsymbol{A}$ 是 $m\times n$ 矩阵，则 $0\leqslant\mathrm{r}(\boldsymbol{A})\leqslant\min\{m,n\}$.

命题 3.4.1 设 $\boldsymbol{A}$ 是 $m\times n$ 矩阵，则

(1) $\boldsymbol{A}$ 有一个 r 阶子式不为零当且仅当 $\mathrm{r}(\boldsymbol{A})\geqslant r$；

(2) $\boldsymbol{A}$ 中所有 $r+1$ 阶子式全为零当且仅当 $\mathrm{r}(\boldsymbol{A})\leqslant r$.

证明 (1) $\boldsymbol{A}$ 中存在不为 0 的 r 阶子式知 $\mathrm{r}(\boldsymbol{A})\geqslant r$. 反之若 $\mathrm{r}(\boldsymbol{A})\geqslant r$，则 $\boldsymbol{A}$ 中必有 r 阶子式非零.

(2) $\boldsymbol{A}$ 中任一 $r+2$ 阶子式(若存在)都可表成 $r+2$ 个 $r+1$ 阶子式与一些数乘积之和,从而为0,由此知 $\boldsymbol{A}$ 中所有阶数大于或等于 $r+1$ 的子式全为0,于是 $\mathrm{r}(\boldsymbol{A})\leqslant r$.

反之若 $\mathrm{r}(\boldsymbol{A})\leqslant r$,则 $\boldsymbol{A}$ 中不为0子式的最高阶数不超过 r,于是 $\boldsymbol{A}$ 中所有 $r+1$ 阶子式全为零.

由命题3.4.1可得 $\boldsymbol{A}$ 的秩为 r 的等价描述.

定理3.4.1 矩阵 $\boldsymbol{A}$ 的秩为 r 当且仅当 $\boldsymbol{A}$ 中有一 r 阶子式不为零,而所有 $r+1$ 阶子式(若存在)全为零.

矩阵的秩是矩阵的一个重要的数字特征,它是初等变换下的不变量.即有

定理3.4.2 矩阵经过初等变换后,其秩不变.

证明 我们仅就一次初等行变换情况加以证明.

设 $\boldsymbol{A}$ 是 $m\times n$ 矩阵,经一次初等行变换后的矩阵是 $\boldsymbol{B}$,它也是 $m\times n$ 矩阵.又设 $\mathrm{r}(\boldsymbol{A})=r_1$,$\mathrm{r}(\boldsymbol{B})=r_2$.

(1) 互换 $\boldsymbol{A}$ 中第 i 行与第 j 行得 $\boldsymbol{B}$.任取 $\boldsymbol{B}$ 的 r_1+1 阶子式,记为 $|\boldsymbol{B}_1|$,若 $|\boldsymbol{B}_1|$ 取到 $\boldsymbol{A}$ 的第 i,j 两行时,则 $|\boldsymbol{B}_1|$ 是 $\boldsymbol{A}$ 中某一 r_1+1 阶子式的 -1 倍;若 $|\boldsymbol{B}_1|$ 最多取到 $\boldsymbol{A}$ 的第 i,j 两行之一时,则 $|\boldsymbol{B}_1|$ 就是 $\boldsymbol{A}$ 的某一个 r_1+1 阶子式或 $\boldsymbol{A}$ 的某个 r_1+1 阶子式的 -1 倍.由 $\boldsymbol{A}$ 中 r_1+1 阶子式全为零知 $r_2<r_1+1$,即 $r_2\leqslant r_1$.

(2) 用非零数 k 去乘 $\boldsymbol{A}$ 的第 i 行得矩阵 $\boldsymbol{B}$.任取 $\boldsymbol{B}$ 的 r_1+1 阶子式,记为 $|\boldsymbol{B}_1|$,当 $|\boldsymbol{B}_1|$ 取到 $\boldsymbol{A}$ 的第 i 行时,$|\boldsymbol{B}_1|$ 的值是 $\boldsymbol{A}$ 的某个 r_1+1 阶子式的 k 倍;当 $|\boldsymbol{B}_1|$ 没有取到 $\boldsymbol{A}$ 的第 i 行时,$|\boldsymbol{B}_1|$ 就是 $\boldsymbol{A}$ 的某个 r_1+1 阶子式.由于 $\boldsymbol{A}$ 的 r_1+1 阶子式全为零,所以,$\boldsymbol{B}$ 的任意 r_1+1 阶子式 $|\boldsymbol{B}_1|=0$,从而 $r_2<r_1+1$ 即 $r_2\leqslant r_1$.

(3) 把 $\boldsymbol{A}$ 的第 j 行的 k 倍加到第 i 行上,得到矩阵 $\boldsymbol{B}$.任取 $\boldsymbol{B}$ 的 r_1+1 阶子式,记作 $|\boldsymbol{B}_1|$.当 $|\boldsymbol{B}_1|$ 取到 $\boldsymbol{A}$ 的第 i 行而没有取到 $\boldsymbol{A}$ 的第 j 行或同时取到 $\boldsymbol{A}$ 的第 i,j 两行时,则 $|\boldsymbol{B}_1|$ 中有一行的元素是两元素之和,故 $|\boldsymbol{B}_1|$ 可以分成两个 r_1+1 阶子式之和:其一是 $\boldsymbol{A}$ 的包括第 i 行的元素的某个 r_1+1 阶子,其二是 $\boldsymbol{A}$ 的包含第 j 行的元素的某个 r_1+1 阶子式的 $l(l=0$ 或 k 或 $-k)$ 倍;当 $|\boldsymbol{B}_1|$ 取到 $\boldsymbol{A}$ 的第 j 行而没取到 $\boldsymbol{A}$ 的第 i 行或 $\boldsymbol{A}$ 的第 i,j 两行均未取到时,$|\boldsymbol{B}_1|$ 是 $\boldsymbol{A}$ 的某个 r_1+1 阶子式.总之,$|\boldsymbol{B}_1|$ 或是 $\boldsymbol{A}$ 的某个 r_1+1 阶子式或是 $\boldsymbol{A}$ 的某个 r_1+1 阶子式的适当倍数的和.由于 $\boldsymbol{A}$ 的所有 r_1+1 阶子式全为零,故 $\boldsymbol{B}$ 的任意 r_1+1 阶子式 $|\boldsymbol{B}_1|=0$,从而有 $\mathrm{r}(\boldsymbol{B})=r_2<r_1+1$,即 $r_2\leqslant r_1$.

由于 $\boldsymbol{A}$ 经过某种初等变换变成 $\boldsymbol{B}$，则 $\boldsymbol{B}$ 也可以经过相应的初等变换变成 $\boldsymbol{A}$，于是由上述证明过程知 $r_1 \leqslant r_2$.

所以有 $r_1 = r_2$.

同理，经过一次初等列变换也不改变矩阵的秩.

于是对 $\boldsymbol{A}$ 进行有限次初等变换后所得矩阵的秩仍等于 $\boldsymbol{A}$ 的秩.

这个定理给出了求矩阵秩的初等变换方法，先将矩阵 $\boldsymbol{A}$ 化成阶梯形矩阵，则阶梯形矩阵中非零行数就等于 $\boldsymbol{A}$ 的秩.

定义 3.4.2 若一个矩阵满足

(1) 矩阵的零行在矩阵的最下方；

(2) 自上而下各行中的第一个非零元素左边的零的个数，随行数增加而增加，则称该矩阵为阶梯形矩阵.

例

$$\begin{pmatrix} 1 & 0 & 2 & 3 & -5 \\ 0 & 3 & 0 & -4 & 2 \\ 0 & 0 & 0 & 1 & -3 \\ 0 & 0 & 0 & 0 & 0 \end{pmatrix}$$

就是一个阶梯形矩阵，其秩为 3.

例 6 求矩阵 $\boldsymbol{A}$ 的秩.

$$\boldsymbol{A} = \begin{pmatrix} 1 & 3 & -1 & -2 \\ 2 & -1 & 2 & -3 \\ 3 & 2 & 1 & 1 \\ 1 & -4 & 3 & 5 \end{pmatrix}.$$

解

$$\boldsymbol{A} \to \begin{pmatrix} 1 & 3 & -1 & -2 \\ 0 & -7 & 4 & 7 \\ 0 & -7 & 4 & 7 \\ 0 & -7 & 4 & 7 \end{pmatrix} \to \begin{pmatrix} 1 & 3 & -1 & -2 \\ 0 & -7 & 4 & 7 \\ 0 & 0 & 0 & 0 \\ 0 & 0 & 0 & 0 \end{pmatrix} = \boldsymbol{B},$$

$\boldsymbol{B}$ 为阶梯形矩阵，从而

$$\mathrm{r}(\boldsymbol{A}) = \mathrm{r}(\boldsymbol{B}) = 2.$$

例 7 设 $\boldsymbol{P}$ 是 n 阶可逆矩阵，对任何 $n \times m$ 矩阵 $\boldsymbol{B}$ 有 $\mathrm{r}(\boldsymbol{PB}) = \mathrm{r}(\boldsymbol{B})$.

证明 因 $\boldsymbol{P}$ 可逆，故 $\boldsymbol{P}$ 可表成若干个初等矩阵的乘积：$\boldsymbol{P} = \boldsymbol{F}_1 \boldsymbol{F}_2 \cdots \boldsymbol{F}_s$（$\boldsymbol{F}_i$ 为初等矩阵），于是，$\boldsymbol{PB} = \boldsymbol{F}_1 \boldsymbol{F}_2 \cdots \boldsymbol{F}_s \boldsymbol{B}$，这表明 $\boldsymbol{PB}$ 是 $\boldsymbol{B}$ 经过 s 次行初等变换后得到，故 $\mathrm{r}(\boldsymbol{PB}) = \mathrm{r}(\boldsymbol{B})$.

同理 设 $\boldsymbol{B}$ 是 $m \times n$ 矩阵，$\boldsymbol{Q}$ 为 n 阶可逆矩阵，则 $\mathrm{r}(\boldsymbol{B}) = \mathrm{r}(\boldsymbol{BQ})$.

于是得：设 $\boldsymbol{A}$ 为 $m \times n$ 矩阵，$\boldsymbol{P}, \boldsymbol{Q}$ 分别是 m 阶与 n 阶可逆矩阵，则

$$\mathrm{r}(\boldsymbol{PAQ}) = \mathrm{r}(\boldsymbol{A}).$$

例 8　设 $\boldsymbol{A}$ 是 n 阶矩阵，则 $r(\boldsymbol{A})=n \Leftrightarrow |\boldsymbol{A}| \neq 0$.

证明　$\boldsymbol{A}$ 的秩为 n，则 $\boldsymbol{A}$ 中有 n 阶子式不为 0，而 $\boldsymbol{A}$ 的 n 阶子式仅有一个即为 $|\boldsymbol{A}|$，故 $r(\boldsymbol{A})=n$ 时必有 $|\boldsymbol{A}| \neq 0$.

反之若 $|\boldsymbol{A}| \neq 0$，则 $\boldsymbol{A}$ 中存在 n 阶子式非零，故 $r(\boldsymbol{A}) \geqslant n$，又 $\boldsymbol{A}$ 为 n 阶矩阵，$r(\boldsymbol{A}) \leqslant n$，即 $r(\boldsymbol{A})=n$.

把 $\boldsymbol{A}$ 的列向量组的秩定义为 $\boldsymbol{A}$ 的列秩，行向量组的秩称为 $\boldsymbol{A}$ 的行秩，可以证明：

命题 3.4.1　矩阵 $\boldsymbol{A}$ 的行秩等于 $\boldsymbol{A}$ 的列秩且都等于矩阵 $\boldsymbol{A}$ 的秩.

例 9　设 $\boldsymbol{A}$ 为 $m \times s$ 矩阵，$\boldsymbol{B}$ 为 $s \times m$ 矩阵，则

$$r(\boldsymbol{AB}) \leqslant \min\{r(\boldsymbol{A}), r(\boldsymbol{B})\}.$$

证明　设 $\boldsymbol{A}=(a_{ij})_{m\times s}=(\boldsymbol{\alpha}_1, \boldsymbol{\alpha}_2, \cdots, \boldsymbol{\alpha}_s)$，$\boldsymbol{B}=(b_{ij})_{s\times n}$，

$$\boldsymbol{AB}=\boldsymbol{C}=(c_{ij})_{m\times n}=(\boldsymbol{\gamma}_1, \boldsymbol{\gamma}_2, \cdots, \boldsymbol{\gamma}_n),$$

即
$$(\boldsymbol{\gamma}_1, \boldsymbol{\gamma}_2, \cdots, \boldsymbol{\gamma}_n)=(\boldsymbol{\alpha}_1, \boldsymbol{\alpha}_2, \cdots, \boldsymbol{\alpha}_s)\begin{pmatrix} b_{11} & b_{12} & \cdots & b_{1n} \\ b_{21} & b_{22} & \cdots & b_{2n} \\ \cdots & \cdots & \cdots & \cdots \\ b_{s1} & b_{s2} & \cdots & b_{sn} \end{pmatrix}.$$

因此有
$$\boldsymbol{\gamma}_j=b_{1j}\boldsymbol{\alpha}_1+b_{2j}\boldsymbol{\alpha}_2+\cdots+b_{sj}\boldsymbol{\alpha}_s \quad (j=1,2,\cdots,n),$$

即 $\boldsymbol{AB}$ 的列向量组 $\boldsymbol{\gamma}_1, \boldsymbol{\gamma}_2, \cdots, \boldsymbol{\gamma}_n$ 可以由 $\boldsymbol{A}$ 的列向量组 $\boldsymbol{\alpha}_1, \boldsymbol{\alpha}_2, \cdots, \boldsymbol{\alpha}_s$ 线性表示. 从而 $\boldsymbol{\gamma}_1, \boldsymbol{\gamma}_2, \cdots, \boldsymbol{\gamma}_n$ 的极大无关组可由 $\boldsymbol{\alpha}_1, \boldsymbol{\alpha}_2, \cdots, \boldsymbol{\alpha}_s$ 的极大无关组线性表示. 故 $r(\boldsymbol{AB}) \leqslant r(\boldsymbol{A})$.

又由秩的定义 $r(\boldsymbol{AB})=r((\boldsymbol{AB})^{\mathrm{T}})=r(\boldsymbol{B}^{\mathrm{T}}\boldsymbol{A}^{\mathrm{T}}) \leqslant r(\boldsymbol{B}^{\mathrm{T}})=r(\boldsymbol{B})$，

因此
$$r(\boldsymbol{AB}) \leqslant \min\{r(\boldsymbol{A}), r(\boldsymbol{B})\}.$$

§3.5　线性方程组有解的判别定理

有了向量和矩阵的理论准备之后，现在可以分析线性方程组有解的判别条件.

对线性方程组(1.1)

记

$$\boldsymbol{\alpha}_1=\begin{pmatrix} a_{11} \\ a_{21} \\ \vdots \\ a_{m1} \end{pmatrix}, \boldsymbol{\alpha}_2=\begin{pmatrix} a_{12} \\ a_{22} \\ \vdots \\ a_{m2} \end{pmatrix} \cdots, \boldsymbol{\alpha}_n=\begin{pmatrix} a_{1n} \\ a_{2m} \\ \vdots \\ a_{mn} \end{pmatrix}, \boldsymbol{\beta}=\begin{pmatrix} b_1 \\ b_2 \\ \vdots \\ b_m \end{pmatrix}.$$

则(1.1)可写成向量方程

$$x_1\boldsymbol{\alpha}_1+x_2\boldsymbol{\alpha}_2+\cdots+x_n\boldsymbol{\alpha}_n=\boldsymbol{\beta}.$$

于是方程组(1.1)有解当且仅当$\boldsymbol{\beta}$可以由向量组$\boldsymbol{\alpha}_1,\boldsymbol{\alpha}_2,\cdots,\boldsymbol{\alpha}_n$线性表示.用秩的概念,方程组(1.1)有解的条件可以叙述如下:

定理 3.5.1 (线性方程组有解判别定理) 线性方程组(1.1)有解的充要条件是:它的系数矩阵与其增广矩阵有相同的秩,即秩$\boldsymbol{A}$=秩$\overline{\boldsymbol{A}}$.

证明 必要性:设线性方程组(1.1)有解,即$\boldsymbol{\beta}$可以由$\boldsymbol{\alpha}_1,\boldsymbol{\alpha}_2,\cdots,\boldsymbol{\alpha}_n$线性表示,于是可得$\{\boldsymbol{\alpha}_1,\boldsymbol{\alpha}_2,\cdots,\boldsymbol{\alpha}_n\}\cong\{\boldsymbol{\alpha}_1,\boldsymbol{\alpha}_2,\cdots,\boldsymbol{\alpha}_n,\boldsymbol{\beta}\}$,因而$\mathrm{r}\{\boldsymbol{\alpha}_1,\boldsymbol{\alpha}_2,\cdots,\boldsymbol{\alpha}_n\}=\mathrm{r}\{\boldsymbol{\alpha}_1,\boldsymbol{\alpha}_2,\cdots,\boldsymbol{\alpha}_n,\boldsymbol{\beta}\}$.又$\mathrm{r}(\boldsymbol{A})=\mathrm{r}\{\boldsymbol{\alpha}_1,\boldsymbol{\alpha}_2,\cdots,\boldsymbol{\alpha}_n\}$,$\mathrm{r}\{\boldsymbol{\alpha}_1,\boldsymbol{\alpha}_2,\cdots,\boldsymbol{\alpha}_n,\boldsymbol{\beta}\}=\mathrm{r}(\overline{\boldsymbol{A}})$,于是$\mathrm{r}(\overline{\boldsymbol{A}})=\mathrm{r}(\boldsymbol{A})$.

充分性:设矩阵$\boldsymbol{A}$与$\overline{\boldsymbol{A}}$有相同的秩,于是它们的列向量组$\boldsymbol{\alpha}_1,\boldsymbol{\alpha}_2,\cdots,\boldsymbol{\alpha}_n$与$\boldsymbol{\alpha}_1,\boldsymbol{\alpha}_2,\cdots,\boldsymbol{\alpha}_n,\boldsymbol{\beta}$有相同的秩,令其为$r$.$\boldsymbol{\alpha}_1,\boldsymbol{\alpha}_2,\cdots,\boldsymbol{\alpha}_n$的极大无关组由$r$个向量组成,不妨设为$\boldsymbol{\alpha}_1,\boldsymbol{\alpha}_2,\cdots,\boldsymbol{\alpha}_r$,显然它也是$\boldsymbol{\alpha}_1,\cdots,\boldsymbol{\alpha}_n,\boldsymbol{\beta}$的极大无关组,因而$\boldsymbol{\beta}$可由$\boldsymbol{\alpha}_1,\boldsymbol{\alpha}_2,\cdots,\boldsymbol{\alpha}_r$线性表示,从而可由$\boldsymbol{\alpha}_1,\boldsymbol{\alpha}_2,\cdots,\boldsymbol{\alpha}_n$线性表示,即方程组(1.1)有解.

下面讨论方程组(1.1)有解时解的情况.

对增广矩阵$\overline{\boldsymbol{A}}$作行初等变换及必要的列变换得

$$\overline{\boldsymbol{A}}\to\begin{pmatrix}1&0&\cdots&0&c_{1r+1}&\cdots&c_{1n}&d_1\\0&1&\cdots&0&c_{2r+1}&\cdots&c_{2n}&d_2\\\cdots&\cdots&\cdots&\cdots&\cdots&\cdots&\cdots&\cdots\\0&0&\cdots&1&c_{rr+1}&\cdots&c_{rn}&d_r\\0&0&\cdots&0&0&\cdots&0&d_{r+1}\\\cdots&\cdots&\cdots&\cdots&\cdots&\cdots&\cdots&\cdots\\0&0&\cdots&0&0&\cdots&0&0\end{pmatrix}=\overline{\boldsymbol{B}}.$$

用$\boldsymbol{B}$表示$\overline{\boldsymbol{B}}$的前$n$列作成的矩阵,则由定理3.4.2知

$$\mathrm{r}(\boldsymbol{A})=\mathrm{r}(\boldsymbol{B})=r,\mathrm{r}(\overline{\boldsymbol{A}})=\mathrm{r}(\overline{\boldsymbol{B}}).$$

若方程组(1.1)有解,则$d_{r+1}=0$,于是$\mathrm{r}(\overline{\boldsymbol{B}})=r=\mathrm{r}(\overline{\boldsymbol{A}})=\mathrm{r}(\boldsymbol{A})$.

当$r=n$时方程组(1.1)有唯一解

$$x_1=d_1,x_2=d_2,\cdots,x_n=d_n.\tag{5.1}$$

若$r<n$时,原方程组同解于

$$\begin{cases}x_1=d_1-c_{1r+1}x_{r+1}-\cdots-c_{1n}x_n\\x_2=d_2-c_{2r+1}x_{r+1}-\cdots-c_{2n}x_n\\\cdots\cdots\cdots\cdots\cdots\cdots\cdots\cdots\\x_r=d_r-c_{rr+1}x_{r+1}-\cdots-c_{rn}x_n.\end{cases}$$

任给$x_{r+1},\cdots,x_n$一组值$k_1,k_2,\cdots,k_{n-r}$,可得原方程组的一组解

$$\begin{cases}x_1=d_1-c_{1r+1}k_1-\cdots-c_{1n}k_{n-r}\\x_2=d_2-c_{2r+1}k_1-\cdots-c_{2n}k_{n-r}\\\cdots\cdots\cdots\cdots\cdots\cdots\cdots\cdots\\x_r=d_r-c_{rr+1}k_1-\cdots-c_{rn}k_{n-r}\\x_{r+1}=k_1\\\cdots\cdots\cdots\cdots\cdots\cdots\cdots\cdots\\x_n=k_{n-r},\end{cases}\tag{5.2}$$

当 $k_1,\cdots,k_{n-r}$取遍所有数时,就给出了(1.1)的全部解.

于是得到

命题 3.5.1 线性方程组(1.1)当 $\mathrm{r}(\mathbf{A})=\mathrm{r}(\overline{\mathbf{A}})=r$ 时,若 $r=n$ 有唯一解(5.1),当 $r<n$ 时有无穷多解,其一般解可由(5.2)表示,其中 $k_1,\cdots,k_{n-r}$为任意常数.

设齐次线性方程组

$$\begin{cases}a_{11}x_1+a_{12}x_2+\cdots+a_{1n}x_n=0\\a_{21}x_1+a_{22}x_2+\cdots+a_{2n}x_n=0\\\cdots\cdots\cdots\cdots\cdots\cdots\cdots\cdots\cdots\\a_{m1}x_1+a_{m2}x_2+\cdots+a_{mn}x_n=0.\end{cases}\tag{5.3}$$

由于齐次线性方程组的增广矩阵$\overline{\mathbf{A}}$的最后一列全为零,因此在任何情况下都有 $\mathrm{r}(\mathbf{A})=\mathrm{r}(\overline{\mathbf{A}})$,从而有

定理 3.5.2 设 n 元齐次性线方程组(5.3)的系数矩阵 $\mathbf{A}$ 的秩为 r,则

(1) 如果 $r=n$,齐次线性方程组(5.3)仅有零解;

(2) 如果 $r<n$,则齐次线性方程组除零解外,还有非零解,即有无穷多解.

由于对 $m\times n$ 矩阵 $\mathbf{A}$ 有 $\mathrm{r}(\mathbf{A})\leqslant\min\{m,n\}$,由此得

推论 3.5.1 若齐次线性方程组(5.3)的方程个数小于未知量个数,即 $m<n$,则它必有非零解.

特别地,对于含有 n 个方程的 n 元齐次线性方程组

$$\begin{cases}a_{11}x_1+a_{12}x_2+\cdots+a_{1n}x_n=0\\a_{21}x_1+a_{22}x_2+\cdots+a_{2n}x_n=0\\\cdots\cdots\cdots\cdots\cdots\cdots\cdots\cdots\cdots\\a_{n1}x_1+a_{n2}x_2+\cdots+a_{nn}x_n=0.\end{cases}\tag{5.4}$$

由定理 2.4.2 和定理 3.5.2 可以得到

定理 3.5.3 齐次线性方程组(5.4)有非零解的充分必要条件是其

系数行列式

$$|\boldsymbol{A}|=\begin{vmatrix}a_{11} & a_{12} & \cdots & a_{1n}\\ a_{21} & a_{22} & \cdots & a_{2n}\\ \cdots & \cdots & \cdots & \cdots\\ a_{n1} & a_{n2} & \cdots & a_{nn}\end{vmatrix}=0.$$

证明 必要性:用反证法.假设方程组(5.4)的系数行列式

$$|\boldsymbol{A}|=\begin{vmatrix}a_{11} & a_{12} & \cdots & a_{1n}\\ a_{21} & a_{22} & \cdots & a_{2n}\\ \cdots & \cdots & \cdots & \cdots\\ a_{n1} & a_{n2} & \cdots & a_{nn}\end{vmatrix}\neq 0,$$

由 Cramer 法则,方程组(5.4)仅有零解,与方程组有非零解矛盾.因此当方程组(5.4)有非零解时,其系数行列式为零.

充分性:如果齐次线性方程组(5.4)的系数行列式

$$|\boldsymbol{A}|=\begin{vmatrix}a_{11} & a_{12} & \cdots & a_{1n}\\ a_{21} & a_{22} & \cdots & a_{2n}\\ \cdots & \cdots & \cdots & \cdots\\ a_{n1} & a_{n2} & \cdots & a_{nn}\end{vmatrix}=0,$$

由定理 2.4.2 知,$\mathrm{r}(\boldsymbol{A})=r<n$.由定理 3.5.2 的(2)可推出方程组(5.4)一定有非零解.

例 1 设方程组

$$\begin{cases}x_1+x_3=2\\ x_1+2x_2-x_3=0\\ 2x_1+x_2-ax_3=b,\end{cases}$$

(1) 确定当 a、b 分别为何值时,方程组无解,有唯一解,有无穷多解;

(2) 在有解时求出解.

解 (1)

$$\overline{\boldsymbol{A}}=\begin{pmatrix}1 & 0 & 1 & 2\\ 1 & 2 & -1 & 0\\ 2 & 1 & -a & b\end{pmatrix}\rightarrow\begin{pmatrix}1 & 0 & 1 & 2\\ 0 & 2 & -2 & -2\\ 0 & 1 & -a-2 & b-4\end{pmatrix}$$

$$\rightarrow\begin{pmatrix}1 & 0 & 1 & 2\\ 0 & 1 & -1 & -1\\ 0 & 1 & -a-2 & b-4\end{pmatrix}\rightarrow\begin{pmatrix}1 & 0 & 1 & 2\\ 0 & 1 & -1 & -1\\ 0 & 0 & -a-1 & b-3\end{pmatrix}.$$

由此可知,当 $a=-1$ 且 $b\neq 3$ 时,$\mathrm{r}(\boldsymbol{A})=2$,$\mathrm{r}(\overline{\boldsymbol{A}})=3$,故方程组无解;

当$a\neq-1$时，$r(\boldsymbol{A})=r(\overline{\boldsymbol{A}})=3$，方程组有唯一解；当 $a=-1$ 且 $b=3$ 时，$r(\boldsymbol{A})=r(\overline{\boldsymbol{A}})=2<3$，方程组有无穷多解.

(2) 当 $a\neq-1$ 时，有

$$\overline{\boldsymbol{A}}\to\begin{pmatrix}1&0&1&2\\0&1&-1&-1\\0&0&1&\dfrac{3-b}{a+1}\end{pmatrix}\to\begin{pmatrix}1&0&0&\dfrac{2a+b-1}{a+1}\\0&1&0&\dfrac{2-a-b}{a+1}\\0&0&1&\dfrac{3-b}{a+1}\end{pmatrix},$$

唯一解为

$$\begin{cases}x_1=\dfrac{2a+b-1}{a+1}\\x_2=\dfrac{2-a-b}{a+1}\\x_3=\dfrac{3-b}{a+1}.\end{cases}$$

当 $a=-1$ 且 $b=3$ 时

$$\overline{\boldsymbol{A}}\to\begin{pmatrix}1&0&1&2\\0&1&-1&-1\\0&0&0&0\end{pmatrix},$$

得到一般解

$$\begin{cases}x_1=2-x_3\\x_2=-1+x_3.\end{cases}$$

故方程组的解为

$$\begin{cases}x_1=2-c\\x_2=-1+c\\x_3=c\end{cases}\qquad(c\text{ 为任意常数}).$$

例 2　确定 λ 的值，使齐次线性方程组

$$\begin{cases}x_1-x_2+x_3=0\\\lambda x_1+2x_2+x_3=0\\2x_1+\lambda x_2=0\end{cases}$$

有非零解，并求方程组的解.

解　由于系数行列式

$$|\boldsymbol{A}|=\begin{vmatrix}1&-1&1\\\lambda&2&1\\2&\lambda&0\end{vmatrix}=(\lambda+2)(\lambda-3),$$

因此，当$\lambda=-2$或$\lambda=3$时，方程组有非零解.

当$\lambda=-2$时

$$\boldsymbol{A}=\begin{pmatrix}1&-1&1\\-2&2&1\\2&-2&0\end{pmatrix}\to\begin{pmatrix}1&-1&0\\0&0&1\\0&0&0\end{pmatrix},$$

得到一般解

$$\begin{cases}x_1=x_2\\x_3=0,\end{cases}$$

故解为

$$\begin{cases}x_1=c\\x_2=c\\x_3=0\end{cases}\quad(c\text{ 为任意常数}).$$

当$\lambda=3$时

$$\boldsymbol{A}=\begin{pmatrix}1&-1&1\\3&2&1\\2&3&0\end{pmatrix}\to\begin{pmatrix}1&0&\frac{3}{5}\\0&1&-\frac{2}{5}\\0&0&0\end{pmatrix},$$

得同解方程组

$$\begin{cases}x_1=-\dfrac{3}{5}x_3\\x_2=\dfrac{2}{5}x_3\end{cases}$$

此时，解为

$$\begin{cases}x_1=-\dfrac{3}{5}c\\x_2=\dfrac{2}{5}c\\x_3=c\end{cases}\quad(c\text{ 为任意常数}).$$

例3 求向量组

$\boldsymbol{\alpha}_1=(1,-2,0,3)$，$\boldsymbol{\alpha}_2=(2,-5,-3,6)$，

$\boldsymbol{\alpha}_3=(0,1,3,0)$， $\boldsymbol{\alpha}_4=(2,-1,4,-7)$，

$\boldsymbol{\alpha}_5=(5,-8,1,2)$

的一个极大无关组，并且用极大无关组线性表示组中其他向量.

解 作矩阵$\boldsymbol{A}$

$$A=(\boldsymbol{\alpha}_1^{\mathrm{T}},\boldsymbol{\alpha}_2^{\mathrm{T}},\boldsymbol{\alpha}_3^{\mathrm{T}},\boldsymbol{\alpha}_4^{\mathrm{T}},\boldsymbol{\alpha}_5^{\mathrm{T}})=\begin{pmatrix}1&2&0&2&5\\-2&-5&1&-1&-8\\0&-3&3&4&1\\3&6&0&-7&2\end{pmatrix}$$

$$\xrightarrow{\text{行变换}}\begin{pmatrix}1&0&2&0&1\\0&1&-1&0&1\\0&0&0&1&1\\0&0&0&0&0\end{pmatrix}$$

$$=(\boldsymbol{\beta}_1,\boldsymbol{\beta}_2,\boldsymbol{\beta}_3,\boldsymbol{\beta}_4,\boldsymbol{\beta}_5)=\boldsymbol{B}.$$

从上可以看出矩阵 B 的 1,2,4 列线性无关，且有 $\boldsymbol{\beta}_3=2\boldsymbol{\beta}_1-\boldsymbol{\beta}_2$，$\boldsymbol{\beta}_5=\boldsymbol{\beta}_1+\boldsymbol{\beta}_2+\boldsymbol{\beta}_4$. 因而向量组$\{\boldsymbol{\beta}_1,\boldsymbol{\beta}_2,\boldsymbol{\beta}_4\}$是 $\boldsymbol{B}$ 的列向量组的一个极大无关组. 从而 $\boldsymbol{\alpha}_1,\boldsymbol{\alpha}_2,\boldsymbol{\alpha}_4$ 是 $\boldsymbol{\alpha}_1,\boldsymbol{\alpha}_2,\boldsymbol{\alpha}_3,\boldsymbol{\alpha}_4,\boldsymbol{\alpha}_5$ 的一个极大无关组，且

$$\boldsymbol{\alpha}_3=2\boldsymbol{\alpha}_1-\boldsymbol{\alpha}_2,\boldsymbol{\alpha}_5=\boldsymbol{\alpha}_1+\boldsymbol{\alpha}_2+\boldsymbol{\alpha}_4.$$

§3.6　线性方程组解的结构

对于线性方程组(1.1)，当 $\mathrm{r}(\overline{\boldsymbol{A}})=\mathrm{r}(\boldsymbol{A})=r<n$ 时，$\boldsymbol{A}$ 中不为零的 r 阶子式包含的 r 个列以外的 $n-r$ 个列相应的未知量称为自由未知量；当 $r<m$ 时，$\boldsymbol{A}$ 中不为零的 r 阶子式所含的 r 个行所对应的 r 个方程以外的 $m-r$ 个方程是多余的，可删去而不影响(1.1)的解.

又 $\mathrm{r}(\overline{\boldsymbol{A}})=\mathrm{r}(\boldsymbol{A})=r<n$ 时，(1.1)有无穷多个解，为什么(5.2)代表了它的全部解？下面我们来讨论与这一问题有关的方程组解的结构.

1. 齐次线性方程组解的结构

齐次线性方程组(5.3)的矩阵形式为

$$\boldsymbol{AX}=\boldsymbol{0},$$

其中 $\boldsymbol{A}=(a_{ij})_{m\times n},\boldsymbol{X}=\begin{pmatrix}x_1\\x_2\\\vdots\\x_n\end{pmatrix},\boldsymbol{0}=\begin{pmatrix}0\\0\\\vdots\\0\end{pmatrix}_{m\times 1}$.

(5.3)解的性质：

性质 3.6.1　若 $\boldsymbol{\eta}_1,\boldsymbol{\eta}_2$ 是齐次线性方程组(5.3)的两个解向量，则 $\boldsymbol{\eta}_1+\boldsymbol{\eta}_2$ 也是一个解向量.

证明　由 $\boldsymbol{\eta}_1,\boldsymbol{\eta}_2$ 是(5.3)的解向量，因此

$$A\boldsymbol{\eta}_1=\mathbf{0},A\boldsymbol{\eta}_2=\mathbf{0},$$

从而

$$A(\boldsymbol{\eta}_1+\boldsymbol{\eta}_2)=A\boldsymbol{\eta}_1+A\boldsymbol{\eta}_2=\mathbf{0}+\mathbf{0}=\mathbf{0},$$

即 $\boldsymbol{\eta}_1+\boldsymbol{\eta}_2$ 也是(5.3)的解向量.

性质 3.6.2 若 $\boldsymbol{\eta}$ 是齐次线性方程组(5.3)的解向量,则对任意常数 c,$c\boldsymbol{\eta}$ 也是它的解向量.

证明 由 $A\boldsymbol{\eta}=\mathbf{0}$ 得

$$A(c\boldsymbol{\eta})=c(A\boldsymbol{\eta})=c\mathbf{0}=\mathbf{0},$$

即 $c\boldsymbol{\eta}$ 也是方程组(5.3)的解向量.

由性质 3.6.1 和 3.6.2 可推出:如果 $\boldsymbol{\eta}_1,\boldsymbol{\eta}_2,\cdots,\boldsymbol{\eta}_t$ 均为齐次线性方程组(5.3)的解向量,则它们的线性组合

$$c_1\boldsymbol{\eta}_1+c_2\boldsymbol{\eta}_2+\cdots+c_t\boldsymbol{\eta}_t\quad(c_1,c_2,\cdots,c_t\text{为任意数})$$

也是该方程组的解向量.

由此可知,若一个齐次线性方程组有非零解,则它就有无穷多解,这无穷多解就构成了一个 n 维向量组.若能求出它的一个极大无关组,就能用其线性组合来表示它的全部解.为此我们引入基础解系的定义.

定义 3.6.1 如果 $\boldsymbol{\eta}_1,\boldsymbol{\eta}_2,\cdots,\boldsymbol{\eta}_s$ 是齐次线性方程组(5.3)的解向量组的一个极大无关组,则称 $\boldsymbol{\eta}_1,\boldsymbol{\eta}_2,\cdots,\boldsymbol{\eta}_s$ 是齐次线性方程组(5.3)的一个基础解系.

换句话说:$\boldsymbol{\eta}_1,\boldsymbol{\eta}_2,\cdots,\boldsymbol{\eta}_s$ 若满足

(1) $\boldsymbol{\eta}_1,\boldsymbol{\eta}_2,\cdots,\boldsymbol{\eta}_s$ 是(5.3)的线性无关的解向量;

(2) 齐次线性方程组(5.3)的任一解均可由 $\boldsymbol{\eta}_1,\boldsymbol{\eta}_2,\cdots,\boldsymbol{\eta}_s$ 线性表示.则称 $\boldsymbol{\eta}_1,\boldsymbol{\eta}_2,\cdots,\boldsymbol{\eta}_s$ 为(5.3)的一个基础解系.

显然,只有当齐次线性方程组(5.3)有非零解时,该方程组才存在基础解系.

定理 3.6.2 若齐次线性方程组(5.3)的系数矩阵 A 的秩 $r(A)=r<n$,则该方程组必存在基础解系,并且在它的任一基础解系中,恰含有 $n-r$ 个解.

证明 设 $A=(a_{ij})_{m\times n}$,$r(A)=r<n$,对方程组(5.3)的增广矩阵 $\overline{A}=(A,\mathbf{0})$ 施以初等行变换,可化为

$$\overline{A}\to\left(\begin{array}{ccccccc|c}1&0&\cdots&0&c_{1\,r+1}&\cdots&c_{1n}&0\\0&1&\cdots&0&c_{2\,r+1}&\cdots&c_{2n}&0\\\cdots&\cdots&\cdots&\cdots&\cdots&\cdots&\cdots&\\0&0&\cdots&1&c_{rr+1}&\cdots&c_{rn}&0\\0&0&\cdots&0&0&\cdots&0&0\\\cdots&\cdots&\cdots&\cdots&\cdots&\cdots&\cdots&\\0&0&\cdots&0&0&\cdots&0&0\end{array}\right),$$

对应的齐次线性方程组

$$\begin{cases}x_1+c_{1\,r+1}x_{r+1}+\cdots+c_{1n}x_n=0\\x_2+c_{2\,r+1}x_{r+1}+\cdots+c_{2n}x_n=0\\\cdots\ \cdots\ \cdots\ \cdots\ \cdots\ \cdots\ \cdots\ \cdots\\x_r+c_{rr+1}x_{r+1}+\cdots+c_{rn}x_n=0\end{cases}$$

与方程组(5.3)同解，将上式改写成

$$\begin{cases}x_1=-c_{1\,r+1}x_{r+1}-\cdots-c_{1n}x_n\\x_2=-c_{2\,r+1}x_{r+1}-\cdots-c_{2n}x_n\\\cdots\ \cdots\ \cdots\ \cdots\ \cdots\ \cdots\ \cdots\ \cdots\\x_r=-c_{rr+1}x_{r+1}-\cdots-c_{rn}x_n,\end{cases}$$

其中 $x_{r+1},\cdots,x_n$ 为自由未知量. 显然，给定自由未知量 $x_{r+1},\cdots,x_n$ 一组值 $k_1,k_2,\cdots,k_{n-r}$，即可得到方程组(5.3)的一组解，并且方程组(5.3)的任意两个解，只要它们的自由未知量取值相同，则这两个解就完全相同.

现对 $n-r$ 个自由未知量分别取值

$$\begin{pmatrix}x_{r+1}\\x_{r+2}\\\vdots\\x_n\end{pmatrix}=\begin{pmatrix}1\\0\\\vdots\\0\end{pmatrix},\begin{pmatrix}0\\1\\\vdots\\0\end{pmatrix},\cdots,\begin{pmatrix}0\\0\\\vdots\\1\end{pmatrix},$$

可得方程组(5.3)的 $n-r$ 个解：

$$\boldsymbol{\eta}_1=\begin{pmatrix}-c_{1\,r+1}\\-c_{2\,r+1}\\\vdots\\-c_{rr+1}\\1\\0\\\vdots\\0\end{pmatrix},\boldsymbol{\eta}_2=\begin{pmatrix}-c_{1r+2}\\-c_{2r+2}\\\vdots\\-c_{rr+2}\\0\\1\\\vdots\\0\end{pmatrix},\cdots,\boldsymbol{\eta}_{n-r}=\begin{pmatrix}-c_{1n}\\-c_{2n}\\\vdots\\-c_{rn}\\0\\0\\\vdots\\1\end{pmatrix}.$$

则 $\boldsymbol{\eta}_1,\boldsymbol{\eta}_2,\cdots,\boldsymbol{\eta}_{n-r}$ 即为方程组(5.3)的一个基础解系.

首先证明它是线性无关的,为此令

$$\boldsymbol{C}=\begin{pmatrix} -c_{1\,r+1} & -c_{1r+2} & \cdots & -c_{1n} \\ -c_{2\,r+1} & -c_{2r+2} & \cdots & -c_{2n} \\ \cdots & \cdots & \cdots & \cdots \\ -c_{rr+1} & -c_{rr+2} & \cdots & -c_{rn} \\ 1 & 0 & \cdots & 0 \\ 0 & 1 & \cdots & 0 \\ \cdots & \cdots & \cdots & \cdots \\ 0 & 0 & \cdots & 1 \end{pmatrix}$$

为 $n\times(n-r)$ 矩阵,其中有一个 $n-r$ 阶子式

$$\begin{vmatrix} 1 & 0 & \cdots & 0 \\ 0 & 1 & \cdots & 0 \\ \cdots & \cdots & \cdots & \cdots \\ 0 & 0 & \cdots & 1 \end{vmatrix}\neq 0.$$

所以 $\mathrm{r}(\boldsymbol{C})=n-r$. 故 $\boldsymbol{\eta}_1,\boldsymbol{\eta}_2,\cdots,\boldsymbol{\eta}_{n-r}$ 线性无关.

现设 $\boldsymbol{\eta}=\begin{pmatrix} d_1 \\ d_2 \\ \vdots \\ d_n \end{pmatrix}$ 是方程组(5.3)的任一解,由于

$$\begin{cases} d_1=-c_{1\,r+1}d_{r+1}-\cdots-c_{1n}d_n \\ d_2=-c_{2\,r+1}d_{r+1}-\cdots-c_{2n}d_n \\ \cdots\ \cdots\ \cdots\ \cdots\ \cdots\ \cdots\ \cdots \\ d_r=-c_{rr+1}d_{r+1}-\cdots-c_{rn}d_n \end{cases}$$

所以

$$\boldsymbol{\eta}=\begin{pmatrix} -c_{1\,r+1}d_{r+1}-c_{1\,r+1}d_{r+2}-\cdots-c_{1n}d_n \\ -c_{2\,r+1}d_{r+1}-c_{2r+2}d_{r+2}-\cdots-c_{2n}d_n \\ \cdots\ \cdots\ \cdots\ \cdots\ \cdots\ \cdots \\ -c_{rr+1}d_{r+1}-c_{rr+2}d_{r+2}-\cdots-c_{rn}d_n \\ d_{r+1} \\ d_{r+2} \\ \vdots \\ d_n \end{pmatrix},$$

$$=d_{r+1}\begin{pmatrix}-c_{1r+1}\\-c_{2r+1}\\\vdots\\-c_{rr+1}\\1\\0\\\vdots\\0\end{pmatrix}+d_{r+2}\begin{pmatrix}-c_{1r+2}\\-c_{2r+2}\\\vdots\\-c_{rr+2}\\0\\1\\\vdots\\0\end{pmatrix}+\cdots+d_n\begin{pmatrix}-c_{1n}\\-c_{2n}\\\vdots\\-c_{rn}\\0\\0\\\vdots\\1\end{pmatrix}$$

$$=d_{r+1}\boldsymbol{\eta}_1+d_{r+2}\boldsymbol{\eta}_2+\cdots+d_n\boldsymbol{\eta}_{n-r},$$

即 $\boldsymbol{\eta}$ 是 $\boldsymbol{\eta}_1,\boldsymbol{\eta}_2,\cdots,\boldsymbol{\eta}_{n-r}$ 的一个线性组合.

所以 $\boldsymbol{\eta}_1,\boldsymbol{\eta}_2,\cdots,\boldsymbol{\eta}_{n-r}$ 是齐次线性方程组(5.3)的一个基础解系. 故(5.3)的全部解(一般解)为

$$c_1\boldsymbol{\eta}_1+c_2\boldsymbol{\eta}_2+\cdots+c_{n-r}\boldsymbol{\eta}_{n-r}\quad(c_1,c_2,\cdots,c_{n-r}\text{为任意常数}).$$

定理 3.6.2 的证明过程给出了求齐次线性方程组基础解系的一种方法,且只须对系数矩阵的行进行初等变换即可.

例 1　求齐次线性方程组的基础解系

$$\begin{cases}x_1-x_2+5x_3-x_4=0\\x_1+x_2-2x_3+3x_4=0\\3x_1-x_2+8x_3+x_4=0\\x_1+3x_2-9x_3+7x_4=0.\end{cases}$$

解　对系数矩阵 $\boldsymbol{A}$ 进行初等行变换

$$\boldsymbol{A}=\begin{pmatrix}1&-1&5&-1\\1&1&-2&3\\3&-1&8&1\\1&3&-9&7\end{pmatrix}\to\begin{pmatrix}1&-1&5&-1\\0&2&-7&4\\0&2&-7&4\\0&4&-14&8\end{pmatrix}$$

$$\to\begin{pmatrix}1&0&\frac{3}{2}&1\\0&1&-\frac{7}{2}&2\\0&0&0&0\\0&0&0&0\end{pmatrix},$$

故得同解方程组

$$\begin{cases}x_1=-\frac{3}{2}x_3-x_4\\x_2=\frac{7}{2}x_3-2x_4,\end{cases}$$

x_3, x_4 为自由未知量.

取
$$\begin{pmatrix} x_3 \\ x_4 \end{pmatrix} = \begin{pmatrix} 1 \\ 0 \end{pmatrix},\ \begin{pmatrix} 0 \\ 1 \end{pmatrix}.$$

分别得方程组的解为

$$\boldsymbol{\eta}_1 = \begin{pmatrix} -\frac{3}{2} \\ \frac{7}{2} \\ 1 \\ 0 \end{pmatrix}, \boldsymbol{\eta}_2 = \begin{pmatrix} -1 \\ -2 \\ 0 \\ 1 \end{pmatrix}.$$

则 $\boldsymbol{\eta}_1, \boldsymbol{\eta}_2$ 即为所给方程组的一个基础解系.

例 2 用基础解系表示如下线性方程组的全部解.

$$\begin{cases} x_1 + x_2 + x_3 + 4x_4 - 3x_5 = 0 \\ x_1 - x_2 + 3x_3 - 2x_4 - x_5 = 0 \\ 2x_1 + x_2 + 3x_3 + 5x_4 - 5x_5 = 0 \\ 3x_1 + x_2 + 5x_3 + 6x_4 - 7x_5 = 0. \end{cases}$$

解 $m=4, n=5, m<n$,所以给定的方程组有无穷多个解. 对系数矩阵 $\boldsymbol{A}$ 进行初等行变换得:

$$\boldsymbol{A} = \begin{pmatrix} 1 & 1 & 1 & 4 & -3 \\ 1 & -1 & 3 & -2 & -1 \\ 2 & 1 & 3 & 5 & -5 \\ 3 & 1 & 5 & 6 & -7 \end{pmatrix} \to \begin{pmatrix} 1 & 1 & 1 & 4 & -3 \\ 0 & -2 & 2 & -6 & 2 \\ 0 & -1 & 1 & -3 & 1 \\ 0 & -2 & 2 & -6 & 2 \end{pmatrix}$$

$$\to \begin{pmatrix} 1 & 0 & 2 & 1 & -2 \\ 0 & 1 & -1 & 3 & -1 \\ 0 & 0 & 0 & 0 & 0 \\ 0 & 0 & 0 & 0 & 0 \end{pmatrix},$$

故与原方程组同解的方程组为

$$\begin{cases} x_1 = -2x_3 - x_4 + 2x_5 \\ x_2 = x_3 - 3x_4 + x_5, \end{cases}$$

其中 x_3, x_4, x_5 为自由未知量.

给自由未知量分别取值为

$$\begin{pmatrix} x_3 \\ x_4 \\ x_5 \end{pmatrix} = \begin{pmatrix} 1 \\ 0 \\ 0 \end{pmatrix},\ \begin{pmatrix} 0 \\ 1 \\ 0 \end{pmatrix},\ \begin{pmatrix} 0 \\ 0 \\ 1 \end{pmatrix}$$

分别得方程组的解为

$$\boldsymbol{\eta}_1=\begin{pmatrix}-2\\1\\1\\0\\0\end{pmatrix},\boldsymbol{\eta}_2=\begin{pmatrix}-1\\-3\\0\\1\\0\end{pmatrix},\boldsymbol{\eta}_3=\begin{pmatrix}2\\1\\0\\0\\1\end{pmatrix},$$

$\boldsymbol{\eta}_1,\boldsymbol{\eta}_2,\boldsymbol{\eta}_3$ 为原方程组的一个基础解系. 因此方程组的全部解为

$$\boldsymbol{\eta}=c_1\boldsymbol{\eta}_1+c_2\boldsymbol{\eta}_2+c_3\boldsymbol{\eta}_3.$$

其中 c_1,c_2,c_3 为任意常数.

例 3　设 $m\times n$ 矩阵 $\boldsymbol{A}$ 与 $n\times s$ 矩阵 $\boldsymbol{B}$ 满足 $\boldsymbol{AB}=\boldsymbol{0}$，且 $\mathrm{r}(\boldsymbol{A})<n$，则 $\mathrm{r}(\boldsymbol{A})+\mathrm{r}(\boldsymbol{B})\leqslant n$.

证明　设 $\mathrm{r}(\boldsymbol{A})=r<n$，故以 $\boldsymbol{A}$ 为系数矩阵的 n 元齐次线性方程组

$$\boldsymbol{AX}=\boldsymbol{0}$$

必存在基础解系，且基础解系由 $n-r$ 个解组成，设为 $\boldsymbol{\eta}_1,\boldsymbol{\eta}_2,\cdots,\boldsymbol{\eta}_{n-r}$.

设 $\boldsymbol{B}$ 按列分块为 $\boldsymbol{B}=(\boldsymbol{\alpha}_1,\boldsymbol{\alpha}_2,\cdots,\boldsymbol{\alpha}_s)$，$\boldsymbol{\alpha}_j$ 为 $\boldsymbol{B}$ 的第 j 列 $(j=1,2,\cdots,s)$，由分块乘法得：

$$\boldsymbol{AB}=(\boldsymbol{A\alpha}_1,\boldsymbol{A\alpha}_2,\cdots,\boldsymbol{A\alpha}_s)=(\boldsymbol{0},\boldsymbol{0},\cdots,\boldsymbol{0}),$$

即 $\boldsymbol{A\alpha}_j=\boldsymbol{0}\ (j=1,2,\cdots,s)$.

这表明 $\boldsymbol{B}$ 的每一个列向量都是齐次线性方程组 $\boldsymbol{AX}=\boldsymbol{0}$ 的解. 故每个 $\boldsymbol{\alpha}_j$ 都可由 $\boldsymbol{\eta}_1,\boldsymbol{\eta}_2,\cdots,\boldsymbol{\eta}_{n-r}$ 线性表示. 由定理 3.3.4 之推论 3.3.3 知 $\mathrm{r}(\boldsymbol{B})=\mathrm{r}\{\boldsymbol{\alpha}_1,\boldsymbol{\alpha}_2,\cdots,\boldsymbol{\alpha}_s\}\leqslant n-r$. 即 $\mathrm{r}(\boldsymbol{A})+\mathrm{r}(\boldsymbol{B})\leqslant n$.

2. 非齐次线性方程组解的结构

在非齐次线性方程组(1.1)中，记

$$\boldsymbol{A}=(a_{ij})_{m\times n},\boldsymbol{X}=\begin{pmatrix}x_1\\x_2\\\vdots\\x_n\end{pmatrix},\boldsymbol{b}=\begin{pmatrix}b_1\\b_2\\\vdots\\b_m\end{pmatrix},$$

则(1.1)可写成

$$\boldsymbol{AX}=\boldsymbol{b}.$$

若将常数项 $b_1,b_2,\cdots,b_m$ 都换成零，则得到齐次线性方程组(5.3)，这时称(5.3)为(1.1)的导出组.

非齐次线性方程组(1.1)的解与它的导出组(5.3)的解之间有以下关系：

性质 3.6.3 若 $\boldsymbol{\gamma}$ 是方程组(1.1)的一个解,$\boldsymbol{\eta}$ 是其导出组(5.3)的解,则 $\boldsymbol{\gamma}+\boldsymbol{\eta}$ 仍是方程组(1.1)的一个解.

证明 因 $\boldsymbol{\gamma}$ 为(1.1)的一个解,故有 $\boldsymbol{A\gamma}=\boldsymbol{b}$,又 $\boldsymbol{\eta}$ 为导出组的解,故 $\boldsymbol{A\eta}=\boldsymbol{0}$,于是 $\boldsymbol{A}(\boldsymbol{\gamma}+\boldsymbol{\eta})=\boldsymbol{A\gamma}+\boldsymbol{A\eta}=\boldsymbol{b}+\boldsymbol{0}=\boldsymbol{b}$. 即 $\boldsymbol{\gamma}+\boldsymbol{\eta}$ 是方程组(1.1)的一个解.

性质 3.6.4 若 $\boldsymbol{\gamma}_1,\boldsymbol{\gamma}_2$ 都是非齐次线性方程组(1.1)的解向量,则 $\boldsymbol{\gamma}_1-\boldsymbol{\gamma}_2$ 为其导出组(5.3)的一个解.

证明 由 $\boldsymbol{A\gamma}_1=\boldsymbol{b},\boldsymbol{A\gamma}_2=\boldsymbol{b}$,于是

$$\boldsymbol{A}(\boldsymbol{\gamma}_1-\boldsymbol{\gamma}_2)=\boldsymbol{A\gamma}_1-\boldsymbol{A\gamma}_2=\boldsymbol{b}-\boldsymbol{b}=\boldsymbol{0}.$$

即 $\boldsymbol{\gamma}_1-\boldsymbol{\gamma}_2$ 为导出组(5.3)的解.

由性质 3.6.3 和性质 3.6.4 不难得到:

定理 3.6.3 设非齐次线性方程组(1.1)满足 $\mathrm{r}(\overline{\boldsymbol{A}})=\mathrm{r}(\boldsymbol{A})=r<n$,并设 $\boldsymbol{\gamma}_0$ 是它的一个解(一般称 $\boldsymbol{\gamma}_0$ 为特解),$\boldsymbol{\eta}$ 为其导出组的全部解,则 $\boldsymbol{\gamma}=\boldsymbol{\gamma}_0+\boldsymbol{\eta}$ 是非齐次线性方程组(1.1)的全部解.

证明 由性质 3.6.3 知,$\boldsymbol{\gamma}=\boldsymbol{\gamma}_0+\boldsymbol{\eta}$ 一定是方程组(1.1)的一个解. 下面证明(1.1)的任一解 $\boldsymbol{\gamma}^*$ 一定是 $\boldsymbol{\gamma}_0$ 与其导出组某一解 $\boldsymbol{\eta}_1$ 的和. 令

$$\boldsymbol{\eta}_1=\boldsymbol{\gamma}^*-\boldsymbol{\gamma}_0,$$

由性质 3.6.4,$\boldsymbol{\eta}_1$ 为其导出组的一个解,于是得到

$$\boldsymbol{\gamma}^*=\boldsymbol{\gamma}_0+\boldsymbol{\eta}_1,$$

即非齐次线性方程组(1.1)的任一解,都是其一个特解 $\boldsymbol{\gamma}_0$ 与其导出组某一个解之和.

若 $r(\boldsymbol{A})=r(\overline{\boldsymbol{A}})=r<n$,$\boldsymbol{\gamma}_0$ 为(1.1)的特解,$\boldsymbol{\eta}_1,\boldsymbol{\eta}_2,\cdots,\boldsymbol{\eta}_{n-r}$ 为其导出组(5.3)的一个基础解系,则方程组(1.1)的一般解为

$$\boldsymbol{\gamma}=\boldsymbol{\gamma}_0+c_1\boldsymbol{\eta}_1+c_2\boldsymbol{\eta}_2+\cdots+c_{n-r}\boldsymbol{\eta}_{n-r},$$

$c_1,c_2,\cdots,c_{n-r}$ 为任意常数.

例 4 用基础解系表示如下线性方程组的全部解.

$$\begin{cases}x_1+5x_2-x_3-x_4=-1\\x_1-2x_2+x_3+3x_4=3\\3x_1+8x_2-x_3+x_4=1\\x_1-9x_2+3x_3+7x_4=7\end{cases}$$

解 对方程组的增广矩阵作行变换.

$$\overline{\boldsymbol{A}}=\left(\begin{array}{cccc:c}1&5&-1&-1&-1\\1&-2&1&3&3\\3&8&-1&1&1\\1&-9&3&7&7\end{array}\right)\rightarrow\left(\begin{array}{cccc:c}1&5&-1&-1&-1\\0&-7&2&4&4\\0&-7&2&4&4\\0&-14&4&8&8\end{array}\right)$$

$$\to\left(\begin{array}{cccc:c}1&5&-1&-1&-1\\0&-7&2&4&4\\0&0&0&0&0\\0&0&0&0&0\end{array}\right)\to\left(\begin{array}{cccc:c}1&0&\frac{3}{7}&\frac{13}{7}&\frac{13}{7}\\0&1&-\frac{2}{7}&-\frac{4}{7}&-\frac{4}{7}\\0&0&0&0&0\\0&0&0&0&0\end{array}\right).$$

得出同解方程组

$$\begin{cases}x_1=\frac{13}{7}-\frac{3}{7}x_3-\frac{13}{7}x_4\\x_2=-\frac{4}{7}+\frac{2}{7}x_3+\frac{4}{7}x_4,\end{cases}$$

其中 x_3, x_4 为自由未知量.

让自由未知量 x_3, x_4 取一组值 $x_3=x_4=0$,得方程组的一个特解

$$\boldsymbol{\gamma}_0=\begin{pmatrix}\frac{13}{7}\\-\frac{4}{7}\\0\\0\end{pmatrix},$$

原方程组的导出组与方程组

$$\begin{cases}x_1=-\frac{3}{7}x_3-\frac{13}{7}x_4\\x_2=\frac{2}{7}x_3+\frac{4}{7}x_4\end{cases}$$

同解,其中 x_3, x_4 为自由未知量.

对自由未知量 $\begin{bmatrix}x_3\\x_4\end{bmatrix}$ 分别取值为 $\begin{pmatrix}1\\0\end{pmatrix}, \begin{pmatrix}0\\1\end{pmatrix}$ 即得导出组的基础解系

$$\boldsymbol{\eta}_1=\begin{pmatrix}-\frac{3}{7}\\\frac{2}{7}\\1\\0\end{pmatrix},\boldsymbol{\eta}_2=\begin{pmatrix}-\frac{13}{7}\\\frac{4}{7}\\0\\1\end{pmatrix}.$$

因此所给方程组的一般解(通解)为

$$\boldsymbol{\gamma}=\boldsymbol{\gamma}_0+c_1\boldsymbol{\eta}_1+c_2\boldsymbol{\eta}_2,$$

其中 c_1, c_2 为任意常数.

例 5 设线性方程组

$$\begin{cases} x_1+2x_2-x_3-2x_4=0 \\ 2x_1-x_2-x_3+x_4=1 \\ 3x_1+x_2-2x_3-x_4=a. \end{cases}$$

试确定 a 的值,使方程组有解,并求其全部解.

解 $$\overline{\mathbf{A}}=\left(\begin{array}{cccc|c} 1 & 2 & -1 & -2 & 0 \\ 2 & -1 & -1 & 1 & 1 \\ 3 & 1 & -2 & -1 & a \end{array}\right)\rightarrow\left(\begin{array}{cccc|c} 1 & 2 & -1 & -2 & 0 \\ 0 & -5 & 1 & 5 & 1 \\ 0 & -5 & 1 & 5 & a \end{array}\right)$$

$$\rightarrow\left(\begin{array}{cccc|c} 1 & 2 & -1 & -2 & 0 \\ 0 & -5 & 1 & 5 & 1 \\ 0 & 0 & 0 & 0 & a-1 \end{array}\right).$$

因此当 $a=1$ 时,$\mathrm{r}(\mathbf{A})=\mathrm{r}(\overline{\mathbf{A}})=2$,方程组有解.

当 $a=1$ 时

$$\overline{\mathbf{A}}\rightarrow\left(\begin{array}{cccc|c} 1 & 2 & -1 & -2 & 0 \\ 0 & -5 & 1 & 5 & 1 \\ 0 & 0 & 0 & 0 & 0 \end{array}\right)\rightarrow\left(\begin{array}{cccc|c} 1 & 0 & -\frac{3}{5} & 0 & \frac{2}{5} \\ 0 & 1 & -\frac{1}{5} & -1 & -\frac{1}{5} \\ 0 & 0 & 0 & 0 & 0 \end{array}\right),$$

得同解方程组

$$\begin{cases} x_1=\frac{2}{5}+\frac{2}{5}x_3 \\ x_2=-\frac{1}{5}+\frac{1}{5}x_3+x_4, \end{cases}$$

其中 x_3,x_4 为自由未知量.

令 $x_3=x_4=0$ 得一特解

$$\boldsymbol{\gamma}_0=\begin{pmatrix} \frac{2}{5} \\ -\frac{1}{5} \\ 0 \\ 0 \end{pmatrix}.$$

又导出组同解于

$$\begin{cases} x_1=\frac{3}{5}x_3 \\ x_2=\frac{1}{5}x_3+x_4, \end{cases}$$

其中 x_3, x_4 为自由未知量.

分别取 $\begin{pmatrix} x_3 \\ x_4 \end{pmatrix}=\begin{pmatrix} 1 \\ 0 \end{pmatrix},\begin{pmatrix} 0 \\ 1 \end{pmatrix}$得导出组的一个基础解系为

$$\boldsymbol{\eta}_1=\begin{pmatrix} \frac{3}{5} \\ \frac{1}{5} \\ 1 \\ 0 \end{pmatrix},\quad \boldsymbol{\eta}_2=\begin{pmatrix} 0 \\ 1 \\ 0 \\ 1 \end{pmatrix}.$$

从而原方程组的全部解为

$$\boldsymbol{\gamma}=\boldsymbol{\gamma}_0+c_1\boldsymbol{\eta}_1+c_2\boldsymbol{\eta}_2 \quad (c_1, c_2 \text{ 为任意常数}).$$

习题三

1. 用消元法解下列方程组.

(1) $\begin{cases} x_1-x_2+2x_3=1 \\ x_1-2x_2-x_3=2 \\ 3x_1-x_2+5x_3=3 \\ -x_1-0\cdot x_2+2x_3=-2; \end{cases}$

(2) $\begin{cases} x_1-2x_2+3x_3-x_4+2x_5=2 \\ 3x_1-x_2+5x_3-3x_4+x_5=6 \\ 2x_1+x_2+2x_3-2x_4-x_5=8; \end{cases}$

(3) $\begin{cases} x_1+2x_2+3x_3=4 \\ 3x_1+5x_2+7x_3=9 \\ 2x_1+3x_2+4x_3=5. \end{cases}$

2. 确定 a,b 的值使下列方程组有解,并求其解.

(1) $\begin{cases} 2x_1-x_2+x_3+x_4=1 \\ x_1+2x_2-x_3+4x_4=2 \\ x_1+7x_2-4x_3+11x_4=a; \end{cases}$

(2) $\begin{cases} ax_1+x_2+x_3=1 \\ x_1+ax_2+x_3=a \\ x_1+x_2+ax_3=a^2; \end{cases}$

(3) $\begin{cases} ax_1+2x_2-2x_3+2x_4=2 \\ x_2-x_3-x_4=1 \\ x_1+x_2-x_3+3x_4=a \\ x_1-x_2+x_3+5x_4=b; \end{cases}$

(4) $\begin{cases}ax_1+bx_2+2x_3=1\\(b-1)x_2+x_3=0\\ax_1+bx_2+(1-b)x_3=3-2b.\end{cases}$

3. λ 为何值时下列齐次线性方程组有非零解？并求出此非零解.

$$\begin{cases}2x_1-x_2+3x_3=0\\3x_1-4x_2+7x_3=0\\x_1+2x_2+\lambda x_3=0.\end{cases}$$

4. 已知向量 $\boldsymbol{\alpha}_1=(1,2,3)$，$\boldsymbol{\alpha}_2=(3,2,1)$，$\boldsymbol{\alpha}_3=(-2,0,2)$，$\boldsymbol{\alpha}_4=(1,2,4)$. 求

(1) $3\boldsymbol{\alpha}_1+2\boldsymbol{\alpha}_2-5\boldsymbol{\alpha}_3+4\boldsymbol{\alpha}_4$；

(2) $5\boldsymbol{\alpha}_1+2\boldsymbol{\alpha}_2-\boldsymbol{\alpha}_3-\boldsymbol{\alpha}_4$.

5. 已知向量 $\boldsymbol{\alpha}=(3,5,7,9)$，$\boldsymbol{\beta}=(-1,5,2,0)$.

(1) 若 $\boldsymbol{\alpha}+\boldsymbol{\gamma}=\boldsymbol{\beta}$，求 $\boldsymbol{\gamma}$；

(2) 若 $3\boldsymbol{\alpha}-2\boldsymbol{\delta}=5\boldsymbol{\beta}$，求 $\boldsymbol{\delta}$.

6. 判断下列各向量组中的向量 $\boldsymbol{\beta}$ 是否可以表为其余向量的线性组合. 若可以，试求出线性表示式.

(1) $\boldsymbol{\beta}=(3,5,-6)$，$\boldsymbol{\alpha}_1=(1,0,1)$，$\boldsymbol{\alpha}_2=(1,1,1)$，$\boldsymbol{\alpha}_3=(0,-1,-1)$；

(2) $\boldsymbol{\beta}=(-1,1,3,1)$，$\boldsymbol{\alpha}_1=(1,2,1,1)$，$\boldsymbol{\alpha}_2=(1,1,1,2)$，$\boldsymbol{\alpha}_3=(-3,-2,1,-3)$；

(3) $\boldsymbol{\beta}=(4,5,6)$，$\boldsymbol{\alpha}_1=(3,-3,2)$，$\boldsymbol{\alpha}_2=(-2,1,2)$，$\boldsymbol{\alpha}_3=(1,2,-1)$；

(4) $\boldsymbol{\beta}=(-3,2,-5,1)$，$\boldsymbol{\alpha}_1=(1,0,0,0)$，$\boldsymbol{\alpha}_2=(0,1,0,0)$，$\boldsymbol{\alpha}_3=(0,0,1,0)$，$\boldsymbol{\alpha}_4=(0,0,0,1)$.

7. 设 $\boldsymbol{\alpha}_1=(1+\lambda,1,1)$，$\boldsymbol{\alpha}_2=(1,1+\lambda,1)$，$\boldsymbol{\alpha}_3=(1,1,1+\lambda)$，$\boldsymbol{\beta}=(0,\lambda,\lambda^2)$. 当 λ 为何值时.

(1) $\boldsymbol{\beta}$ 不能由 $\boldsymbol{\alpha}_1,\boldsymbol{\alpha}_2,\boldsymbol{\alpha}_3$ 线性表示？

(2) $\boldsymbol{\beta}$ 可以由 $\boldsymbol{\alpha}_1,\boldsymbol{\alpha}_2,\boldsymbol{\alpha}_3$ 唯一线性表示？

(3) $\boldsymbol{\beta}$ 可以由 $\boldsymbol{\alpha}_1,\boldsymbol{\alpha}_2,\boldsymbol{\alpha}_3$ 线性表示，但表法不唯一？

8. 假设 $\boldsymbol{\alpha}_1=(1,2,3)$，$\boldsymbol{\alpha}_2=(3,-1,2)$，$\boldsymbol{\alpha}_3=(2,3,x)$ 线性相关，求 x 的值.

9. 判断下列向量组的线性相关性

(1) $\boldsymbol{\alpha}_1=(5,-1,0)$，$\boldsymbol{\alpha}_2=(3,1,-4)$；

(2) $\boldsymbol{\alpha}_1=(1,1,-1,1)$，$\boldsymbol{\alpha}_2=(1,-1,2,-1)$，$\boldsymbol{\alpha}_3=(3,1,0,1)$；

(3) $\boldsymbol{\alpha}_1=(1,2,3)$，$\boldsymbol{\alpha}_2=(0,2,5)$，$\boldsymbol{\alpha}_3=(1,0,-2)$.

10. 设 $\boldsymbol{\alpha}_1,\boldsymbol{\alpha}_2,\boldsymbol{\alpha}_3$ 线性无关，$\boldsymbol{\beta}_1=\boldsymbol{\alpha}_1-\boldsymbol{\alpha}_2+2\boldsymbol{\alpha}_3$，$\boldsymbol{\beta}_2=\boldsymbol{\alpha}_2-\boldsymbol{\alpha}_3$，$\boldsymbol{\beta}_3=2\boldsymbol{\alpha}_1-\boldsymbol{\alpha}_2+3\boldsymbol{\alpha}_3$，试判断 $\boldsymbol{\beta}_1,\boldsymbol{\beta}_2,\boldsymbol{\beta}_3$ 是否线性相关.

11. 已知 $\boldsymbol{\beta}=(7,-2,a)$，$\boldsymbol{\alpha}_1=(2,3,5)$，$\boldsymbol{\alpha}_2=(3,7,8)$，$\boldsymbol{\alpha}_3=(1,-6,1)$，若 $\boldsymbol{\beta}$ 能由 $\boldsymbol{\alpha}_1,\boldsymbol{\alpha}_2,\boldsymbol{\alpha}_3$ 线性表示，求 a 的值.

12. 已知向量组 $\boldsymbol{\alpha}_1,\boldsymbol{\alpha}_2,\boldsymbol{\alpha}_3$ 与 $\boldsymbol{\beta}_1,\boldsymbol{\beta}_2,\boldsymbol{\beta}_3$ 满足

$$\begin{cases}\boldsymbol{\beta}_1=\boldsymbol{\alpha}_1-\boldsymbol{\alpha}_2+\boldsymbol{\alpha}_3\\\boldsymbol{\beta}_2=\boldsymbol{\alpha}_1+\boldsymbol{\alpha}_2-\boldsymbol{\alpha}_3\\\boldsymbol{\beta}_3=-\boldsymbol{\alpha}_1+\boldsymbol{\alpha}_2+\boldsymbol{\alpha}_3,\end{cases}$$

则两向量组等价.

13. 设向量组 $\boldsymbol{\alpha}_1,\boldsymbol{\alpha}_2,\cdots,\boldsymbol{\alpha}_r$ 线性无关($r\geqslant 2$),任取 $r-1$ 个数 $k_1,k_2,\cdots,k_{r-1}$,构造向量组 $\boldsymbol{\beta}_1=\boldsymbol{\alpha}_1+k_1\boldsymbol{\alpha}_r,\boldsymbol{\beta}_2=\boldsymbol{\alpha}_2+k_2\boldsymbol{\alpha}_r,\cdots,\boldsymbol{\beta}_{r-1}=\boldsymbol{\alpha}_{r-1}+k_{r-1}\boldsymbol{\alpha}_r$,则 $\boldsymbol{\beta}_1,\boldsymbol{\beta}_2,\cdots,\boldsymbol{\beta}_{r-1}$ 线性无关.

14. 设 $\boldsymbol{\alpha}_1,\boldsymbol{\alpha}_2,\cdots,\boldsymbol{\alpha}_s$ 的秩为 $r(r<s)$,求证 $\boldsymbol{\alpha}_1,\boldsymbol{\alpha}_2,\cdots,\boldsymbol{\alpha}_s$ 中任意 r 个线性无关的向量均可作为该向量组的一个极大无关组.

15. 已知 $\boldsymbol{\beta}_1=(0,1,-1),\boldsymbol{\beta}_2=(a,2,1),\boldsymbol{\beta}_3=(b,1,0)$ 与向量组 $\boldsymbol{\alpha}_1=(1,2,-3)$,$\boldsymbol{\alpha}_2=(3,0,1),\boldsymbol{\alpha}_3=(9,6,-7)$ 具有相同的秩,且 $\boldsymbol{\beta}_3$ 可由 $\boldsymbol{\alpha}_1,\boldsymbol{\alpha}_2,\boldsymbol{\alpha}_3$ 线性表示,求 a,b 的值.

16. 给定向量组 $\boldsymbol{\alpha}_1=(6,4,1,-1,2),\boldsymbol{\alpha}_2=(1,0,2,3,-4),\boldsymbol{\alpha}_3=(1,4,-9,-16,22),\boldsymbol{\alpha}_4=(7,1,0,-1,3)$.

(1) 判定 $\boldsymbol{\alpha}_1,\boldsymbol{\alpha}_2,\boldsymbol{\alpha}_3,\boldsymbol{\alpha}_4$ 的线性相关性,并求秩;

(2) 求 $\boldsymbol{\alpha}_1,\boldsymbol{\alpha}_2,\boldsymbol{\alpha}_3,\boldsymbol{\alpha}_4$ 的一个极大无关组,并将其余向量用这个极大无关组线性表示.

17. 求下列矩阵的秩:

(1) $\begin{pmatrix}1&2&3&4\\1&-2&4&5\\1&10&1&2\end{pmatrix}$;　　(2) $\begin{pmatrix}0&1&-1&1&2\\0&2&2&2&0\\0&-1&1&-1&1\\1&1&0&0&-1\end{pmatrix}$;

(3) $\begin{pmatrix}1&-1&2&1&0\\2&-2&4&2&0\\3&0&6&-1&1\\0&3&0&0&1\end{pmatrix}$;　　(4) $\begin{pmatrix}1&0&0&1&4\\0&1&0&2&5\\0&0&1&3&6\\1&2&3&14&32\\4&5&6&32&77\end{pmatrix}$.

18. 设 $\boldsymbol{A}$ 为 $m\times n$ 矩阵,$\boldsymbol{B}$ 为 $n\times s$ 矩阵,证明 $\boldsymbol{AB}=\boldsymbol{0}$ 的充分必要条件是 $\boldsymbol{B}$ 的每个列向量均为齐次线性方程组 $\boldsymbol{AX}=\boldsymbol{0}$ 的解.

19. 设 $\boldsymbol{A}$ 为 n 阶矩阵且 $\boldsymbol{A}\neq\boldsymbol{0}$. 求证存在一个 n 阶非零矩阵 $\boldsymbol{B}$ 使 $\boldsymbol{AB}=\boldsymbol{0}$ 的充分必要条件是 $|\boldsymbol{A}|=0$.

20. 设 $\boldsymbol{A}$ 为 $m\times n$ 矩阵,$\mathrm{r}(\boldsymbol{A})=r<n$,证明存在秩为 $n-r$ 的 $n\times(n-r)$ 矩阵 $\boldsymbol{B}$,使 $\boldsymbol{AB}=\boldsymbol{0}$.

21. 设向量组 $\boldsymbol{\alpha}_1=(a,0,c),\boldsymbol{\alpha}_2=(b,c,0),\boldsymbol{\alpha}_3=(0,a,b)$ 线性无关,则 a,b,c 满足什么条件?

22. 设矩阵

$$\boldsymbol{A}=\begin{pmatrix}k&1&1&1\\1&k&1&1\\1&1&k&1\\1&1&1&k\end{pmatrix},$$

$\mathrm{r}(\boldsymbol{A})=3$,求 k 的值.

23. 已知向量组 $\boldsymbol{\alpha}_1=(1,2,3,4)$，$\boldsymbol{\alpha}_2=(2,3,4,5)$，$\boldsymbol{\alpha}_3=(3,4,5,6)$，$\boldsymbol{\alpha}_4=(4,5,6,7)$，则该向量组的秩为多少？

24. 已知向量组 $\boldsymbol{\alpha}_1=(1,2,-1,1)$，$\boldsymbol{\alpha}_2=(2,0,t,0)$，$\boldsymbol{\alpha}_3=(0,-4,5,-2)$ 的秩为 2，求 t 的值.

25. 设 $\boldsymbol{A}$ 为 4×3 矩阵，且 $r(\boldsymbol{A})=2$，而

$$\boldsymbol{B}=\begin{pmatrix}1&0&2\\0&2&0\\-1&0&3\end{pmatrix}.$$

求 $r(\boldsymbol{AB})$.

26. 求下列齐次线性方程组的一个基础解系，并用此基础解系表示方程组的全部解.

$$(1)\begin{cases}x_1+x_2-x_3+x_4=0\\x_1-x_2+2x_3-x_4=0\\3x_1+x_2+x_4=0;\end{cases}$$

$$(2)\begin{cases}x_1+x_3-x_4-3x_5=0\\x_1+2x_2-x_3-x_5=0\\4x_1+6x_2-2x_3-4x_4+3x_5=0\\2x_1-2x_2+4x_3-7x_4+4x_5=0.\end{cases}$$

27. 证明：线性方程组

$$\begin{cases}x_1-x_2=a_1\\x_2-x_3=a_2\\x_3-x_4=a_3\\x_4-x_5=a_4\\x_5-x_1=a_5\end{cases}$$

有解的充要条件是 $\sum\limits_{i=1}^{5}a_i=0$，在有解时求出该方程组的解.

28. 三阶矩阵

$$\boldsymbol{A}=\begin{pmatrix}a&b&-3\\2&0&2\\3&2&-1\end{pmatrix},\quad \boldsymbol{B}=\begin{pmatrix}b-1&a&1\\-1&1&0\\0&2&1\end{pmatrix}.$$

已知 $r(\boldsymbol{AB})$ 小于 $r(\boldsymbol{A})$ 和 $r(\boldsymbol{B})$，求 a,b 和 $r(\boldsymbol{AB})$.

29. 判断下列方程组是否有解，若有解，试求其解，在有无穷多解时，用基础解系表示全部解.

$$(1)\begin{cases}2x_1-4x_2-x_3=4\\-x_1-2x_2-x_4=4\\3x_2+x_3+2x_4=1\\3x_1+x_2+3x_4=-3;\end{cases}$$

(2) $\begin{cases} 2x_1+3x_2-x_3-5x_4=-2 \\ x_1+2x_2-x_3-x_4=-2 \\ x_1+x_2-x_3-x_4=5 \\ 3x_1+3x_2+2x_3+3x_4=4; \end{cases}$

(3) $\begin{cases} 3x_1+2x_2+x_3+x_4-3x_5=-2 \\ x_2+2x_3+2x_4+6x_5=23 \\ x_1+x_2+x_3+x_4+x_5=7 \\ 5x_1+4x_2-3x_3+3x_4-x_5=12. \end{cases}$

30. 设齐次线性方程组

$$\begin{cases} a_{11}x_1+a_{12}x_2+\cdots+a_{1n}x_n=0 \\ a_{21}x_1+a_{22}x_2+\cdots+a_{2n}x_n=0 \\ \cdots\cdots\cdots\cdots\cdots\cdots \\ a_{n1}x_1+a_{n2}x_2+\cdots+a_{nn}x_n=0 \end{cases}$$

的系数矩阵 $\boldsymbol{A}$ 的秩为 $n-1$，证明该方程组的全部解为

$$\boldsymbol{\eta}=c\begin{pmatrix} \boldsymbol{A}_{i1} \\ \boldsymbol{A}_{i2} \\ \vdots \\ \boldsymbol{A}_{in} \end{pmatrix}$$

其中 $\boldsymbol{A}_{ij}$ 为元素 a_{ij} 的代数余子式($1\leqslant j\leqslant n$)，且至少有一个 $\boldsymbol{A}_{ij}\neq0$，c 为任意常数.

第 4 章

矩阵的特征值和特征向量

对于矩阵而言，特别是涉及运算，对角矩阵最为简单. 本章主要利用矩阵的特征值的有关理论，讨论矩阵在相似意义下化为对角矩阵的问题. 矩阵的特征值、特征向量和相似标准形的理论是矩阵理论的重要组成部分. 这些理论不仅在数学的各个分支，如微分方程、概率统计、计算数学等中有重要应用，而且在其他科学技术领域和数量经济分析等领域中也有广泛的应用.

§4.1 矩阵的特征值与特征向量

定义 4.1.1 设 $\boldsymbol{A}$ 为数域 F 上的 n 阶矩阵，如果对于数域 F 中的数 λ，存在非零列向量 $\boldsymbol{\alpha}\in F^n$，使得

$$\boldsymbol{A\alpha}=\lambda\boldsymbol{\alpha}, \tag{1.1}$$

则称 λ 为 $\boldsymbol{A}$ 的一个特征值，$\boldsymbol{\alpha}$ 为 $\boldsymbol{A}$ 的属于特征值 λ 的特征向量.

应当注意，在讨论矩阵的特征值和特征向量时应指明数域. 除非特别说明，本章中的数域总指实数域.

将(1.1)式改写为

$$(\lambda\boldsymbol{E}-\boldsymbol{A})\boldsymbol{\alpha}=\boldsymbol{0},$$

即 $\boldsymbol{\alpha}$ 是齐次线性方程组

$$(\lambda\boldsymbol{E}-\boldsymbol{A})\boldsymbol{X}=\boldsymbol{0} \tag{1.2}$$

的非零解. 而方程(1.2)存在非零解的充分必要条件为系数行列式等于零，即

$$\det(\lambda\boldsymbol{E}-\boldsymbol{A})=0.$$

这说明，如果 λ_0 是 $\boldsymbol{A}$ 的一个特征值，则 λ_0 必定是以 λ 为变量的一元 n 次方程

$$\det(\lambda\boldsymbol{E}-\boldsymbol{A})=0 \tag{1.3}$$

的根. 反之,如果可以求出方程(1.3)的根 λ_0,则齐次线性方程组(1.2)的任一非零解 $\boldsymbol{\alpha}$ 都是 $\boldsymbol{A}$ 的属于 λ_0 的特征向量. 因此,有必要引入

定义 4.1.2　设 $\boldsymbol{A}=(a_{ij})$ 为 n 阶矩阵,含有未知数 λ 的矩阵 $\lambda\boldsymbol{E}-\boldsymbol{A}$ 称为 $\boldsymbol{A}$ 的特征矩阵. 其行列式

$$\det(\lambda\boldsymbol{E}-\boldsymbol{A})=\begin{vmatrix}\lambda-a_{11} & -a_{12} & \cdots & -a_{1n}\\ -a_{21} & \lambda-a_{22} & \cdots & -a_{2n}\\ \vdots & \vdots & & \vdots\\ -a_{n1} & -a_{n2} & \cdots & \lambda-a_{nn}\end{vmatrix}$$

为 λ 的 n 次多项式,称为 $\boldsymbol{A}$ 的特征多项式. $\det(\lambda\boldsymbol{E}-\boldsymbol{A})=0$ 称为 $\boldsymbol{A}$ 的特征方程.

根据上面的分析,可以得到

定理 4.1.1　设 $\boldsymbol{A}=(a_{ij})$ 为 n 阶矩阵,则 λ_0 是 $\boldsymbol{A}$ 的特征值,$\boldsymbol{\alpha}$ 是 $\boldsymbol{A}$ 的属于 λ_0 的特征向量的充分必要条件:λ_0 为特征方程 $\det(\lambda\boldsymbol{E}-\boldsymbol{A})=0$ 的根,$\boldsymbol{\alpha}$ 是齐次线性方程组 $(\lambda_0\boldsymbol{E}-\boldsymbol{A})\boldsymbol{X}=\boldsymbol{0}$ 的非零解.

由于 $\boldsymbol{A}$ 的特征方程(1.3)的根必是 $\boldsymbol{A}$ 的特征值,反之亦然. 因此,$\boldsymbol{A}$ 的特征值也称为 $\boldsymbol{A}$ 的特征根. 若 λ_0 为 $\det(\lambda\boldsymbol{E}-\boldsymbol{A})=0$ 的 n_i 重根,则称 λ_0 为 $\boldsymbol{A}$ 的 n_i 重特征值(根).

由定理 4.1.1 易知:如果 λ_0 是 n 阶矩阵 $\boldsymbol{A}$ 的一个特征值,则 $\boldsymbol{A}$ 的属于特征值 λ_0 的特征向量的任一非零线性组合仍是 $\boldsymbol{A}$ 的属于 λ_0 的特征向量. 从而 $\boldsymbol{A}$ 的属于 λ_0 的全部特征向量再添加零向量,就构成了 $\mathbf{R}^n$ 的一个子空间,称为 $\boldsymbol{A}$ 的对应于 λ_0 的特征子空间,记作 V_{λ_0}. 用集合记号可写为

$$V_{\lambda_0}=\{\boldsymbol{\alpha}\,|\,\boldsymbol{A\alpha}=\lambda_0\boldsymbol{\alpha},\boldsymbol{\alpha}\in\mathbf{R}^n\}.$$

而方程组 $(\lambda_0\boldsymbol{E}-\boldsymbol{A})\boldsymbol{X}=\boldsymbol{0}$ 的一个基础解系,就是特征子空间 V_{λ_0} 的一组基. 由此可知,特征子空间 V_{λ_0} 的维数等于 $n-\mathrm{r}(\lambda_0\boldsymbol{E}-\boldsymbol{A})$,即等于该基础解系中所含向量的个数.

利用定理 4.1.1,确定一个矩阵 $\boldsymbol{A}$ 的全部特征值和特征向量的方法,可以分成以下三步:

(1) 计算特征多项式 $\det(\lambda\boldsymbol{E}-\boldsymbol{A})$;

(2) 求特征方程 $\det(\lambda\boldsymbol{E}-\boldsymbol{A})=0$ 的所有根,即求得 $\boldsymbol{A}$ 的全部特征值 $\lambda_1,\lambda_2,\cdots,\lambda_n$(其中可能有重根或复根);

(3) 对于 $\boldsymbol{A}$ 的每一个特征值 λ_i,求对应的齐次线性方程组 $(\lambda_i\boldsymbol{E}-\boldsymbol{A})\boldsymbol{X}=\boldsymbol{0}$的一个基础解系 $\boldsymbol{\alpha}_{i_1},\boldsymbol{\alpha}_{i_2},\cdots,\boldsymbol{\alpha}_{i_s}$,则 $\boldsymbol{A}$ 的属于 λ_i 的全部特征向量为

$$c_1\boldsymbol{\alpha}_{i_1}+c_2\boldsymbol{\alpha}_{i_2}+\cdots+c_s\boldsymbol{\alpha}_{i_s},$$

其中 $c_1, c_2, \cdots, c_s$ 是不全为零的任意常数.

例 1 设矩阵 $\boldsymbol{A}=\begin{pmatrix}0&1&1\\1&0&1\\1&1&0\end{pmatrix}$,求 $\boldsymbol{A}$ 的特征值和特征向量.

解 矩阵 $\boldsymbol{A}$ 的特征多项式为

$$\det(\lambda\boldsymbol{E}-\boldsymbol{A})=\begin{vmatrix}\lambda&-1&-1\\-1&\lambda&-1\\-1&-1&\lambda\end{vmatrix}=(\lambda-2)(\lambda+1)^2.$$

由 $\det(\lambda\boldsymbol{E}-\boldsymbol{A})=0$ 可得 $\boldsymbol{A}$ 的特征值为 $\lambda_1=2, \lambda_2=-1$(二重).

对于 $\lambda_1=2$,解齐次线性方程组 $(2\boldsymbol{E}-\boldsymbol{A})\boldsymbol{X}=\boldsymbol{0}$,即求解

$$\begin{pmatrix}2&-1&-1\\-1&2&-1\\-1&-1&2\end{pmatrix}\begin{pmatrix}x_1\\x_2\\x_3\end{pmatrix}=\begin{pmatrix}0\\0\\0\end{pmatrix}.$$

容易求得方程组的一个基础解系 $\boldsymbol{\alpha}_1=(1,1,1)^{\mathrm{T}}$. 于是,$\boldsymbol{A}$ 的属于特征值 $\lambda_1=2$ 的全部特征向量为 $c_1\boldsymbol{\alpha}_1$,其中 c_1 为任意非零常数.

对于 $\lambda_2=-1$,解齐次线性方程组 $(-\boldsymbol{E}-\boldsymbol{A})\boldsymbol{X}=\boldsymbol{0}$,即求解

$$\begin{pmatrix}-1&-1&-1\\-1&-1&-1\\-1&-1&-1\end{pmatrix}\begin{pmatrix}x_1\\x_2\\x_3\end{pmatrix}=\begin{pmatrix}0\\0\\0\end{pmatrix}.$$

解得方程组的一个基础解系为

$$\boldsymbol{\alpha}_2=(-1,1,0)^{\mathrm{T}}, \boldsymbol{\alpha}_3=(-1,0,1)^{\mathrm{T}}.$$

故 $\boldsymbol{A}$ 的属于特征值 $\lambda_2=-1$ 的全部特征向量为 $c_2\boldsymbol{\alpha}_2+c_3\boldsymbol{\alpha}_3$,其中 c_2, c_3 为任意的不全为零的常数.

例 2 求矩阵 $\boldsymbol{A}=\begin{pmatrix}1&-1&1\\0&2&-3\\0&0&1\end{pmatrix}$ 的特征值和特征向量.

解 矩阵 $\boldsymbol{A}$ 的特征多项式为

$$\det(\lambda\boldsymbol{E}-\boldsymbol{A})=\begin{vmatrix}\lambda-1&1&-1\\0&\lambda-2&3\\0&0&\lambda-1\end{vmatrix}=(\lambda-1)^2(\lambda-2).$$

由 $\det(\lambda\boldsymbol{E}-\boldsymbol{A})=0$ 可得 $\boldsymbol{A}$ 的特征值为 $\lambda_1=1$(二重), $\lambda_2=2$.

对于 $\lambda_1=1$,解齐次线性方程组 $(\boldsymbol{E}-\boldsymbol{A})\boldsymbol{X}=\boldsymbol{0}$,即求解

$$\begin{pmatrix}0&1&-1\\0&-1&3\\0&0&0\end{pmatrix}\begin{pmatrix}x_1\\x_2\\x_3\end{pmatrix}=\begin{pmatrix}0\\0\\0\end{pmatrix}.$$

可得它的一个基础解系 $\boldsymbol{\alpha}_1=(1,0,0)^{\mathrm{T}}$. 所以,$\boldsymbol{A}$ 的属于特征值 $\lambda_1=1$ 的全部特征向量为 $c_1\boldsymbol{\alpha}_1$,其中 c_1 为任意非零常数.

对于 $\lambda_2=2$,解齐次线性方程组 $(2\boldsymbol{E}-\boldsymbol{A})\boldsymbol{X}=\boldsymbol{0}$,即求解

$$\begin{pmatrix}1 & 1 & -1\\ 0 & 0 & 3\\ 0 & 0 & 1\end{pmatrix}\begin{pmatrix}x_1\\ x_2\\ x_3\end{pmatrix}=\begin{pmatrix}0\\ 0\\ 0\end{pmatrix}.$$

可得它的一个基础解系 $\boldsymbol{\alpha}_2=(1,-1,0)^{\mathrm{T}}$. 所以,$\boldsymbol{A}$ 的属于特征值 $\lambda_2=2$ 的全部特征向量为 $c_2\boldsymbol{\alpha}_2$,其中 c_2 为任意非零常数.

例 3　求矩阵 $\boldsymbol{A}=\begin{pmatrix}0 & 2\\ -2 & 0\end{pmatrix}$ 的特征值和特征向量.

解　矩阵 $\boldsymbol{A}$ 的特征多项式为

$$\det(\lambda\boldsymbol{E}-\boldsymbol{A})=\begin{vmatrix}\lambda & -2\\ 2 & \lambda\end{vmatrix}=\lambda^2+4.$$

特征方程 $\det(\lambda\boldsymbol{E}-\boldsymbol{A})=0$ 在实数域上无解,即 $\boldsymbol{A}$ 在实数域上无特征值. 如果在复数域上讨论 $\boldsymbol{A}$ 的特征值和特征向量,则 $\boldsymbol{A}$ 的特征值 $\lambda_1=2i,\lambda_2=-2i$($i$ 为虚数单位).

对于 $\lambda_1=2i$,解齐次线性方程组 $(2i\boldsymbol{E}-\boldsymbol{A})\boldsymbol{X}=\boldsymbol{0}$,即求解

$$\begin{pmatrix}2i & -2\\ 2 & 2i\end{pmatrix}\begin{pmatrix}x_1\\ x_2\end{pmatrix}=\begin{pmatrix}0\\ 0\end{pmatrix}.$$

可得它的一个基础解系 $\boldsymbol{\alpha}_1=(1,i)^{\mathrm{T}}$. 所以,$\boldsymbol{A}$ 的属于 $\lambda_1=2i$ 的全部特征向量为 $c_1\boldsymbol{\alpha}_1$,其中 c_1 为任意非零常数.

对于 $\lambda_2=-2i$,解齐次线性方程组 $(-2i\boldsymbol{E}-\boldsymbol{A})\boldsymbol{X}=\boldsymbol{0}$,即求解

$$\begin{pmatrix}-2i & -2\\ 2 & -2i\end{pmatrix}\begin{pmatrix}x_1\\ x_2\end{pmatrix}=\begin{pmatrix}0\\ 0\end{pmatrix}.$$

可得它的一个基础解系 $\boldsymbol{\alpha}_2=(1,-i)^{\mathrm{T}}$. 所以,$\boldsymbol{A}$ 的属于 $\lambda_2=-2i$ 的全部特征向量为 $c_2\boldsymbol{\alpha}_2$,其中 c_2 为任意非零常数.

由例 3 可以看出,即使 $\boldsymbol{A}$ 是实矩阵,其特征值仍可能为复数. 一般地,在复数域上 n 阶矩阵 $\boldsymbol{A}$ 的特征多项式 $\det(\lambda\boldsymbol{E}-\boldsymbol{A})$ 是 λ 的一个 n 次多项式,它必有 n 个根(重根按重数计). 但是,如果仅限于讨论实数域上矩阵 $\boldsymbol{A}$ 的特征值和特征向量,则矩阵 $\boldsymbol{A}$ 可能没有特征根或者特征根个数小于 n.

由于篇幅的限制,我们将不讨论 $\boldsymbol{A}$ 的复特征值和特征向量.

下面,我们讨论一下矩阵特征值与特征向量的一些基本性质.

定理 4.1.2 设 $\boldsymbol{A}$ 是 n 阶矩阵，则 $\boldsymbol{A}$ 与 $\boldsymbol{A}^{\mathrm{T}}$ 有相同的特征值.

证明 由于

$$\det(\lambda\boldsymbol{E}-\boldsymbol{A})=\det(\lambda\boldsymbol{E}-\boldsymbol{A})^{\mathrm{T}}=\det(\lambda\boldsymbol{E}-\boldsymbol{A}^{\mathrm{T}}),$$

所以 $\boldsymbol{A}$ 与 $\boldsymbol{A}^{\mathrm{T}}$ 有相同的特征多项式，故有相同的特征值.

对于 n 阶矩阵 $\boldsymbol{A}=(a_{ij})_{n\times n}$，其特征多项式为

$$\det(\lambda\boldsymbol{E}-\boldsymbol{A})=\begin{vmatrix}\lambda-a_{11} & -a_{12} & \cdots & -a_{1n}\\ -a_{21} & \lambda-a_{22} & \cdots & -a_{2n}\\ \vdots & \vdots & & \vdots\\ -a_{n1} & -a_{n2} & \cdots & \lambda-a_{nn}\end{vmatrix}$$

是一个 n 次多项式. 根据 n 阶行列式的定义，当 $\det(\lambda\boldsymbol{E}-\boldsymbol{A})$ 按第一行展开时，$(\lambda-a_{11})$ 与其代数余子式的乘积中一定含有一项为

$$\begin{aligned}&(\lambda-a_{11})(\lambda-a_{22})\cdots(\lambda-a_{nn})\\ =&\lambda^n-(a_{11}+a_{22}+\cdots+a_{nn})\lambda^{n-1}+\cdots.\end{aligned}\tag{1.4}$$

而第一行的其他元素 $(-a_{1j})(j=2,3,\cdots,n)$ 与对应的代数余子式的乘积中，一定不含 $(\lambda-a_{11})$ 和 $(\lambda-a_{jj})$. 因此，$\det(\lambda\boldsymbol{E}-\boldsymbol{A})$ 中与(1.4)式不同的任意一项中均不含 λ^n 和 λ^{n-1}. 由此可知，$\det(\lambda\boldsymbol{E}-\boldsymbol{A})$ 必定可以写成

$$\det(\lambda\boldsymbol{E}-\boldsymbol{A})=\lambda^n-(a_{11}+a_{22}+\cdots+a_{nn})\lambda^{n-1}+\cdots+c_1\lambda+c_0.$$

在上式中，令 $\lambda=0$，得 $\det(0\boldsymbol{E}-\boldsymbol{A})=c_0$. 即

$$c_0=\det(-\boldsymbol{A})=(-1)^n\det\boldsymbol{A}.$$

根据代数基本定理，一元 n 次多项式在复数域上有 n 个根 $\lambda_1,\lambda_2,\cdots,\lambda_n$（重根按重数计）. 利用根与多项式系数的关系，有

$$\begin{aligned}\lambda_1+\lambda_2+\cdots+\lambda_n&=a_{11}+a_{22}+\cdots+a_{nn},\\ \lambda_1\lambda_2\cdots\lambda_n&=\det\boldsymbol{A}.\end{aligned}\tag{1.5}$$

一般地，矩阵 $\boldsymbol{A}=(a_{ii})_{n\times n}$ 主对角线上的元素之和称为矩阵 $\boldsymbol{A}$ 的迹. 记作 $\mathrm{tr}\boldsymbol{A}=\sum\limits_{i=1}^{n}a_{ii}$.

利用(1.5)式，可得

定理 4.1.3 n 阶矩阵 $\boldsymbol{A}$ 可逆的充分必要条件是它的任一特征值不等于零.

例 4 设 λ_0 是 $\boldsymbol{A}$ 的一个特征值，证明：λ_0^2 是 $\boldsymbol{A}^2$ 的一个特征值.

证明 设 $\boldsymbol{\alpha}$ 是 $\boldsymbol{A}$ 的属于 λ_0 的特征向量，则

$$\boldsymbol{A\alpha}=\lambda_0\boldsymbol{\alpha}\qquad(\boldsymbol{\alpha}\neq\boldsymbol{0}).$$

在上式两边左乘 $\boldsymbol{A}$，得

$$\boldsymbol{A}^2\boldsymbol{\alpha}=\lambda_0\boldsymbol{A\alpha}=\lambda_0^2\boldsymbol{\alpha}\qquad(\boldsymbol{\alpha}\neq\boldsymbol{0}).$$

由此可知，λ_0^2 是矩阵 $\boldsymbol{A}^2$ 的一个特征值，且 $\boldsymbol{\alpha}$ 是 $\boldsymbol{A}^2$ 的属于 λ_0^2 的特征向量.

类似可证：若 λ 是 n 阶矩阵 $\boldsymbol{A}$ 的特征值，则 λ^k 是 $\boldsymbol{A}^k$ 的特征值，$m\lambda$ 是 $m\boldsymbol{A}$ 的特征值（k 为自然数，m 为任意实数）；若 λ 为 n 阶可逆矩阵 $\boldsymbol{A}$ 的特征值，则 $\frac{1}{\lambda}$ 也是 $\boldsymbol{A}^{-1}$ 的特征值（留作习题）.

定理 4.1.4　设 $\boldsymbol{A}$ 为 n 阶矩阵，$\lambda_1,\lambda_2,\cdots,\lambda_m$ 是 $\boldsymbol{A}$ 的 m 个不同的特征值，$\boldsymbol{\alpha}_1,\boldsymbol{\alpha}_2\cdots,\boldsymbol{\alpha}_m$ 分别是 $\boldsymbol{A}$ 的属于 $\lambda_1,\lambda_2,\cdots,\lambda_m$ 的特征向量，则 $\boldsymbol{\alpha}_1,\boldsymbol{\alpha}_2,\cdots,\boldsymbol{\alpha}_m$ 线性无关.

证明　对 m 作数学归纳法.

当 $m=1$ 时，$\boldsymbol{A}$ 的属于特征值 λ_1 的特征向量 $\boldsymbol{\alpha}_1\neq\boldsymbol{0}$，而单个的非零向量 $\boldsymbol{\alpha}_1$ 是线性无关的.

设 $m=s-1$ 时，结论成立. 只需证明 $m=s$ 时，向量 $\boldsymbol{\alpha}_1,\boldsymbol{\alpha}_2,\cdots,\boldsymbol{\alpha}_s$ 线性无关. 设有数 $k_1,k_2,\cdots,k_s$，使

$$k_1\boldsymbol{\alpha}_1+k_2\boldsymbol{\alpha}_2+\cdots+k_s\boldsymbol{\alpha}_s=\boldsymbol{0}. \tag{1.6}$$

在上式两边左乘矩阵 $\boldsymbol{A}$，并注意到 $\boldsymbol{A\alpha}_i=\lambda_i\boldsymbol{\alpha}_i\,(i=1,2,\cdots,s)$，有

$$k_1\lambda_1\boldsymbol{\alpha}_1+k_2\lambda_2\boldsymbol{\alpha}_2+\cdots+k_s\lambda_s\boldsymbol{\alpha}_s=\boldsymbol{0}. \tag{1.7}$$

在(1.6)式两边乘 λ_s，得

$$k_1\lambda_s\boldsymbol{\alpha}_1+k_2\lambda_s\boldsymbol{\alpha}_2+\cdots+k_s\lambda_s\boldsymbol{\alpha}_s=\boldsymbol{0}. \tag{1.8}$$

式(1.8)减去式(1.7)，得

$$k_1(\lambda_s-\lambda_1)\boldsymbol{\alpha}_1+k_2(\lambda_s-\lambda_2)\boldsymbol{\alpha}_2+\cdots+k_{s-1}(\lambda_s-\lambda_{s-1})\boldsymbol{\alpha}_{s-1}=\boldsymbol{0}.$$

由归纳法假设，$\boldsymbol{\alpha}_1,\cdots,\boldsymbol{\alpha}_{s-1}$ 线性无关. 所以

$$k_i(\lambda_s-\lambda_i)=0\quad(i=1,2,\cdots,s-1).$$

但 $\lambda_s\neq\lambda_i\,(i=1,2,\cdots,s-1)$. 所以，必有 $k_1=k_2=\cdots=k_{s-1}=0$. 代入(1.6)式，得 $k_s\boldsymbol{\alpha}_s=\boldsymbol{0}\,(\boldsymbol{\alpha}_s\neq\boldsymbol{0})$. 于是 $k_s=0$. 即(1.6)式中

$$k_1=k_2=\cdots=k_s=0.$$

因此，$\boldsymbol{\alpha}_1,\boldsymbol{\alpha}_2,\cdots,\boldsymbol{\alpha}_s$ 线性无关.

根据归纳法原理，定理得证.

定理 4.1.4 可以推广为

定理 4.1.5　设 n 阶矩阵 $\boldsymbol{A}$ 的相异特征值为 $\lambda_1,\lambda_2,\cdots,\lambda_m$. $\boldsymbol{A}$ 的属于 λ_i 的线性无关的特征向量为 $\boldsymbol{\alpha}_{i1},\boldsymbol{\alpha}_{i2},\cdots,\boldsymbol{\alpha}_{is_i}\,(i=1,2,\cdots,m)$，则向量组 $\boldsymbol{\alpha}_{11},\boldsymbol{\alpha}_{12},\cdots,\boldsymbol{\alpha}_{1s_1},\boldsymbol{\alpha}_{21},\boldsymbol{\alpha}_{22},\cdots,\boldsymbol{\alpha}_{2s_2},\cdots,\boldsymbol{\alpha}_{m1},\boldsymbol{\alpha}_{m2},\cdots,\boldsymbol{\alpha}_{ms_m}$ 线性无关.

证明　设有数 $k_{11},k_{12},\cdots,k_{ms_m}$，使

$$k_{11}\boldsymbol{\alpha}_{11}+k_{12}\boldsymbol{\alpha}_{12}+\cdots+k_{1s_1}\boldsymbol{\alpha}_{1s_1}+\cdots+k_{m1}\boldsymbol{\alpha}_{m1}+k_{m2}\boldsymbol{\alpha}_{m2}+\cdots+k_{ms_m}\boldsymbol{\alpha}_{ms_m}=\boldsymbol{0}.$$

令

$$\boldsymbol{\beta}_i=k_{i1}\boldsymbol{\alpha}_{i1}+k_{i2}\boldsymbol{\alpha}_{i2}+\cdots+k_{is_i}\boldsymbol{\alpha}_{is_i}\quad(i=1,2,\cdots,m),$$

则上式变为

$$\boldsymbol{\beta}_1+\boldsymbol{\beta}_2+\cdots+\boldsymbol{\beta}_m=\boldsymbol{0}.$$

注意 $\boldsymbol{\beta}_i\in V_{\lambda_i}, i=1,\cdots,m$，由定理 4.1.4，可知

$$\boldsymbol{\beta}_1=\boldsymbol{\beta}_2=\cdots=\boldsymbol{\beta}_m=\boldsymbol{0}.$$

又 $\boldsymbol{\alpha}_{i1},\boldsymbol{\alpha}_{i2},\cdots,\boldsymbol{\alpha}_{is_i}$ 线性无关，则 $k_{i1}=k_{i2}=\cdots=k_{is_i}=0\ (i=1,2,\cdots,m)$，故 $\boldsymbol{\alpha}_{11},\boldsymbol{\alpha}_{12},\cdots,\boldsymbol{\alpha}_{1s_1},\boldsymbol{\alpha}_{21},\boldsymbol{\alpha}_{22},\cdots,\boldsymbol{\alpha}_{2s_2},\cdots,\boldsymbol{\alpha}_{m1},\boldsymbol{\alpha}_{m2},\cdots,\boldsymbol{\alpha}_{ms_m}$ 线性无关.

根据这一定理，对于矩阵 $\boldsymbol{A}$ 的每一个不同特征值 λ_i，可求解齐次方程组 $(\lambda_i\boldsymbol{E}-\boldsymbol{A})\boldsymbol{X}=0$，求得其基础解系，就得到 $\boldsymbol{A}$ 的对应于 λ_i 的线性无关的特征向量 $\boldsymbol{\alpha}_{i1},\boldsymbol{\alpha}_{i2},\cdots,\boldsymbol{\alpha}_{is_i}$. 然后把它们合在一起所得的向量组仍线性无关.

§4.2 矩阵的对角化

对角矩阵是最简单的一种矩阵. 能否在保留方阵 $\boldsymbol{A}$ 的所有性质的基础上，将 $\boldsymbol{A}$ 化为对角矩阵，具有十分重要的理论意义和应用价值，为此，我们先引入

定义 4.2.1 设 $\boldsymbol{A},\boldsymbol{B}$ 为 n 阶矩阵. 如果存在一个 n 阶可逆矩阵 $\boldsymbol{P}$，使得

$$\boldsymbol{P}^{-1}\boldsymbol{A}\boldsymbol{P}=\boldsymbol{B},$$

则称矩阵 $\boldsymbol{A}$ 与 $\boldsymbol{B}$ 相似，记作 $\boldsymbol{A}\sim\boldsymbol{B}$.

相似关系是矩阵之间的一种特殊的等价关系，具有下述三个基本性质：设 $\boldsymbol{A},\boldsymbol{B},\boldsymbol{C}$ 为 n 阶矩阵，则

(1) 反身性：$\boldsymbol{A}\sim\boldsymbol{A}$.

由 $\boldsymbol{E}^{-1}\boldsymbol{A}\boldsymbol{E}=\boldsymbol{A}$，可以直接得到这一结论.

(2) 对称性：如果 $\boldsymbol{A}\sim\boldsymbol{B}$，则 $\boldsymbol{B}\sim\boldsymbol{A}$.

由 $\boldsymbol{A}\sim\boldsymbol{B}$ 可知，存在可逆矩阵 $\boldsymbol{P}$，使 $\boldsymbol{P}^{-1}\boldsymbol{A}\boldsymbol{P}=\boldsymbol{B}$. 于是，$\boldsymbol{A}=\boldsymbol{P}\boldsymbol{B}\boldsymbol{P}^{-1}=(\boldsymbol{P}^{-1})^{-1}\boldsymbol{B}\boldsymbol{P}^{-1}$. 所以 $\boldsymbol{B}\sim\boldsymbol{A}$.

(3) 传递性：如果 $\boldsymbol{A}\sim\boldsymbol{B},\boldsymbol{B}\sim\boldsymbol{C}$，则 $\boldsymbol{A}\sim\boldsymbol{C}$.

由 $\boldsymbol{A}\sim\boldsymbol{B},\boldsymbol{B}\sim\boldsymbol{C}$，必存在 n 阶可逆矩阵 $\boldsymbol{P},\boldsymbol{Q}$，使

$$\boldsymbol{P}^{-1}\boldsymbol{A}\boldsymbol{P}=\boldsymbol{B},\boldsymbol{Q}^{-1}\boldsymbol{B}\boldsymbol{Q}=\boldsymbol{C}.$$

于是 $\boldsymbol{Q}^{-1}(\boldsymbol{P}^{-1}\boldsymbol{A}\boldsymbol{P})\boldsymbol{Q}=\boldsymbol{C}$，即

$$(\boldsymbol{P}\boldsymbol{Q})^{-1}\boldsymbol{A}(\boldsymbol{P}\boldsymbol{Q})=\boldsymbol{C}.$$

由此可得 $\boldsymbol{A}\sim\boldsymbol{C}$.

对于相似矩阵，还具有下述性质(请读者自己证明)：

(1)相似矩阵的行列式相等. 即，如果 $\boldsymbol{A}\sim\boldsymbol{B}$，则 $\det\boldsymbol{A}=\det\boldsymbol{B}$.

(2)相似矩阵的秩相等. 即，如果 $\boldsymbol{A}\sim\boldsymbol{B}$，则 $\mathrm{r}(\boldsymbol{A})=\mathrm{r}(\boldsymbol{B})$.

(3)如果 $\boldsymbol{A}\sim\boldsymbol{B}$，则 $\boldsymbol{A}^m\sim\boldsymbol{B}^m$，其中 m 为正整数.

(4)如果 $\boldsymbol{A}\sim\boldsymbol{B}$,且 $\boldsymbol{A},\boldsymbol{B}$ 都可逆,则 $\boldsymbol{A}^{-1}\sim\boldsymbol{B}^{-1}$.

定理 4.2.1　相似矩阵有相同的特征多项式,因此有相同的特征值.

证明　设矩阵 $\boldsymbol{A}\sim\boldsymbol{B}$,只需证明 $\boldsymbol{A},\boldsymbol{B}$ 具有相同的特征多项式. 实际上,由于 $\boldsymbol{A}\sim\boldsymbol{B}$,则存在可逆矩阵 $\boldsymbol{P}$,使 $\boldsymbol{P}^{-1}\boldsymbol{A}\boldsymbol{P}=\boldsymbol{B}$. 于是

$$\begin{aligned}\det(\lambda\boldsymbol{E}-\boldsymbol{B})&=\det(\lambda\boldsymbol{E}-\boldsymbol{P}^{-1}\boldsymbol{A}\boldsymbol{P})=\det(\boldsymbol{P}^{-1}(\lambda\boldsymbol{E}-\boldsymbol{A})\boldsymbol{P})\\&=\det(\boldsymbol{P}^{-1})\cdot\det(\lambda\boldsymbol{E}-\boldsymbol{A})\cdot\det\boldsymbol{P}\\&=\det(\lambda\boldsymbol{E}-\boldsymbol{A}).\end{aligned}$$

推论 4.2.1　若 n 阶矩阵 $\boldsymbol{A}$ 与对角矩阵 $\mathrm{diag}(\lambda_1,\lambda_2,\cdots,\lambda_n)$ 相似,则 $\lambda_1,\lambda_2,\cdots,\lambda_n$ 是 $\boldsymbol{A}$ 的特征值.

在矩阵的运算中,对角矩阵的运算很简单. 如果一个矩阵能够相似于对角矩阵,则可能简化某些运算.

例 1　设矩阵

$$\boldsymbol{A}=\begin{pmatrix}4&6&0\\-3&-5&0\\-3&-6&1\end{pmatrix},$$

求 $\boldsymbol{A}^{100}$.

解　令 $\boldsymbol{P}=\begin{pmatrix}-1&-2&0\\1&1&0\\1&0&1\end{pmatrix}$,则 $\boldsymbol{P}^{-1}=\begin{pmatrix}1&2&0\\-1&-1&0\\-1&-2&1\end{pmatrix}$,且

$$\boldsymbol{P}^{-1}\boldsymbol{A}\boldsymbol{P}=\begin{pmatrix}-2&0&0\\0&1&0\\0&0&1\end{pmatrix}\xlongequal{\text{记为}}\boldsymbol{B}.$$

于是

$$\begin{aligned}\boldsymbol{A}^{100}&=\boldsymbol{P}\overbrace{(\boldsymbol{P}^{-1}\boldsymbol{A}\boldsymbol{P})(\boldsymbol{P}^{-1}\boldsymbol{A}\boldsymbol{P})\cdots(\boldsymbol{P}^{-1}\boldsymbol{A}\boldsymbol{P})}^{100\text{个}}\boldsymbol{P}^{-1}\\&=\boldsymbol{P}\boldsymbol{B}^{100}\boldsymbol{P}^{-1}=\begin{pmatrix}-1&-2&0\\1&1&0\\1&0&1\end{pmatrix}\begin{pmatrix}2^{100}&0&0\\0&1&0\\0&0&1\end{pmatrix}\begin{pmatrix}1&2&0\\-1&-1&0\\-1&-2&1\end{pmatrix}\\&=\begin{pmatrix}-2^{100}+2&-2^{101}+2&0\\2^{100}-1&2^{101}-1&0\\2^{100}-1&2^{101}-2&1\end{pmatrix}.\end{aligned}$$

如果 n 阶矩阵 $\boldsymbol{A}$ 可以相似于一个 n 阶对角矩阵 $\boldsymbol{\Lambda}$,则称 $\boldsymbol{A}$ 可对角化,$\boldsymbol{\Lambda}$ 称为 $\boldsymbol{A}$ 的相似标准形. 然而,并非所有的 n 阶矩阵都可对角化. 下面,我们将讨论矩阵可对角化问题.

定理 4.2.2　n 阶矩阵 $\boldsymbol{A}$ 相似于 n 阶对角矩阵的充分必要条件是 $\boldsymbol{A}$

有 n 个线性无关的特征向量.

证明 必要性:设 $\boldsymbol{A}\sim\boldsymbol{\Lambda}$,其中

$$\boldsymbol{\Lambda}=\mathrm{diag}(\lambda_1,\lambda_2,\cdots,\lambda_n).$$

则存在可逆矩阵 $\boldsymbol{P}$,使得

$$\boldsymbol{P}^{-1}\boldsymbol{A}\boldsymbol{P}=\boldsymbol{\Lambda} \text{ 或 } \boldsymbol{A}\boldsymbol{P}=\boldsymbol{P}\boldsymbol{\Lambda} \tag{2.1}$$

把矩阵 $\boldsymbol{P}$ 按列分块,记 $\boldsymbol{P}=(\boldsymbol{\alpha}_1,\boldsymbol{\alpha}_2,\cdots,\boldsymbol{\alpha}_n)$,其中 $\boldsymbol{\alpha}_j$ 是矩阵 $\boldsymbol{P}$ 的第 j 列,则式(2.1)可写成

$$\boldsymbol{A}(\boldsymbol{\alpha}_1,\boldsymbol{\alpha}_2,\cdots,\boldsymbol{\alpha}_n)=(\boldsymbol{\alpha}_1,\boldsymbol{\alpha}_2,\cdots,\boldsymbol{\alpha}_n)\begin{pmatrix}\lambda_1 & & & \\ & \lambda_2 & & \\ & & \ddots & \\ & & & \lambda_n\end{pmatrix}.$$

由此可得 $\boldsymbol{A}\boldsymbol{\alpha}_i=\lambda_i\boldsymbol{\alpha}_i(i=1,2,\cdots,n)$. 因为 $\boldsymbol{P}$ 可逆,$\boldsymbol{P}$ 必不含零列,即 $\boldsymbol{\alpha}_i\neq\boldsymbol{0}$ $(i=1,2,\cdots,n)$. 因此,$\boldsymbol{\alpha}_i$ 是 $\boldsymbol{A}$ 的属于特征值 λ_i 的特征向量,并且 $\boldsymbol{\alpha}_1,\boldsymbol{\alpha}_2,\cdots,\boldsymbol{\alpha}_n$ 线性无关.

充分性:设 $\boldsymbol{\alpha}_1,\boldsymbol{\alpha}_2,\cdots,\boldsymbol{\alpha}_n$ 是 $\boldsymbol{A}$ 的 n 个线性无关的特征向量,它们对应的特征值依次为 $\lambda_1,\lambda_2,\cdots,\lambda_n$. 记矩阵

$$\boldsymbol{P}=(\boldsymbol{\alpha}_1,\boldsymbol{\alpha}_2,\cdots,\boldsymbol{\alpha}_n).$$

则 $\boldsymbol{P}$ 可逆. 而

$$\begin{aligned}\boldsymbol{A}\boldsymbol{P}&=\boldsymbol{A}(\boldsymbol{\alpha}_1,\boldsymbol{\alpha}_2,\cdots,\boldsymbol{\alpha}_n)\\&=(\boldsymbol{A}\boldsymbol{\alpha}_1,\boldsymbol{A}\boldsymbol{\alpha}_2,\cdots,\boldsymbol{A}\boldsymbol{\alpha}_n)\\&=(\lambda_1\boldsymbol{\alpha}_1,\lambda_2\boldsymbol{\alpha}_2,\cdots,\lambda_n\boldsymbol{\alpha}_n)\\&=(\boldsymbol{\alpha}_1,\boldsymbol{\alpha}_2,\cdots,\boldsymbol{\alpha}_n)\begin{pmatrix}\lambda_1 & & & \\ & \lambda_2 & & \\ & & \ddots & \\ & & & \lambda_n\end{pmatrix}\end{aligned}$$

两边左乘 $\boldsymbol{P}^{-1}$,得 $\boldsymbol{P}^{-1}\boldsymbol{A}\boldsymbol{P}=\mathrm{diag}(\lambda_1,\lambda_2,\cdots\lambda_n)$. 即矩阵 $\boldsymbol{A}$ 与对角矩阵相似.

推论 4.2.2 如果 n 阶矩阵 $\boldsymbol{A}$ 有 n 个互不相同的特征值 $\lambda_1,\lambda_2,\cdots,\lambda_n$,则 $\boldsymbol{A}$ 与对角矩阵 $\boldsymbol{\Lambda}=\mathrm{diag}(\lambda_1,\lambda_2,\cdots,\lambda_n)$ 相似.

应注意,$\boldsymbol{A}$ 有 n 个互不相同的特征值只是 $\boldsymbol{A}$ 可对角化的充分条件,而不是必要条件. 例如,数量矩阵 $a\boldsymbol{E}$ 是可对角化的,但它只有特征值 a (n 重的).

例 2 在上节例 1 中,我们已求得矩阵

$$\boldsymbol{A}=\begin{pmatrix}0 & 1 & 1\\1 & 0 & 1\\1 & 1 & 0\end{pmatrix}$$

的特征值 $\lambda_1=2,\lambda_2=-1$(二重). $\boldsymbol{A}$ 的属于特征值 $\lambda_1=2$ 的特征向量为 $\boldsymbol{\alpha}_1=(1,1,1)^{\mathrm{T}}$. $\boldsymbol{A}$ 的属于特征值 $\lambda_2=-1$ 的线性无关的特征向量为 $\boldsymbol{\alpha}_2=(-1,1,0)^{\mathrm{T}},\boldsymbol{\alpha}_3=(-1,0,1)^{\mathrm{T}}$. 由定理 4.1.5 可知,$\boldsymbol{\alpha}_1,\boldsymbol{\alpha}_2,\boldsymbol{\alpha}_3$ 线性无关. 根据定理 4.2.2,$\boldsymbol{A}$ 可对角化. 实际上,设

$$\boldsymbol{P}=(\boldsymbol{\alpha}_1,\boldsymbol{\alpha}_2,\boldsymbol{\alpha}_3)=\begin{pmatrix}1&-1&-1\\1&1&0\\1&0&1\end{pmatrix},$$

则

$$\boldsymbol{P}^{-1}\boldsymbol{AP}=\begin{pmatrix}2&&\\&-1&\\&&-1\end{pmatrix}.$$

根据定理 4.1.1,定理 4.1.5 及定理 4.2.2,我们有

定理 4.2.3 n 阶矩阵 $\boldsymbol{A}$ 与对角矩阵相似的充分必要条件是对于 $\boldsymbol{A}$ 的每一个 n_i 重特征值 λ_i,特征矩阵 $(\lambda_i\boldsymbol{E}-\boldsymbol{A})$ 的秩为 $n-n_i$(证明略).

定理 4.2.3 也可以叙述为:n 阶矩阵 $\boldsymbol{A}$ 与对角矩阵相似的充分必要条件是对于 $\boldsymbol{A}$ 的每一个 n_i 重特征值 λ_i,齐次线性方程组 $(\lambda_i\boldsymbol{E}-\boldsymbol{A})\boldsymbol{X}=\boldsymbol{0}$ 的基础解系中恰含有 n_i 个向量.

从上述定理可归纳出判断一个矩阵 $\boldsymbol{A}$ 能否相似于对角矩阵,且在 $\boldsymbol{A}$ 能相似于对角矩阵时,求其相似标准形 $\boldsymbol{\Lambda}$ 及可逆矩阵 $\boldsymbol{P}$,使 $\boldsymbol{P}^{-1}\boldsymbol{AP}=\boldsymbol{\Lambda}$ 的步骤如下:

(1)求出矩阵 $\boldsymbol{A}$ 的所有的特征值,设 $\boldsymbol{A}$ 有 s 个不同的特征值 $\lambda_1,\lambda_2,\cdots,\lambda_s$,它们的重数分别为 $n_1,n_2,\cdots,n_s,n_1+n_2+\cdots+n_s=n$.

(2)对 $\boldsymbol{A}$ 的每个特征值 λ_i,计算 $\mathrm{r}(\lambda_i\boldsymbol{E}-\boldsymbol{A})$,若对某个 i,

$$\mathrm{r}(\lambda_i\boldsymbol{E}-\boldsymbol{A})>n-n_i,$$

则矩阵 $\boldsymbol{A}$ 不能相似于对角矩阵;

若对所有的 i,都有

$$\mathrm{r}(\lambda_i\boldsymbol{E}-\boldsymbol{A})=n-n_i\quad(i=1,2,\cdots,s).$$

则矩阵 $\boldsymbol{A}$ 能相似于对角矩阵.

(3)当 $\boldsymbol{A}$ 能相似于对角矩阵时,对 $\boldsymbol{A}$ 的每个特征值 λ_i,求 $(\lambda_i\boldsymbol{E}-\boldsymbol{A})\boldsymbol{X}=\boldsymbol{0}$ 的基础解系,设为 $\boldsymbol{\alpha}_{i1},\boldsymbol{\alpha}_{i2},\cdots,\boldsymbol{\alpha}_{in_i}$,$i=1,2,\cdots,s$. 以这些向量为列构造矩阵

$$\boldsymbol{P}=(\boldsymbol{\alpha}_{11},\boldsymbol{\alpha}_{12},\cdots,\boldsymbol{\alpha}_{1n_1},\boldsymbol{\alpha}_{21},\boldsymbol{\alpha}_{22},\cdots,\boldsymbol{\alpha}_{2n_2},\cdots,\boldsymbol{\alpha}_{s1},\boldsymbol{\alpha}_{s2},\cdots,\boldsymbol{\alpha}_{sn_s}).$$

则

$$\boldsymbol{P}^{-1}\boldsymbol{AP}=\mathrm{diag}(\underbrace{\lambda_1,\cdots,\lambda_1}_{n_1},\underbrace{\lambda_2,\cdots,\lambda_2}_{n_2},\cdots,\underbrace{\lambda_s,\cdots,\lambda_s}_{n_s}).$$

要注意矩阵 $\boldsymbol{P}$ 的列与对角矩阵 $\boldsymbol{\Lambda}$ 主对角线上的元素($\boldsymbol{A}$ 的特征值)

之间的对应关系.

例 3 在上节例 2 中,我们已求得矩阵

$$A=\begin{pmatrix}1 & -1 & 1\\ 0 & 2 & -3\\ 0 & 0 & 1\end{pmatrix}$$

的特征值 $\lambda_1=1$(二重),$\lambda_2=2$. 但是 A 的属于二重特征值 $\lambda_1=1$ 的线性无关的特征向量只有 $\alpha_1=(1,0,0)^T$. 由定理 4.2.3 可知,A 不能对角化.

从上例可知,并非每个 n 阶方阵都可对角化,但可以证明,任一方阵都与一种准对角矩阵——若当形矩阵相似. 在本节的最后,我们将在复数域上进行讨论,主要叙述有关若当形矩阵的概念和一些定理,但对于定理不加以证明.

定义 4.2.1 形如

$$\begin{pmatrix}\lambda & 1 & 0 & \cdots & 0 & 0\\ 0 & \lambda & 1 & \cdots & 0 & 0\\ 0 & & \lambda & \cdots & 0 & 0\\ \vdots & \vdots & \vdots & & \vdots & \vdots\\ 0 & 0 & 0 & \cdots & \lambda & 1\\ 0 & 0 & 0 & \cdots & 0 & \lambda\end{pmatrix}\quad(\lambda\text{ 为复数})$$

的 n 阶矩阵,称为一个 n 阶若当块(矩阵). 一阶若当块就是一阶矩阵.

由若干个若当块组成准对角矩阵,即形如下面的矩阵

$$J=\begin{pmatrix}J_1 & & & \\ & J_2 & & \\ & & \ddots & \\ & & & J_s\end{pmatrix},$$

其中 $J_1,J_2,\cdots,J_s$ 都是若当块,称为若当形矩阵. 显然,对角矩阵是特殊的若当形矩阵.

例如,设

$$J=\left(\begin{array}{cc|c|ccc}-1 & 1 & 0 & 0 & 0 & 0\\ 0 & -1 & 0 & 0 & 0 & 0\\ \hline 0 & 0 & 3 & 0 & 0 & 0\\ \hline 0 & 0 & 0 & 2 & 1 & 0\\ 0 & 0 & 0 & 0 & 2 & 1\\ 0 & 0 & 0 & 0 & 0 & 2\end{array}\right),$$

则矩阵 J 是一个若当形矩阵,其中三个若当块分别为

$$J_1=\begin{pmatrix}-1 & 1\\ 0 & -1\end{pmatrix},J_2=(3),J_3=\begin{pmatrix}2 & 1 & 0\\ 0 & 2 & 1\\ 0 & 0 & 2\end{pmatrix}.$$

定理 4.2.4　任一 n 阶矩阵 $\boldsymbol{A}$ 都与一个若当形矩阵 $\boldsymbol{J}$ 相似. 其中, $\boldsymbol{J}$ 的主对角线元素恰好是 $\boldsymbol{A}$ 的特征值,并且某一特征值出现的个数等于它的重数(证明从略).

例如,矩阵

$$\boldsymbol{A}=\begin{pmatrix}-1 & 1 & 0\\ -4 & 3 & 0\\ 1 & 0 & 2\end{pmatrix}$$

有两个特征值 $\lambda_1=2$ 和 $\lambda_2=1$(二重),并且仅有两个线性无关的特征向量 $\boldsymbol{\alpha}_1=(0,0,1)^{\mathrm{T}}$ 和 $\boldsymbol{\alpha}_2=(1,2,-1)^{\mathrm{T}}$,所以 $\boldsymbol{A}$ 不能对角化. 但它一定与若当形矩阵

$$\boldsymbol{J}=\begin{pmatrix}2 & 0 & 0\\ 0 & 1 & 1\\ 0 & 0 & 1\end{pmatrix}$$

相似. 实际上,如果令

$$\boldsymbol{P}=\begin{pmatrix}0 & 1 & 0\\ 0 & 2 & 1\\ 1 & -1 & -1\end{pmatrix},$$

则　$\boldsymbol{P}^{-1}\boldsymbol{AP}=\boldsymbol{J}$.

至于如何求出矩阵 $\boldsymbol{P}$,牵涉到比较复杂的计算问题,在这里就不讨论了.

§4.3　n 维向量的内积

在§3.2 中,我们定义了向量空间 $\mathbf{R}^n$ 中向量的线性运算. 为了描述 $\mathbf{R}^n$ 中向量的度量,本节介绍 n 维向量内积等概念,这些在实方阵的相似对角化和实二次型的化简等问题都将涉及.

定义 4.3.1　设 $\boldsymbol{\alpha}=(a_1,a_2,\cdots,a_n)^{\mathrm{T}},\boldsymbol{\beta}=(b_1,b_2,\cdots,b_n)^{\mathrm{T}}$ 为 $\mathbf{R}^n$ 中的两个向量,则称实数

$$a_1b_1+a_2b_2+\cdots+a_nb_n=\sum_{i=1}^{n}a_ib_i$$

为向量 $\boldsymbol{\alpha}$ 与 $\boldsymbol{\beta}$ 的内积. 记作 $\boldsymbol{\alpha}^{\mathrm{T}}\boldsymbol{\beta}$ 或 $(\boldsymbol{\alpha},\boldsymbol{\beta})$.

例如,设 $\boldsymbol{\alpha}=(1,1,1,1)^{\mathrm{T}},\boldsymbol{\beta}=(1,-2,0,-1)^{\mathrm{T}},\boldsymbol{\gamma}=(3,0,-1,-2)^{\mathrm{T}}$,则

$\boldsymbol{\alpha}^{\mathrm{T}}\boldsymbol{\beta}=1\times1+1\times(-2)+1\times0+1\times(-1)=-2$,

$\boldsymbol{\alpha}^{\mathrm{T}}\boldsymbol{\gamma}=1\times3+1\times0+1\times(-1)+1\times(-2)=0$.

根据定义，不难验证内积有如下的一些基本性质：

(1) $\boldsymbol{\alpha}^{\mathrm{T}}\boldsymbol{\beta}=\boldsymbol{\beta}^{\mathrm{T}}\boldsymbol{\alpha}$，即$(\boldsymbol{\alpha},\boldsymbol{\beta})=(\boldsymbol{\beta},\boldsymbol{\alpha})$；

(2) $(k\boldsymbol{\alpha})^{\mathrm{T}}\boldsymbol{\beta}=k\boldsymbol{\alpha}^{\mathrm{T}}\boldsymbol{\beta}$，即$(k\boldsymbol{\alpha},\boldsymbol{\beta})=k(\boldsymbol{\alpha},\boldsymbol{\beta})$；

(3) $(\boldsymbol{\alpha}+\boldsymbol{\beta})^{\mathrm{T}}\boldsymbol{\gamma}=\boldsymbol{\alpha}^{\mathrm{T}}\boldsymbol{\gamma}+\boldsymbol{\beta}^{\mathrm{T}}\boldsymbol{\gamma}$，即$(\boldsymbol{\alpha}+\boldsymbol{\beta},\boldsymbol{\gamma})=(\boldsymbol{\alpha},\boldsymbol{\gamma})+(\boldsymbol{\beta},\boldsymbol{\gamma})$；

(4) $\boldsymbol{\alpha}^{\mathrm{T}}\boldsymbol{\alpha}\geqslant 0$，特别地，$\boldsymbol{\alpha}^{\mathrm{T}}\boldsymbol{\alpha}=0$ 当且仅当 $\boldsymbol{\alpha}=\mathbf{0}$.

其中 $\boldsymbol{\alpha},\boldsymbol{\beta},\boldsymbol{\gamma}$ 为 $\mathbf{R}^n$ 中任意向量，k 为任意实数.

利用性质(4)，可以定义向量的长度.

定义 4.3.2 称非负实数 $\sqrt{\boldsymbol{\alpha}^{\mathrm{T}}\boldsymbol{\alpha}}$ 为 n 维向量 $\boldsymbol{\alpha}$ 的长度，记作 $\|\boldsymbol{\alpha}\|$. 若 $\|\boldsymbol{\alpha}\|=1$，则称 $\boldsymbol{\alpha}$ 为单位向量.

显然，只有零向量的长度才为 0. 设 $\boldsymbol{\alpha}$ 为非零向量，则 $\frac{1}{\|\boldsymbol{\alpha}\|}\boldsymbol{\alpha}$，得到一个单位向量，称之为把向量 $\boldsymbol{\alpha}$ 单位化.

定义 4.3.3 设 $\boldsymbol{\alpha},\boldsymbol{\beta}$ 为 $\mathbf{R}^n$ 中的两个向量，如果 $\boldsymbol{\alpha}^{\mathrm{T}}\boldsymbol{\beta}=0$，则称向量 $\boldsymbol{\alpha}$ 与 $\boldsymbol{\beta}$ 相互正交或相互垂直. 记作 $\boldsymbol{\alpha}\perp\boldsymbol{\beta}$.

显然，零向量与任一向量均正交，只有零向量才与自身正交.

定义 4.3.4 设 $\boldsymbol{\alpha}_1,\boldsymbol{\alpha}_2,\cdots,\boldsymbol{\alpha}_s$ 是 $\mathbf{R}^n$ 中一组非零向量，若它们两两正交，则称 $\boldsymbol{\alpha}_1,\boldsymbol{\alpha}_2,\cdots,\boldsymbol{\alpha}_s$ 为一个正交向量组.

如果正交向量组中每个向量都是单位向量，则称该向量组为正交单位向量组或标准正交向量组.

例如，$\boldsymbol{\varepsilon}_1=(1,0,\cdots,0)$，$\boldsymbol{\varepsilon}_2=(0,1,\cdots,0)$，$\cdots$，$\boldsymbol{\varepsilon}_n=(0,0,\cdots,1)$ 就是 $\mathbf{R}^n$ 中一个正交单位向量组.

定理 4.3.1 $\mathbf{R}^n$ 中的正交向量组必线性无关.

证明 设 $\boldsymbol{\alpha}_1,\boldsymbol{\alpha}_2,\cdots,\boldsymbol{\alpha}_s$ 为 $\mathbf{R}^n$ 中一正交向量组，若存在实数 $k_1,k_1,\cdots,k_s$ 使得

$$k_1\boldsymbol{\alpha}_1+k_2\boldsymbol{\alpha}_2+\cdots+k_s\boldsymbol{\alpha}_s=\mathbf{0}.$$

分别用 $\boldsymbol{\alpha}_i(i=1,2,\cdots,s)$ 与上式两边作内积，可得到

$$k_i\boldsymbol{\alpha}_i^{\mathrm{T}}\boldsymbol{\alpha}^i=0 \quad (i=1,2,\cdots,s).$$

由 $\boldsymbol{\alpha}_i\neq\mathbf{0}$ 可知 $\boldsymbol{\alpha}_i^{\mathrm{T}}\boldsymbol{\alpha}_i=\|\boldsymbol{\alpha}_i\|^2\neq 0$，从而必有

$$k_i=0 \quad (i=1,2,\cdots,s).$$

故 $\boldsymbol{\alpha}_1,\boldsymbol{\alpha}_2,\cdots,\boldsymbol{\alpha}_s$ 线性无关.

应当注意，线性无关的向量组未必是正交向量组. 例如，向量组

$$\boldsymbol{\alpha}_1=(1,0,0)^{\mathrm{T}},\boldsymbol{\alpha}_2=(1,1,0)^{\mathrm{T}}$$

是线性无关的，但不是正交的. 下面我们介绍一种从一个线性无关的向量组出发，系统地求出一个与之等价的正交向量组的方法——施密特正

交化方法.

设 $\boldsymbol{\alpha}_1,\boldsymbol{\alpha}_2,\cdots,\boldsymbol{\alpha}_s$ 为 $\mathbf{R}^n$ 中一组线性无关的向量,令

$$\boldsymbol{\beta}_1=\boldsymbol{\alpha}_1,$$

$$\boldsymbol{\beta}_2=\boldsymbol{\alpha}_2-\frac{\boldsymbol{\alpha}_2^{\mathrm{T}}\boldsymbol{\beta}_1}{\boldsymbol{\beta}_1^{\mathrm{T}}\boldsymbol{\beta}_1}\boldsymbol{\beta}_1,$$

$$\cdots\cdots$$

$$\boldsymbol{\beta}_s=\boldsymbol{\alpha}_s-\frac{\boldsymbol{\alpha}_s^{\mathrm{T}}\boldsymbol{\beta}_1}{\boldsymbol{\beta}_1^{\mathrm{T}}\boldsymbol{\beta}_1}\boldsymbol{\beta}_1-\frac{\boldsymbol{\alpha}_s^{\mathrm{T}}\boldsymbol{\beta}_2}{\boldsymbol{\beta}_2^{\mathrm{T}}\boldsymbol{\beta}_2}\boldsymbol{\beta}_2-\cdots-\frac{\boldsymbol{\alpha}_s^{\mathrm{T}}\boldsymbol{\beta}_{s-1}}{\boldsymbol{\beta}_{s-1}^{\mathrm{T}}\boldsymbol{\beta}_{s-1}}\boldsymbol{\beta}_{s-1}.$$

不难验证,向量组 $\boldsymbol{\beta}_1,\boldsymbol{\beta}_2,\cdots,\boldsymbol{\beta}_s$ 是正交向量组,且与 $\boldsymbol{\alpha}_1,\boldsymbol{\alpha}_2,\cdots,\boldsymbol{\alpha}_s$ 等价.

例 1 设

$$\boldsymbol{\alpha}_1=(1,1,0,0)^{\mathrm{T}},\quad \boldsymbol{\alpha}_2=(1,0,1,0)^{\mathrm{T}},$$
$$\boldsymbol{\alpha}_3=(-1,0,0,1)^{\mathrm{T}},\boldsymbol{\alpha}_4=(1,-1,-1,1)^{\mathrm{T}}$$

为 $\mathbf{R}^4$ 的一组基.试用施密特正交化方法,求出与 $\boldsymbol{\alpha}_1,\boldsymbol{\alpha}_2,\boldsymbol{\alpha}_3,\boldsymbol{\alpha}_4$ 等价的一组正交向量.

解 先将 $\boldsymbol{\alpha}_1,\boldsymbol{\alpha}_2,\boldsymbol{\alpha}_3,\boldsymbol{\alpha}_4$ 正交化,得

$$\boldsymbol{\beta}_1=\boldsymbol{\alpha}_1=(1,1,0,0)^{\mathrm{T}}$$

$$\boldsymbol{\beta}_2=\boldsymbol{\alpha}_2-\frac{\boldsymbol{\alpha}_2^{\mathrm{T}}\boldsymbol{\beta}_1}{\boldsymbol{\beta}_1^{\mathrm{T}}\boldsymbol{\beta}_1}\boldsymbol{\beta}_1=(\frac{1}{2},-\frac{1}{2},1,0)^{\mathrm{T}},$$

$$\boldsymbol{\beta}_3=\boldsymbol{\alpha}_3-\frac{\boldsymbol{\alpha}_3^{\mathrm{T}}\boldsymbol{\beta}_1}{\boldsymbol{\beta}_1^{\mathrm{T}}\boldsymbol{\beta}_1}\boldsymbol{\beta}_1-\frac{\boldsymbol{\alpha}_3^{\mathrm{T}}\boldsymbol{\beta}_2}{\boldsymbol{\beta}_2^{\mathrm{T}}\boldsymbol{\beta}_2}\boldsymbol{\beta}_2=(-\frac{1}{3},\frac{1}{3},\frac{1}{3},1)^{\mathrm{T}},$$

$$\boldsymbol{\beta}_4=\boldsymbol{\alpha}_4-\frac{\boldsymbol{\alpha}_4^{\mathrm{T}}\boldsymbol{\beta}_1}{\boldsymbol{\beta}_1^{\mathrm{T}}\boldsymbol{\beta}_1}\boldsymbol{\beta}_1-\frac{\boldsymbol{\alpha}_4^{\mathrm{T}}\boldsymbol{\beta}_2}{\boldsymbol{\beta}_2^{\mathrm{T}}\boldsymbol{\beta}_2}\boldsymbol{\beta}_2-\frac{\boldsymbol{\alpha}_4^{\mathrm{T}}\boldsymbol{\beta}_3}{\boldsymbol{\beta}_3^{\mathrm{T}}\boldsymbol{\beta}_3}\boldsymbol{\beta}_3=(1,-1,-1,1)^{\mathrm{T}}.$$

定义 4.3.5 设 $\boldsymbol{A}$ 为 n 阶实数矩阵.如果 $\boldsymbol{A}^{\mathrm{T}}\boldsymbol{A}=\boldsymbol{E}$,则称 $\boldsymbol{A}$ 为正交矩阵.

正交矩阵具有如下几个重要性质:

(1) 若 $\boldsymbol{A}$ 为正交矩阵,则 $|\boldsymbol{A}|=1$ 或 -1,且 $\boldsymbol{A}^{\mathrm{T}}=\boldsymbol{A}^{-1}$;

(2) 若 $\boldsymbol{A}$ 为正交矩阵,则 $\boldsymbol{A}^{\mathrm{T}}$(或 $\boldsymbol{A}^{-1}$)也是正交矩阵;

(3) 两个正交矩阵的乘积仍为正交矩阵.

定理 4.3.2 $\boldsymbol{A}$ 为正交矩阵的充分必要条件是 $\boldsymbol{A}$ 的列向量组是标准正交向量组.

证明 设 $\boldsymbol{A}=(\boldsymbol{\alpha}_1,\boldsymbol{\alpha}_2,\cdots,\boldsymbol{\alpha}_n)$,其中 $\boldsymbol{\alpha}_1,\boldsymbol{\alpha}_2,\cdots,\boldsymbol{\alpha}_n$ 是 $\boldsymbol{A}$ 的列向量组,则 $\boldsymbol{A}^{\mathrm{T}}\boldsymbol{A}=\boldsymbol{E}$ 等价于

$$\begin{pmatrix}\boldsymbol{\alpha}_1^{\mathrm{T}}\\ \boldsymbol{\alpha}_2^{\mathrm{T}}\\ \vdots\\ \boldsymbol{\alpha}_n^{\mathrm{T}}\end{pmatrix}(\boldsymbol{\alpha}_1,\boldsymbol{\alpha}_2,\cdots,\boldsymbol{\alpha}_n)=\begin{pmatrix}\boldsymbol{\alpha}_1^{\mathrm{T}}\boldsymbol{\alpha}_1 & \boldsymbol{\alpha}_2^{\mathrm{T}}\boldsymbol{\alpha}_2 & \cdots & \boldsymbol{\alpha}_1^{\mathrm{T}}\boldsymbol{\alpha}_n\\ \boldsymbol{\alpha}_2^{\mathrm{T}}\boldsymbol{\alpha}_1 & \boldsymbol{\alpha}_2^{\mathrm{T}}\boldsymbol{\alpha}_2 & \cdots & \boldsymbol{\alpha}_2^{\mathrm{T}}\boldsymbol{\alpha}_n\\ \vdots & \vdots & \vdots & \vdots\\ \boldsymbol{\alpha}_n^{\mathrm{T}}\boldsymbol{\alpha}_1 & \boldsymbol{\alpha}_n^{\mathrm{T}}\boldsymbol{\alpha}_2 & \cdots & \boldsymbol{\alpha}_n^{\mathrm{T}}\boldsymbol{\alpha}_n\end{pmatrix}=\boldsymbol{E}$$

即 $\boldsymbol{\alpha}_i^{\mathrm{T}}\boldsymbol{\alpha}_j=\delta_{ij}=\begin{cases}1, & i=j\\ 0, & i\neq j\end{cases}\qquad (i,j=1,2,\cdots,n).$

注:该定理的结论对于行向量组也成立,即 $\boldsymbol{A}$ 为正交矩阵当且仅当 $\boldsymbol{A}$ 的行向量组是标准正交向量组.

§4.4 实对称矩阵的对角化

实数域上的对称矩阵简称为实对称矩阵.在一些经济数学模型中,经常遇到实对称矩阵.尽管许多 n 阶矩阵不一定可对角化,但实对称矩阵却一定可对角化,其特征值和特征向量具有一些特殊的性质.

我们知道,实矩阵的特征值不一定为实数,但对于实对称矩阵,有

定理 4.4.1 实对称矩阵的特征值是实数.

证明从略.

该定理说明了 n 阶实对称矩阵必有 n 个实特征值(重根按重数计).

定理 4.4.2 实对称矩阵 $\boldsymbol{A}$ 的属于不同特征值的特征向量相互正交.

证明 设 λ_1,λ_2 是 $\boldsymbol{A}$ 的不同特征值. $\boldsymbol{\alpha}_1,\boldsymbol{\alpha}_2$ 分别为 $\boldsymbol{A}$ 的属于特征值 λ_1,λ_2 的特征向量.于是

$$\boldsymbol{A\alpha}_1=\lambda_1\boldsymbol{\alpha}_1\quad(\boldsymbol{\alpha}_1\neq\boldsymbol{0}),\boldsymbol{A\alpha}_2=\lambda_2\boldsymbol{\alpha}_2\quad(\boldsymbol{\alpha}_2\neq\boldsymbol{0}).$$

分别用 $\boldsymbol{\alpha}_2^{\mathrm{T}}$ 和 $\boldsymbol{\alpha}_1^{\mathrm{T}}$ 左乘上面两式,得

$$\boldsymbol{\alpha}_2^{\mathrm{T}}\boldsymbol{A\alpha}_1=\lambda_1\boldsymbol{\alpha}_2^{\mathrm{T}}\boldsymbol{\alpha}_1,\boldsymbol{\alpha}_1^{\mathrm{T}}\boldsymbol{A\alpha}_2=\lambda_2\boldsymbol{\alpha}_1^{\mathrm{T}}\boldsymbol{\alpha}_2.$$

因为 $\boldsymbol{A}$ 为实对称矩阵,再注意 $\boldsymbol{\alpha}_2^{\mathrm{T}}\boldsymbol{A\alpha}_1$ 是一个数,所以

$$\boldsymbol{\alpha}_2^{\mathrm{T}}\boldsymbol{A\alpha}_1=(\boldsymbol{\alpha}_2^{\mathrm{T}}\boldsymbol{A\alpha}_1)^{\mathrm{T}}=\boldsymbol{\alpha}_1^{\mathrm{T}}\boldsymbol{A\alpha}_2.$$

于是有

$$\lambda_1\boldsymbol{\alpha}_2^{\mathrm{T}}\boldsymbol{\alpha}_1=\lambda_2\boldsymbol{\alpha}_1^{\mathrm{T}}\boldsymbol{\alpha}_2.$$

而 $\boldsymbol{\alpha}_2^{\mathrm{T}}\boldsymbol{\alpha}_1=\boldsymbol{\alpha}_1^{\mathrm{T}}\boldsymbol{\alpha}_2$,则有

$$(\lambda_1-\lambda_2)\boldsymbol{\alpha}_2^{\mathrm{T}}\boldsymbol{\alpha}_1=0.$$

由 $\lambda_1\neq\lambda_2$ 可得 $\boldsymbol{\alpha}_2^{\mathrm{T}}\boldsymbol{\alpha}_1=0$,即 $\boldsymbol{\alpha}_2$ 与 $\boldsymbol{\alpha}_1$ 正交.

定理 4.4.3 设 $\boldsymbol{A}$ 为 n 阶实对称矩阵,则存在正交矩阵 $\boldsymbol{Q}$,使得

$$\boldsymbol{Q}^{-1}\boldsymbol{AQ}=\begin{pmatrix}\lambda_1 & & & \\ & \lambda_2 & & \\ & & \ddots & \\ & & & \lambda_n\end{pmatrix},$$

其中 $\lambda_1,\lambda_2,\cdots,\lambda_n$ 是 $\boldsymbol{A}$ 的特征值.

证明 对矩阵 $\boldsymbol{A}$ 的阶数 n 用数学归纳法.

当 $n=1$ 时,一阶矩阵 $\boldsymbol{A}$ 已是对角矩阵,结论显然成立.

假设对任意的 $n-1$ 阶实对称矩阵,结论成立. 下面证明:对 n 阶实对称矩阵 $\boldsymbol{A}$,结论也成立.

设 λ_1 是 $\boldsymbol{A}$ 的一个特征值,$\boldsymbol{\alpha}_1$ 是 $\boldsymbol{A}$ 的属于 λ_1 的一个实特征向量. 由于 $\frac{1}{\|\boldsymbol{\alpha}_1\|}\boldsymbol{\alpha}_1$ 也是 $\boldsymbol{A}$ 的属于 λ_1 的特征向量,故不妨设 $\boldsymbol{\alpha}_1$ 已是单位向量. 记 $\boldsymbol{Q}_1$ 是以 $\boldsymbol{\alpha}_1$ 为第一列的 n 阶正交矩阵. 把 $\boldsymbol{Q}_1$ 分块为 $\boldsymbol{Q}_1=(\boldsymbol{\alpha}_1,\boldsymbol{R})$,其中 $\boldsymbol{R}$ 为$n\times(n-1)$矩阵,则

$$\begin{aligned}\boldsymbol{Q}_1^{-1}\boldsymbol{A}\boldsymbol{Q}_1=\boldsymbol{Q}_1^{\mathrm{T}}\boldsymbol{A}\boldsymbol{Q}_1&=\begin{pmatrix}\boldsymbol{\alpha}_1^{\mathrm{T}}\\ \boldsymbol{R}^{\mathrm{T}}\end{pmatrix}\boldsymbol{A}(\boldsymbol{\alpha}_1,\boldsymbol{R})\\&=\begin{pmatrix}\boldsymbol{\alpha}_1^{\mathrm{T}}\boldsymbol{A}\boldsymbol{\alpha}_1 & \boldsymbol{\alpha}_1^{\mathrm{T}}\boldsymbol{A}\boldsymbol{R}\\ \boldsymbol{R}^{\mathrm{T}}\boldsymbol{A}\boldsymbol{\alpha}_1 & \boldsymbol{R}^{\mathrm{T}}\boldsymbol{A}\boldsymbol{R}\end{pmatrix}.\end{aligned}$$

注意 $\boldsymbol{A}\boldsymbol{\alpha}_1=\lambda_1\boldsymbol{\alpha}_1$,$\boldsymbol{\alpha}_1^{\mathrm{T}}\boldsymbol{\alpha}_1=1$ 及 $\boldsymbol{\alpha}_1$ 与 $\boldsymbol{R}$ 的各列向量都正交,从而有

$$\boldsymbol{Q}_1^{-1}\boldsymbol{A}\boldsymbol{Q}_1=\begin{pmatrix}\lambda_1 & \boldsymbol{0}\\ \boldsymbol{0} & \boldsymbol{A}_1\end{pmatrix},$$

其中 $\boldsymbol{A}_1=\boldsymbol{R}^{\mathrm{T}}\boldsymbol{A}\boldsymbol{R}$ 为$(n-1)$阶实对称矩阵. 对于 $\boldsymbol{A}_1$,根据归纳假设知,存在$(n-1)$阶正交矩阵 $\boldsymbol{Q}_2$,使得

$$\boldsymbol{Q}_2^{-1}\boldsymbol{A}_1\boldsymbol{Q}_2=\begin{pmatrix}\lambda_2 & & & \\ & \lambda_3 & & \\ & & \ddots & \\ & & & \lambda_n\end{pmatrix}.$$

令 $\boldsymbol{Q}_3=\begin{pmatrix}1 & \boldsymbol{0}\\ \boldsymbol{0} & \boldsymbol{Q}_2\end{pmatrix}$,不难验证 $\boldsymbol{Q}_3$ 仍是正交矩阵,并且

$$\begin{aligned}\boldsymbol{Q}_3^{-1}(\boldsymbol{Q}_1^{-1}\boldsymbol{A}\boldsymbol{Q}_1)\boldsymbol{Q}_3&=\begin{pmatrix}1 & \boldsymbol{0}\\ \boldsymbol{0} & \boldsymbol{Q}_2\end{pmatrix}^{-1}\begin{pmatrix}\lambda_1 & \boldsymbol{0}\\ \boldsymbol{0} & \boldsymbol{A}_1\end{pmatrix}\begin{pmatrix}1 & \boldsymbol{0}\\ \boldsymbol{0} & \boldsymbol{Q}_2\end{pmatrix}\\&=\begin{pmatrix}\lambda_1 & \boldsymbol{0}\\ \boldsymbol{0} & \boldsymbol{Q}_2^{-1}\boldsymbol{A}_1\boldsymbol{Q}_2\end{pmatrix}\\&=\begin{pmatrix}\lambda_1 & & & \\ & \lambda_2 & & \\ & & \ddots & \\ & & & \lambda_n\end{pmatrix}.\end{aligned}$$

记 $\boldsymbol{Q}=\boldsymbol{Q}_1\boldsymbol{Q}_3$,则上面的结果表明结论对于 n 也成立.

由数学归纳法原理知,定理得证.

根据定理 4.4.3,任一实对称矩阵 $\boldsymbol{A}$ 都可以对角化. 因此,对 $\boldsymbol{A}$ 的任一 n_i

重特征值 λ_i，齐次线性方程组 $(\lambda_i\boldsymbol{E}-\boldsymbol{A})\boldsymbol{X}=\boldsymbol{0}$ 的基础解系中必含有 n_i 个线性无关的向量，它们都是 $\boldsymbol{A}$ 的属于 λ_i 的特征向量. 把这些向量正交化、单位化后，合在一起就得正交矩阵 $\boldsymbol{Q}$，使 $\boldsymbol{Q}^{-1}\boldsymbol{A}\boldsymbol{Q}$ 成对角矩阵. 具体步骤如下：

(1) 求出特征方程 $\det(\lambda\boldsymbol{E}-\boldsymbol{A})=0$ 的所有不同的根 $\lambda_1,\lambda_2,\cdots,\lambda_m$，其中 λ_i 为 $\boldsymbol{A}$ 的 n_i 重特征值 $(i=1,2,\cdots,m)$.

(2) 对每一特征值 λ_i，解齐次线性方程组 $(\lambda_i E-\boldsymbol{A})\boldsymbol{X}=\boldsymbol{0}$，求得它的一个基础解系 $\boldsymbol{\alpha}_{i1},\boldsymbol{\alpha}_{i2},\cdots,\boldsymbol{\alpha}_{in_i}$ $(i=1,2,\cdots,m)$.

(3) 利用施密特正交化方法，把向量组 $\boldsymbol{\alpha}_{i1},\boldsymbol{\alpha}_{i2},\cdots,\boldsymbol{\alpha}_{in_i}$ 正交化（注意：定理 4.4.2 证明了，$\boldsymbol{A}$ 的属于不同特征值的特征向量是正交的，但属于同一个特征值的线性无关的特征向量未必两两正交.），得到正交向量组 $\boldsymbol{\beta}_{i1},\boldsymbol{\beta}_{i2},\cdots,\boldsymbol{\beta}_{in_i}$ $(i=1,2,\cdots,m)$. 再将所得正交向量组单位化，得到正交单位向量组 $\boldsymbol{\gamma}_{i1},\boldsymbol{\gamma}_{i2},\cdots,\boldsymbol{\gamma}_{in_i}$ $(i=1,2,\cdots,m)$.

(4) 设矩阵 $\boldsymbol{Q}=(\boldsymbol{\gamma}_{11},\boldsymbol{\gamma}_{12},\cdots,\boldsymbol{\gamma}_{1n_1},\boldsymbol{\gamma}_{21},\boldsymbol{\gamma}_{22},\cdots,\boldsymbol{\gamma}_{2n_2},\cdots,\boldsymbol{\gamma}_{m1},\boldsymbol{\gamma}_{m2},\cdots,\boldsymbol{\gamma}_{mn_m})$，则 $\boldsymbol{Q}$ 为正交矩阵，且

$$\boldsymbol{Q}^{-1}\boldsymbol{A}\boldsymbol{Q}=\boldsymbol{\Lambda}=\mathrm{diag}(\overbrace{\lambda_1,\cdots,\lambda_1}^{n_1},\overbrace{\lambda_2,\cdots,\lambda_2}^{n_2},\cdots,\overbrace{\lambda_m,\cdots,\lambda_m}^{n_m}),$$

其中，矩阵 $\boldsymbol{\Lambda}$ 的主对角线元素 λ_i 的重数为 n_i $(i=1,2,\cdots,m)$，并且排列顺序与 $\boldsymbol{Q}$ 中正交单位向量组的排列顺序相对应.

例 1 设矩阵

$$\boldsymbol{A}=\begin{pmatrix}1&0&0\\0&2&1\\0&1&2\end{pmatrix}.$$

求正交矩阵 $\boldsymbol{Q}$，使 $\boldsymbol{Q}^{-1}\boldsymbol{A}\boldsymbol{Q}$ 为对角矩阵.

解 矩阵 $\boldsymbol{A}$ 的特征多项式

$$\det(\lambda\boldsymbol{E}-\boldsymbol{A})=\begin{vmatrix}\lambda-1&0&0\\0&\lambda-2&-1\\0&-1&\lambda-2\end{vmatrix}=(\lambda-1)^2(\lambda-3),$$

故 $\boldsymbol{A}$ 的特征值为 $\lambda_1=1$（二重），$\lambda_2=3$（一重）.

对于 $\lambda_1=1$，解齐次方程组 $(\boldsymbol{E}-\boldsymbol{A})\boldsymbol{X}=\boldsymbol{0}$，得其一个基础解系为

$$\boldsymbol{\alpha}_1=(1,0,0)^{\mathrm{T}},\boldsymbol{\alpha}_2=(0,1,-1)^{\mathrm{T}}.$$

对于 $\lambda_2=3$，解齐次方程组 $(3\boldsymbol{E}-\boldsymbol{A})\boldsymbol{X}=\boldsymbol{0}$，得其一个基础解系为

$$\boldsymbol{\alpha}_3=(0,1,1)^{\mathrm{T}}.$$

由于 $\boldsymbol{\alpha}_1$ 与 $\boldsymbol{\alpha}_2$ 是正交的，将其单位化，得

$$\boldsymbol{\gamma}_1=\frac{\boldsymbol{\alpha}_1}{\|\boldsymbol{\alpha}_1\|}=(1,0,0)^{\mathrm{T}},$$

$$\boldsymbol{\gamma}_2=\frac{\boldsymbol{\alpha}_2}{\|\boldsymbol{\alpha}_2\|}=(0,\frac{1}{\sqrt{2}},-\frac{1}{\sqrt{2}})^{\mathrm{T}}.$$

对于 $\boldsymbol{\alpha}_3$，只需单位化，得

$$\boldsymbol{\gamma}_3=\frac{\boldsymbol{\alpha}_3}{\|\boldsymbol{\alpha}_3\|}=(0,\frac{1}{\sqrt{2}},\frac{1}{\sqrt{2}})^{\mathrm{T}}.$$

于是得到正交矩阵

$$\boldsymbol{Q}=(\boldsymbol{\gamma}_1,\boldsymbol{\gamma}_2,\boldsymbol{\gamma}_3)=\begin{pmatrix}1 & 0 & 0\\ 0 & \frac{1}{\sqrt{2}} & \frac{1}{\sqrt{2}}\\ 0 & \frac{-1}{\sqrt{2}} & \frac{1}{\sqrt{2}}\end{pmatrix},$$

且

$$\boldsymbol{Q}^{-1}\boldsymbol{A}\boldsymbol{Q}=\begin{pmatrix}1 & & \\ & 1 & \\ & & 3\end{pmatrix}.$$

值得注意的是，在例 1 中，对于 $\boldsymbol{A}$ 的二重特征值 $\lambda_1=1$，上面求得的 $\boldsymbol{\alpha}_1,\boldsymbol{\alpha}_2$ 碰巧是正交的，故不必正交化，只要单位化即可. 但如果求得的基础解系为 $\boldsymbol{\xi}_1=(1,1,-1)^{\mathrm{T}}$，$\boldsymbol{\xi}_2=(0,1,-1)^{\mathrm{T}}$，这时 $\boldsymbol{\xi}_1^{\mathrm{T}}\boldsymbol{\xi}_2\neq 0$，还需要把 $\boldsymbol{\xi}_1,\boldsymbol{\xi}_2$ 正交化，取

$$\boldsymbol{\beta}_1=\boldsymbol{\xi}_1=(1,1,-1)^{\mathrm{T}},$$

$$\boldsymbol{\beta}_2=\boldsymbol{\xi}_2-\frac{\boldsymbol{\xi}_2^{\mathrm{T}}\boldsymbol{\beta}_1}{\boldsymbol{\beta}_1^{\mathrm{T}}\boldsymbol{\beta}_1}\boldsymbol{\beta}_1=\frac{1}{3}(-2,1,-1)^{\mathrm{T}}.$$

再单位化得

$$\boldsymbol{\gamma}_1=\frac{\boldsymbol{\beta}_1}{\|\boldsymbol{\beta}_1\|}=\frac{1}{\sqrt{3}}(1,1,-1)^{\mathrm{T}},$$

$$\boldsymbol{\gamma}_2=\frac{\boldsymbol{\beta}_2}{\|\boldsymbol{\beta}_2\|}=\frac{1}{\sqrt{6}}(-2,1,-1)^{\mathrm{T}}.$$

于是又得正交矩阵

$$\boldsymbol{Q}_1=\begin{pmatrix}\frac{1}{\sqrt{3}} & \frac{-2}{\sqrt{6}} & 0\\ \frac{1}{\sqrt{3}} & \frac{1}{\sqrt{6}} & \frac{1}{\sqrt{2}}\\ \frac{-1}{\sqrt{3}} & \frac{-1}{\sqrt{6}} & \frac{1}{\sqrt{2}}\end{pmatrix}，且\ \boldsymbol{Q}_1^{-1}\boldsymbol{A}\boldsymbol{Q}_1=\begin{pmatrix}1 & & \\ & 1 & \\ & & 3\end{pmatrix}.$$

该例也说明定理 4.3.3 中的正交矩阵 T 不是唯一的.

*§4.5 矩阵级数

定义 4.5.1 设

$$A^{(k)}=\begin{pmatrix} a_{11}^{(k)} & a_{12}^{(k)} & \cdots & a_{1n}^{(k)} \\ a_{21}^{(k)} & a_{22}^{(k)} & \cdots & a_{2n}^{(k)} \\ \vdots & \vdots & & \vdots \\ a_{m1}^{(k)} & a_{m2}^{(k)} & \cdots & a_{mn}^{(k)} \end{pmatrix},k=1,2,\cdots$$

为实数域上的一系列的矩阵，则称 $A^{(1)},A^{(2)},\cdots,A^{(k)},\cdots$ 为矩阵序列，简记为 $\{A^{(k)}\}$.

如果矩阵序列 $\{A^{(k)}\}$ 的对应元素的序列 $\{a_{ij}^{(k)}\}$ 都有极限，即

$$\lim_{k\to\infty}a_{ij}^{(k)}=a_{ij}\quad(i=1,2,\cdots,m;j=1,2,\cdots,n),$$

则称矩阵序列 $\{A^{(k)}\}$ 有极限 $A=(a_{ij})_{m\times n}$，记为

$$\lim_{k\to\infty}A^{(k)}=A \text{ 或 } A^{(k)}\to A(k\to\infty).$$

这时，也称矩阵序列 $\{A^{(k)}\}$ 收敛于 A. 否则，称矩阵序列 $\{A^{(k)}\}$ 发散.

如果把 n 维列向量看做 $n\times 1$ 矩阵，则可类似地定义向量序列 $\{\alpha^{(k)}\}$ 的收敛性，其中 $\alpha^{(k)}=(a_1^{(k)},a_2^{(k)},\cdots,a_n^{(k)})^{\mathrm{T}},k=1,2,\cdots$.

例 1 设 $\alpha^{(k)}=(\frac{1}{2^k},\frac{2k}{k+1})^{\mathrm{T}}(k=1,2,\cdots)$，试讨论向量序列 $\{\alpha^{(k)}\}$ 的敛散性.

解 当 $k\to\infty$ 时，$\frac{1}{2^k}\to 0$；$\frac{2k}{k+1}\to 2$. 因此向量序列 $\{\alpha^k\}$ 收敛，且

$$\lim_{k\to\infty}\alpha^{(k)}=\begin{pmatrix}0\\2\end{pmatrix}.$$

例 2 设

$$A^{(k)}=\begin{pmatrix} \frac{1}{2^k} & \frac{1}{k} \\ \frac{2k}{k+1} & \frac{1}{3^k} \end{pmatrix}\quad(k=1,2,\cdots),$$

试讨论矩阵序列 $\{A^{(k)}\}$ 的敛散性.

解 当 $k\to\infty$ 时，$\frac{1}{2^k}\to 0,\frac{1}{k}\to 0,\frac{2k}{k+1}\to 2,\frac{1}{3^k}\to 0$. 所以 $\{A^{(k)}\}$ 收敛，且

$$\lim_{k\to\infty}A^{(k)}=\begin{pmatrix}0&0\\2&0\end{pmatrix}.$$

对于矩阵序列$\{\boldsymbol{A}^{(k)}\}$，可以考虑其各项的和$\sum\limits_{k=1}^{\infty}\boldsymbol{A}^{(k)}$的敛散性问题.一般称

$$\sum_{k=1}^{\infty}\boldsymbol{A}^{(k)}=\boldsymbol{A}^{(1)}+\boldsymbol{A}^{(2)}+\cdots+\boldsymbol{A}^{(k)}+\cdots$$

为矩阵无穷级数，简称矩阵级数. $\sum\limits_{k=1}^{\infty}\boldsymbol{A}^{(k)}$的前 k 项的和

$$\boldsymbol{S}^{(k)}=\boldsymbol{A}^{(1)}+\boldsymbol{A}^{(2)}+\cdots+\boldsymbol{A}^{(k)}\qquad(k=1,2,\cdots).$$

称为该矩阵级数的 k 项部分和. 显然，$\{\boldsymbol{S}^{(k)}\}$仍是 $m\times n$ 矩阵序列.

如果$\{\boldsymbol{S}^{(k)}\}$收敛于 $\boldsymbol{S}$，即$\lim\limits_{k\to 0}\boldsymbol{S}^{(k)}=\boldsymbol{S}$ 时，称该矩阵级数收敛. 否则，称该矩阵级数发散. 当矩阵级数 $\sum\limits_{k=1}^{\infty}\boldsymbol{A}^{(k)}$ 收敛于 $\boldsymbol{S}$ 时，就称 $\boldsymbol{S}$ 是该矩阵级数的和. 记作

$$\sum_{k=1}^{\infty}\boldsymbol{A}^{(k)}=\boldsymbol{S}.$$

对于 n 维(列)向量序列$\{\boldsymbol{\alpha}^{(k)}\}$，可以类似地定义向量无穷级数及其敛散性.

下面给出关于矩阵级数的收敛性的几个有用的定理.

定理 4.5.1　n 阶矩阵 $\boldsymbol{A}$ 的 m 次幂 $\boldsymbol{A}^m\to\boldsymbol{0}(m\to\infty)$的充分必要条件是 $\boldsymbol{A}$ 的一切特征值 λ_i 的模小于 1，即$|\lambda_i|<1\ (i=1,2,\cdots,n)$.

证明　(1)如果 $\boldsymbol{A}$ 与对角矩阵相似，即有 n 阶可逆矩阵 $\boldsymbol{P}$，使 $\boldsymbol{A}=\boldsymbol{P\Lambda P}^{-1}$，其中

$$\boldsymbol{\Lambda}=\begin{pmatrix}\lambda_1 & & & \\ & \lambda_2 & & \\ & & \ddots & \\ & & & \lambda_n\end{pmatrix},$$

$\lambda_1,\lambda_2,\cdots,\lambda_n$ 是 $\boldsymbol{A}$ 的特征值. 由 $\boldsymbol{A}^m=\boldsymbol{P\Lambda}^m\boldsymbol{P}^{-1}$ 及

$$\boldsymbol{\Lambda}^m=\begin{pmatrix}\lambda_1^m & & & \\ & \lambda_2^m & & \\ & & \ddots & \\ & & & \lambda_n^m\end{pmatrix}$$

知，$\boldsymbol{A}^m\to\boldsymbol{0}\,(m\to\infty)$的充分必要条件为 $\boldsymbol{\Lambda}^m\to\boldsymbol{0}\,(m\to\infty)$，而 $\boldsymbol{\Lambda}^m\to\boldsymbol{0}\,(m\to\infty)$的充分必要条件为$|\lambda_i^m|\to 0(m\to\infty)\ (i=1,2,\cdots,n)$，即

$$|\lambda_i|<1\quad(i=1,2,\cdots,n).$$

(2)如果 $\boldsymbol{A}$ 与对角矩阵不相似，则由 $\boldsymbol{A}$ 与若当形矩阵相似，也可以证明定理成立(证明略).

定理 4.5.2 设 n 阶矩阵 $\boldsymbol{A}=(a_{ij})_{n\times n}$，如果

(1) $\sum\limits_{j=1}^{n}|a_{ij}|<1 \quad (i=1,2,\cdots,n)$

或 (2) $\sum\limits_{i=1}^{n}|a_{ij}|<1 \quad (j=1,2,\cdots,n)$

之一成立，则矩阵 $\boldsymbol{A}$ 的所有特征值 $\lambda_i(i=1,2,\cdots,n)$ 的模 $|\lambda_i|$ 小于 1.

证明 设 λ 为 $\boldsymbol{A}$ 的任意一个特征值，$\boldsymbol{A}$ 的属于特征值 λ 的特征向量为 $\boldsymbol{\alpha}=(x_1,x_2,\cdots,x_n)^{\mathrm{T}}\neq\boldsymbol{0}$，则 $\boldsymbol{A\alpha}=\lambda\boldsymbol{\alpha}$. 即

$$\sum_{j=1}^{n}a_{ij}x_j=\lambda x_i \quad (i=1,2,\cdots,n).$$

记 $\max\limits_{1\leqslant j\leqslant n}|x_j|=|x_k|>0$，则

$$|\lambda|=\left|\frac{\lambda x_k}{x_k}\right|=\left|\sum_{j=1}^{n}a_{kj}\frac{x_j}{x_k}\right|$$

$$\leqslant\sum_{j=1}^{n}|a_{kj}|\cdot\left|\frac{x_j}{x_k}\right|\leqslant\sum_{j=1}^{n}|a_{kj}|.$$

如果条件(1)成立，则有 $|\lambda|\leqslant\sum\limits_{j=1}^{n}|a_{kj}|<1$. 由 λ 的任意性可得，$\boldsymbol{A}$ 的所有特征值的模 $|\lambda_i|<1 \quad (i=1,2,\cdots,n)$.

如果条件(2)成立，则矩阵 $\boldsymbol{A}^{\mathrm{T}}$ 的每行的元素满足条件(1). 利用(1)可得 $\boldsymbol{A}^{\mathrm{T}}$ 的所有特征值满足 $|\lambda_i|<1 \quad (i=1,2,\cdots,n)$. 而 $\boldsymbol{A}^{\mathrm{T}}$ 与 $\boldsymbol{A}$ 有相同的特征值，从而定理得证.

推理 4.5.1 设 $\boldsymbol{A}=(a_{ij})$ 为 n 阶矩阵，如果

(1) $\sum\limits_{j=1}^{n}|a_{ij}|<1 \quad (i=1,2,\cdots,n)$

或 (2) $\sum\limits_{i=1}^{n}|a_{ij}|<1 \quad (j=1,2,\cdots,n)$

之一成立，则 $\boldsymbol{A}^m\to\boldsymbol{0}(m\to\infty)$.

定理 4.5.4 设 $\boldsymbol{A}$ 为 n 阶矩阵，矩阵幂级数

$$\sum_{k=0}^{\infty}\boldsymbol{A}^k=\boldsymbol{E}+\boldsymbol{A}+\boldsymbol{A}^2+\cdots+\boldsymbol{A}^k+\cdots \tag{5.1}$$

收敛的充分必要条件是 $\boldsymbol{A}^k\to\boldsymbol{0}(k\to\infty)$. 且当 $\sum\limits_{k=0}^{\infty}\boldsymbol{A}^k$ 收敛时，有

$$\sum_{k=0}^{\infty}\boldsymbol{A}^k=(\boldsymbol{E}-\boldsymbol{A})^{-1}.$$

证明 必要性：记 $\boldsymbol{A}^k$ 的元素为 $a_{ij}^{(k)}(i,j=1,2,\cdots,n)$. 若级数(5.1)收敛，则它的每一个元素都收敛，即数项级数

$$\delta_{ij}+a_{ij}^{(1)}+a_{ij}^{(2)}+\cdots+a_{ij}^{(k)}+\cdots \quad (i,j=1,2,\cdots,n) \tag{5.2}$$

收敛,其中

$$\delta_{ij}=\begin{cases}1,i=j\\0,i\neq j\end{cases} \quad (i,j=1,2,\cdots,n).$$

而数项级数(5.2)收敛的必要条件是其一般项 $a_{ij}^{(k)}\to 0(k\to\infty)$, $(i,j=1,2\cdots,n)$. 由此可得 $\boldsymbol{A}^k=(a_{ij}^{(k)})\to\boldsymbol{0}(k\to\infty)$.

充分性:由 $\boldsymbol{A}^k\to\boldsymbol{0}(k\to\infty)$,则 $\boldsymbol{A}$ 的所有特征值的模都小于 1. 即 1 不是 $\boldsymbol{A}$ 的特征值. 所以 $\det(\boldsymbol{E}-\boldsymbol{A})\neq 0$. 又因

$$(\boldsymbol{E}+\boldsymbol{A}+\cdots+\boldsymbol{A}^k)(\boldsymbol{E}-\boldsymbol{A})=\boldsymbol{E}-\boldsymbol{A}^{k+1},$$

故有

$$\boldsymbol{E}+\boldsymbol{A}+\cdots+\boldsymbol{A}^k=(\boldsymbol{E}-\boldsymbol{A})^{-1}-\boldsymbol{A}^{k+1}(\boldsymbol{E}-\boldsymbol{A})^{-1}.$$

当 $k\to\infty$ 时,$\boldsymbol{A}^{k+1}\to\boldsymbol{0}$,上式化为

$$\sum_{k=0}^{\infty}\boldsymbol{A}^k=\boldsymbol{E}+\boldsymbol{A}+\cdots+\boldsymbol{A}^k+\cdots=(\boldsymbol{E}-\boldsymbol{A})^{-1}.$$

定理 4.5.1,定理 4.5.2 及定理 4.5.3 在许多线性经济模型(如投入产出分析,见 §4.6)中有重要的应用.

*§4.6　投入产出数学模型

投入产出分析也称为投入产出法或投入产出技术. 这一方法是美国经济学家 W·列昂节夫(Leotief)于 20 世纪 30 年代首先提出的. 他利用线性代数的理论和方法,研究一个经济系统(企业、地区、国家等)的各部门之间错综复杂的联系,建立起相应的数学模型——投入产出模型,用于经济分析和预测. 目前,这一方法已在世界各国得到普遍的推广和应用.

投入产出模型按计算单位的不同,可分为价值型和实物型. 在价值型模型中,各部门的产出、投入均以货币单位表示;在实物型模型中,则按各产品的实物单位(如吨、米等)为单位. 我们先讨论价值型投入产出模型.

1. 投入产出(平衡)表

考虑一个具有 n 个部门的经济系统,各部门分别称为部门 1,部门 2,…,部门 n. 并假设

(1) 部门 i 仅生产一种产品 i(称为部门 i 的产出),并且没有联合生产. 不同部门的产品不能相互替代.

由这一假设可以看出,部门与产出之间是一一对应的.

(2) 部门 i 在生产过程中至少需要消耗另一部门 j 的产品(称为部

门 j 在部门 i 的投入)，并且消耗的各部门产品的投入量与该部门的总产出量成正比.

首先，我们利用某年的经济统计数据，编制投入产出(平衡)表(表 4-1). 其中 x_i = 部门 i 的总产量($i=1,2,\cdots,n$).

x_{ij} = 部门 j 在生产过程中需消耗部门 i 的产品数量. $x_{ij}\geqslant 0$ ($i,j=1,2,\cdots,n$)也称为部门间的流量.

y_i = 部门 i 的总产量 x_i 扣除用于其他各部门(包括本部门)的生产消耗后的余量(用于社会积累和消费). y_i 亦称部门 i 的最终产出($i=1,2,\cdots,n$).

z_j = 部门 j 的新创价值($j=1,2,\cdots,n$). 它是部门 j 的劳动报酬 V_j(工资、奖金及其他劳动收入)与纯收入 m_j(税金、利润等)的总和.

表 4-1 可以分为四个部分(象限) $\dfrac{\text{I}\ \|\ \text{II}}{\text{III}\ \|\ \text{IV}}$ (其中第Ⅳ部分在表中略). 在第Ⅰ象限中，第 i 行表明部门 i 作为生产部门，其产品在生产过程中提供给其他各部门的消耗数量；第 j 列表明部门 j 在生产过程中消耗其他部门产品的数量. 在第Ⅱ象限中，第 i 行表明部门 i 的产出作为最终产品用于积累、消费等情况. 在第Ⅲ象限中，第 j 列表明部门 j 的新创造价值；各行则反映了各部门新创造价值的构成. 第Ⅳ象限反映了非生产单位通过国民收入再分配所形成的收入，比较复杂，一般不编制表的这一部分.

表 4-1　价值型投入产出表

部门间流量（投入 \ 产出）		中间产出							最终产出				总产品
		部门 1	部门 2	…	部门 j	…	部门 n	合计$\sum$	积累	消费	…	合计$\sum$	
物质消耗	部门 1	x_{11}	x_{12}	…	x_{1j}	…	x_{1n}	$\sum_j x_{1j}$	k_1	W_1		y_1	x_1
	部门 2	x_{21}	x_{22}	…	x_{2j}	…	x_{2n}	$\sum_j x_{2j}$	k_2	W_2		y_2	x_2
	⋮	⋮	⋮		⋮		⋮	⋮	⋮	⋮		⋮	⋮
	部门 n	x_{n1}	x_{n2}	…	x_{nj}	…	x_{nn}	$\sum_j x_{nj}$	k_n	W_n		y_n	x_n
合计$\sum$		$\sum_i x_{i1}$	$\sum_i x_{i2}$	…	$\sum_i x_{ij}$	…	$\sum_i x_{in}$	$\sum_i\sum_j x_{ij}$				$\sum_i y_i$	$\sum_i x_i$
新创造价值	劳动报酬	V_1	V_2	…	V_j	…	V_n	$\sum_j V_j$					
	纯收入	m_1	m_2	…	m_j	…	m_n	$\sum_j m_j$					
	合计$\sum$	z_1	z_2	…	z_j	…	z_n	$\sum_j z_j$					
总投入		x_1	x_2	…	x_j	…	x_n	$\sum_j x_j$					

2. 平衡方程组

根据表 4-1 的第Ⅰ、Ⅱ象限,可得平衡关系式

$$x_i = \sum_{j=1}^{n} x_{ij} + y_i \quad (i=1,2,\cdots,n). \tag{6.1}$$

(总产品=中间产品+最终产品)

根据表 4-1 的第Ⅰ、Ⅲ象限,可得平衡关系式

$$x_j = \sum_{i=1}^{n} x_{ij} + z_j \quad (j=1,2,\cdots,n). \tag{6.2}$$

(总投入=特质消耗+新创造价值)

一般,称(6.1)为产品分配平衡方程组,称(6.2)为产值构成平衡方程组.

3. 直接消耗系数

由前面的假设条件(2),记

$$a_{ij} = \frac{x_{ij}}{x_j} \quad (i,j=1,2,\cdots,n). \tag{6.3}$$

a_{ij} 表示生产单位产品 j 所需直接消耗产品 i 的数量.一般称之为第 j 部门对第 i 部门的直接消耗系数.

物质生产部门之间的直接消耗系数,基本上是技术性的,因而是相对稳定的,通常也叫作技术系数.

各部门间的直接消耗系数构成的 n 阶矩阵

$$\boldsymbol{A} = \begin{pmatrix} a_{11} & a_{12} & \cdots & a_{1n} \\ a_{21} & a_{22} & \cdots & a_{2n} \\ \vdots & \vdots & & \vdots \\ a_{n1} & a_{n2} & \cdots & a_{nn} \end{pmatrix}$$

称为直接消耗系数矩阵.

直接消耗矩阵 $\boldsymbol{A}$ 具有下列性质:

性质 4.6.1　$\boldsymbol{A}$ 的所有元素非负,即 $\boldsymbol{A} \geqslant \boldsymbol{0}$.

这一结论可由 $a_{ij} = x_{ij}/x_j \geqslant 0 \quad (i,j=1,2,\cdots,n)$ 直接得到.

性质 4.6.2　$\boldsymbol{A}$ 的各列元素之和小于 1,即

$$\sum_{i=1}^{n} a_{ij} < 1 \quad (j=1,2,\cdots,n).$$

这一结论可以由表 4-1 的经济意义推出.事实上,如果存在 k $(1 \leqslant k \leqslant n)$,

使 $\sum_{i=1}^{n} a_{ik} \geqslant 1$. 由 $a_{ik} = x_{ik}/x_k \quad (i = 1,2,\cdots,n)$，可得 $\sum_{i=1}^{n} x_{ik} \geqslant x_k$. 这表明，部门 k 的总产出尚未超过该部门进行生产活动的总消 耗，这样的生产活动是无法进行的. 由此可得性质 4.5.2 成立.

由性质 4.5.1 和 4.5.2，立刻可以得到

$$0 \leqslant a_{ij} < 1 \quad (i,j=1,2,\cdots,n).$$

显然，直接消耗矩阵 $\boldsymbol{A}$ 满足定理 4.5.2 的条件，所以 $\boldsymbol{A}$ 的所有特征值的模 $|\lambda_i| < 1 \quad (i=1,2,\cdots,n)$. 根据定理 4.5.1 和定理 4.5.4，矩阵 $\boldsymbol{E}-\boldsymbol{A}$ 可逆，且

$$(\boldsymbol{E}-\boldsymbol{A})^{-1} = \sum_{k=0}^{\infty} \boldsymbol{A}^k.$$

由于 $\boldsymbol{A}$ 的所有元素非负，由上式可知 $(\boldsymbol{E}-\boldsymbol{A})^{-1}$ 的所有元素也非负.

利用直接消耗系数 $\boldsymbol{A}$，产品分配平衡方程组和产值构成平衡方程组可以写成矩阵形式.

由(6.3)有 $x_{ij} = a_{ij}x_j \quad (i,j=1,2,\cdots,n)$，代入(6.1)，可得

$$x_i = \sum_{j=1}^{n} a_{ij}x_j + y_i \quad (i=1,2,\cdots,n),$$

即

$$\begin{cases} x_1 = a_{11}x_1 + a_{12}x_2 + \cdots + a_{1n}x_n + y_1 \\ x_2 = a_{21}x_1 + a_{22}x_2 + \cdots + a_{2n}x_n + y_2 \\ \cdots\cdots\cdots\cdots\cdots\cdots\cdots\cdots\cdots\cdots \\ x_n = a_{n1}x_1 + a_{n2}x_2 + \cdots + a_{nn}x_n + y_n \end{cases} \tag{6.4}$$

记

$$\boldsymbol{X} = \begin{pmatrix} x_1 \\ x_2 \\ \vdots \\ x_n \end{pmatrix}, \boldsymbol{Y} = \begin{pmatrix} y_1 \\ y_2 \\ \vdots \\ y_n \end{pmatrix},$$

则方程组(6.4)可写成矩阵形式 $\boldsymbol{X}=\boldsymbol{AX}+\boldsymbol{Y}$，或

$$(\boldsymbol{E}-\boldsymbol{A})\boldsymbol{X}=\boldsymbol{Y}, \tag{6.5}$$

其中，$\boldsymbol{X}$ 称为总产出向量，$\boldsymbol{Y}$ 称为最终需求向量.

把 $x_{ij} = a_{ij}x_j \quad (i,j = 1,2,\cdots,n)$ 代入(6.2)，得

$$x_j = \sum_{i=1}^{n} a_{ij}x_j + z_j \quad (j = 1,2,\cdots,n),$$

即

$$\begin{cases} x_1 = a_{11}x_1 + a_{21}x_1 + \cdots + a_{n1}x_1 + z_1 \\ x_2 = a_{12}x_2 + a_{22}x_2 + \cdots + a_{n2}x_2 + z_2 \\ \cdots\cdots\cdots\cdots\cdots\cdots\cdots\cdots\cdots\cdots\cdots\cdots \\ x_n = a_{1n}x_n + a_{2n}x_n + \cdots + a_{nn}x_n + z_n. \end{cases} \tag{6.6}$$

记 $\boldsymbol{D} = \mathrm{diag}\left(\sum_{i=1}^{n} a_{i1}, \sum_{i=1}^{n} a_{i2}, \cdots, \sum_{i=1}^{n} a_{in}\right)$，$\boldsymbol{Z} = (z_1, z_2, \cdots, z_n)^{\mathrm{T}}$，则方程组(6.6)可写成矩阵形式 $\boldsymbol{X} = \boldsymbol{DX} + \boldsymbol{Z}$，或

$$(\boldsymbol{E} - \boldsymbol{D})\boldsymbol{X} = \boldsymbol{Z}, \tag{6.7}$$

其中 $\boldsymbol{Z}$ 也称为新创价值向量.

方程组(6.5)和(6.7)称为(静态)投入产出分析的基本模型.

4. 平衡方程组的解

利用投入产出数学模型进行经济分析时，首先要根据该经济系统报告期的数据求出直接消耗系数矩阵 $\boldsymbol{A}$，并假设在未来计划期内直接消耗系数 a_{ij} $(i, j = 1, 2, \cdots, n)$ 保持不变，则由方程组(6.5)和(6.7)求出平衡方程组的解，从而对未来的经济发展进行预测和分析.

(1) 解产品分配平衡方程组.

在模型(6.5)中，

① 如果总产出向量 $\boldsymbol{X} = (x_1, x_2, \cdots, x_n)^{\mathrm{T}}$ 已知，则可求出最终需求向量

$$\boldsymbol{Y} = (\boldsymbol{E} - \boldsymbol{A})\boldsymbol{X}.$$

② 如果已知最终需求向量 $Y = (y_1, y_2, \cdots, y_n)^{\mathrm{T}} \geqslant \boldsymbol{0}$，则可求得总产出向量

$$\boldsymbol{X} = (\boldsymbol{E} - \boldsymbol{A})^{-1}\boldsymbol{Y} \geqslant \boldsymbol{0},$$

即 $\boldsymbol{X} = (x_1, x_2, \cdots, x_n)^{\mathrm{T}}$ 的各分量 $x_i \geqslant 0$ $(i = 1, 2, \cdots, n)$. 而这样的解在经济预测和分析中才具有实际意义.

(2) 解产值构成平衡方程组.

在模型(6.7)中，根据直接消耗系数矩阵 $\boldsymbol{A}$ 的性质 4.6.2，对角矩阵 $(\boldsymbol{E} - \boldsymbol{D})$ 的主对角线元素均为正数，因此 $(\boldsymbol{E} - \boldsymbol{D})$ 可逆，且 $(\boldsymbol{E} - \boldsymbol{D})^{-1} \geqslant \boldsymbol{0}$.

①如果总产出向量 $\boldsymbol{X} = (x_1, x_2, \cdots, x_n)^{\mathrm{T}}$ 已知，则可求得新创价值向量

$$\boldsymbol{Z} = (\boldsymbol{E} - \boldsymbol{D})\boldsymbol{X}.$$

②如果已知新创价值向量 $\boldsymbol{Z} \geqslant \boldsymbol{0}$ 时，则可求出对应的总产出向量

$$\boldsymbol{X} = (\boldsymbol{E} - \boldsymbol{D})^{-1}\boldsymbol{Z} \geqslant \boldsymbol{0}.$$

例 1 设有一经济系统包括 3 个部门，基于某年的统计数据，制定的投入产出表如下：

表 4-2 （单位：万元）

部门间流量 投入 \ 产出	中间产出			合计	最终需求 Y	总产出 X
	部门 1	部门 2	部门 3			
部门 1	27	44	2	73	120	193
部门 2	58	11 010	182	11 250	13 716	24 966
部门 3	23	284	153	460	960	1 420
合计	108	11 338	337			
新创价值 Z	85	13 628	1 083			
总投入 X	193	24 966	1 420			

根据表 4-2 和直接消耗系数的定义，可求出 $a_{ij}\,(i,j=1,2,3)$，得直接消耗系数矩阵 $\boldsymbol{A}$ 和 $\boldsymbol{E}-\boldsymbol{A}$：

$$\boldsymbol{A}=\begin{pmatrix}0.139\,9 & 0.001\,8 & 0.001\,4\\ 0.300\,5 & 0.441\,0 & 0.128\,2\\ 0.119\,2 & 0.011\,4 & 0.107\,7\end{pmatrix},$$

$$\boldsymbol{E}-\boldsymbol{A}=\begin{pmatrix}0.860\,1 & -0.001\,8 & -0.001\,4\\ -0.300\,5 & 0.559\,0 & -0.128\,2\\ -0.119\,2 & -0.011\,4 & 0.892\,3\end{pmatrix}.$$

可以计算

$$(\boldsymbol{E}-\boldsymbol{A})^{-1}=\begin{pmatrix}1.164.3 & 0.003\,8 & 0.002\,4\\ 0.663\,5 & 1.796\,2 & 0.259\,1\\ 0.164\,0 & 0.023\,4 & 1.124\,3\end{pmatrix}.$$

如果给定下一年计划的最终需求向量

$$\boldsymbol{Y}=(135,13\,820,1\,023)^{\mathrm{T}},$$

则由模型(6.5)，有

$$\boldsymbol{X}=(\boldsymbol{E}-\boldsymbol{A})^{-1}\boldsymbol{Y}=\begin{pmatrix}212\\ 25\,178\\ 1\,496\end{pmatrix}.$$

从而可预测下一年各部门的总产出为 $x_1=212$，$x_2=25\ 178$，$x_3=1\ 496$. 利用这一结果，可以进一步得到 $x_{ij}=a_{ij}x_j\,(i,j=1,2,3)$ 和 $z_j\,(j=1,2,3)$. 即可预测下一年各部门间的流量和各部门的新创价值（表 4-3），从而为决策提供依据.

如果部门很多时，可以借助计算机求近似解.

表 4-3

部门间流量 投入\产出	中间产品			最终产品 Y	总产出 X
	部门 1	部门 2	部门 3		
部门 1	29.7	45.3	2.1	135	212.1
部门 2	63.5	11 103.2	191.3	13 820	25 178
部门 3	25.3	287.0	161.1	1 023	1 496.4
新创价值 Z	93.6	13 742.5	1 141.9		
总投入	212.1	25 178.0	1 496.4		

(表中各数据均为近似值).

5. 完全消耗系数

直接消耗系数 $a_{ij}(i,j=1,2,\cdots,n)$表示生产单位产品 j 时所需直接消耗产品 i 的数量. 然而,在生产过程中,除了部门间的这种直接联系外,各部门间还具有间接的联系. 例如,在炼钢过程中除直接消耗煤以外,还要消耗其他部门的产品,如电力、机械设备等. 而生产这些产品时也要消耗煤,这些煤对炼钢部门来讲就是间接消耗. 而电力部门和机械等部门也通过其他部门再间接消耗煤. 对于炼钢部分而言,这类间接消耗是对煤的更高一级的间接消耗. 依此类推,炼钢部门对煤的消耗包括直接消耗和多次的间接消耗.

一般,部门 j 除直接消耗部门 i 的产品外,还要通过一系列中间环节形成对部门 i 产品的间接消耗. 直接消耗与间接消耗的和,称为完全消耗.

设 $b_{ij}(i,j=1,2,\cdots,n)$表示生产过程中,生产单位产品 j 需要完全消耗的产品 i 的数量,称为第 j 部门对第 i 部门的完全消耗系数. 根据完全消耗的意义,有

$$b_{ij}=a_{ij}+\sum_{k=1}^{n}b_{ik}a_{kj}\quad(i,j=1,2,\cdots,n) \tag{6.8}$$

上式右端第一项为直接消耗,第二项为全部间接消耗.

记矩阵

$$\boldsymbol{B}=\begin{pmatrix} b_{11} & b_{12} & \cdots & b_{1n} \\ b_{21} & b_{22} & \cdots & b_{2n} \\ \vdots & \vdots & & \vdots \\ b_{n1} & b_{n2} & \cdots & b_{nn} \end{pmatrix},$$

则(6.8)可以写成矩阵形式:

$$\boldsymbol{B}=\boldsymbol{A}+\boldsymbol{BA},$$

或 $\boldsymbol{B}(\boldsymbol{E}-\boldsymbol{A})=\boldsymbol{A}$. 两边右乘$(\boldsymbol{E}-\boldsymbol{A})^{-1}$,得

$$B=A(E-A)^{-1}=[E-(E-A)](E-A)^{-1},$$

即
$$B=(E-A)^{-1}-E. \tag{6.9}$$

矩阵 B 称为完全消耗系数矩阵. 利用上式和定理 4.6.4,有

$$B=A+A^2+A^3+\cdots+A^k+\cdots$$

这一等式右端的第一项 A 是直接消耗系数矩阵,以后的各项可以解释为各次间接消耗的和.

由于 $X=(E-A)^{-1}Y$,由(6.9)可得

$$X=(B+E)Y.$$

上式说明:如果已知完全消耗系数矩阵 B 和最终产品向量 Y,就可以直接计算出总产出向量 X.

在本章的最后,我们介绍一下实物型投入产出模型.

设根据某年的统计资料,得到表 4-4:

表 4-4 中,$q_{ij}(i,j=1,2,\cdots,n)$表示在生产过程中部门 j 对部门 i 的产品消耗量(实物单位). 最终产品栏中的 $q_i(i=1,2,\cdots,n)$表示产品 i 作为最终产品(包括消费、积累等)使用的数量. $Q_i(i=1,2,\cdots,n)$为产品 i 的总产出量.

由表 4-4 的第 i 行,可得

$$Q_i=\sum_{j=1}^{n}q_{ij}+q_i \quad (i=1,2,\cdots,n). \tag{6.10}$$

如果记

$$\tilde{a}_{ij}=\frac{q_{ij}}{Q_j} \quad (i,j=1,2,\cdots,n), \tag{6.11}$$

则 $\tilde{a}_{ij}$ 表示生产单位产品 j 所需直接消耗的产品 i 的数量. 注意 $\tilde{a}_{ij}\geqslant 0$,但不一定小于 1. $\tilde{a}_{ij}(i,j=1,2,\cdots,n)$也称为直接消耗系数或技术系数,类似于价值型投入产出模型. 记 $\tilde{A}=(\tilde{a}_{ij})_{n\times n}$,$\tilde{A}$ 也称为直接消耗系数矩阵.

表 4-4 实物型投入产出表

部门间流量 / 投入 \ 产出		中间产品 部门 1	部门 2	…	部门 j	…	部门 n	合计	最终产品	总产品
物质消耗	部门 1	q_{11}	q_{12}	…	q_{1j}	…	q_{1n}	$\sum_j q_{1j}$	q_1	Q_1
	部门 2	q_{21}	q_{22}	…	q_{2j}	…	q_{2n}	$\sum_j q_{2j}$	q_2	Q_2
	⋮	⋮	⋮		⋮		⋮	⋮	⋮	⋮
	部门 n	q_{n1}	q_{n2}	…	q_{nj}	…	q_{nn}	$\sum_j q_{nj}$	q_n	Q_n
新创造价值(万元)		$\hat{z}_1$	$\hat{z}_2$	…	$\hat{z}_j$	…	$\hat{z}_n$			

把(4.11)代入(4.10),得

$$Q_i = \sum_{j=1}^{n} \tilde{a}_{ij} Q_j + q_i \quad (i=1,2,\cdots,n).$$

记 $\boldsymbol{Q}=(Q_1,Q_2,\cdots,Q_n)^{\mathrm{T}}$,$\boldsymbol{q}=(q_1,q_2,\cdots,q_n)^{\mathrm{T}}$. 上式用矩阵形式写为

$$(\boldsymbol{E}-\widetilde{\boldsymbol{A}})\boldsymbol{Q}=\boldsymbol{q}. \tag{6.12}$$

由于各部门计量单位不同,表 4-4 中各列的分量不能直接相加. 然而,如果设产品 j 的价值为 $p_j>0$ $(j=1,2,\cdots,n)$,则由表 4-4 的各列可得

$$p_j Q_j = \sum_{i=1}^{n} p_i q_{ij} + \hat{z}_j \quad (j=1,2,\cdots,n). \tag{6.13}$$

即,总产值=总消耗(价值)+新创造价值.

在(6.13)两边除以 $Q_j>0$,并记 $\tilde{z}_j=\dfrac{\hat{z}_j}{Q_j}$ $(j=1,2,\cdots,n)$,得

$$p_j = \sum_{i=1}^{n} p_i \tilde{a}_{ij} + \tilde{z}_j \quad (j=1,2,\cdots,n).$$

如果设 $\boldsymbol{p}=(p_1,p_2,\cdots,p_n)^{\mathrm{T}}$,$\widetilde{\boldsymbol{Z}}=(\tilde{z}_1,\tilde{z}_2,\cdots,\tilde{z}_n)^{\mathrm{T}}$,则上式可写成矩阵形式 $\boldsymbol{p}^{\mathrm{T}}=\boldsymbol{p}^{\mathrm{T}}\widetilde{\boldsymbol{A}}+\widetilde{\boldsymbol{Z}}^{\mathrm{T}}$,或

$$\boldsymbol{p}^{\mathrm{T}}(\boldsymbol{E}-\widetilde{\boldsymbol{A}})^{\mathrm{T}}=\widetilde{\boldsymbol{Z}}^{\mathrm{T}}, \tag{6.14}$$

其中 $\boldsymbol{p}$ 称为价值向量,$\widetilde{\boldsymbol{Z}}$ 称为新创价值向量.

(6.12)和(6.14)称为(实物型)投入产出基本模型.

如果在今后若干年内,技术系数 $\tilde{a}_{ij}$ $(i,j=1,2,\cdots,n)$保持不变,则在已知最终需求 $\boldsymbol{q}$(或新创价值 $\widetilde{\boldsymbol{Z}}$)时,就可由(6.12)(或(6.14))求出总产出 $\boldsymbol{Q}$(或价值向量 $\boldsymbol{p}$),这为预测将来经济的发展提供了可靠的定量分析结果.

应注意,在价值型和实物型投入产出模型中,虽然直接消耗系数矩阵 $\boldsymbol{A}$ 和 $\widetilde{\boldsymbol{A}}$ 具有不同的经济意义,然而,我们可以证明:

定理 4.6.1　价值型直接消耗系数矩阵 $\boldsymbol{A}$ 与对应的实物型直接消耗系数矩阵 $\widetilde{\boldsymbol{A}}$ 相似.

证明　根据表 4-1 和表 4-4 中各流量的意义,有

$$x_{ij}=p_i q_{ij} \quad (i,j=1,2,\cdots,n),$$
$$x_j=p_j Q_j \quad (j=1,2,\cdots,n).$$

所以 $a_{ij}=\dfrac{x_{ij}}{x_j}=\dfrac{p_i q_{ij}}{p_j Q_j}=\dfrac{p_i}{p_j}\tilde{a}_{ij}$,或

$$\tilde{a}_{ij}=\frac{p_j}{p_i}\cdot a_{ij} \quad (i,j=1,2,\cdots,n).$$

从而

$$\widetilde{A}=\begin{pmatrix}\widetilde{a}_{11} & \widetilde{a}_{12} & \cdots & \widetilde{a}_{1n}\\ \widetilde{a}_{21} & \widetilde{a}_{22} & \cdots & \widetilde{a}_{2n}\\ \vdots & \vdots & & \vdots\\ \widetilde{a}_{n1} & \widetilde{a}_{2n} & \cdots & \widetilde{a}_{m}\end{pmatrix}=\begin{pmatrix}\frac{p_1}{p_1}a_{11} & \frac{p_2}{p_1}a_{12} & \cdots & \frac{p_n}{p_1}a_{1n}\\ \frac{p_1}{p_2}a_{21} & \frac{p_2}{p_2}a_{22} & \cdots & \frac{p_n}{p_2}a_{2n}\\ \vdots & \vdots & & \vdots\\ \frac{p_1}{p_n}a_{n1} & \frac{p_2}{p_n}a_{n2} & \cdots & \frac{p_n}{p_n}a_{m}\end{pmatrix}$$

$$=\begin{pmatrix}1/p_1 & & & \\ & 1/p_2 & & \\ & & \ddots & \\ & & & 1/p_n\end{pmatrix}\begin{pmatrix}a_{11} & a_{12} & \cdots & a_{1n}\\ a_{21} & a_{22} & \cdots & a_{2n}\\ \vdots & \vdots & & \vdots\\ a_{n1} & a_{n2} & \cdots & a_{m}\end{pmatrix}\begin{pmatrix}p_1 & & & \\ & p_2 & & \\ & & \ddots & \\ & & & p_n\end{pmatrix}.$$

记 $\boldsymbol{P}=\mathrm{diag}(p_1,p_2,\cdots,p_n)$，则有

$$\widetilde{\boldsymbol{A}}=\boldsymbol{P}^{-1}\boldsymbol{A}\boldsymbol{P}$$

即 $\boldsymbol{A}\sim\widetilde{\boldsymbol{A}}$.

虽然在理论上实物型与价值型投入产出模型可以相互转化，但在实际编制投入产出表时，由于划分部门等困难，一般多采用价值型投入产出表(模型). 投入产出分析的理论和应用还涉及许多问题，这里不再深入讨论.

习题四

1. 求下列矩阵的特征值和特征向量：

(1) $\boldsymbol{A}=\begin{pmatrix}5 & 6 & -3\\ -1 & 0 & 1\\ 1 & 2 & 1\end{pmatrix}$；　(2) $\boldsymbol{A}=\begin{pmatrix}2 & 1 & 1\\ 0 & 2 & 0\\ 0 & -1 & 1\end{pmatrix}$；

(3) $\boldsymbol{A}=\begin{pmatrix}0 & 0 & 1\\ 0 & 1 & 0\\ 1 & 0 & 0\end{pmatrix}$；　(4) $\boldsymbol{A}=\begin{pmatrix}3 & 1 & 1\\ 2 & 4 & 2\\ 1 & 1 & 3\end{pmatrix}$；

(5) $\boldsymbol{A}=\begin{pmatrix}1 & 3 & 1 & 2\\ 0 & -1 & 1 & 3\\ 0 & 0 & 2 & 5\\ 0 & 0 & 0 & 2\end{pmatrix}$.

2. 设 λ_0 为 n 阶矩阵 $\boldsymbol{A}$ 的一个特征值，证明：

(1) $k\lambda_0$ 为 $k\boldsymbol{A}$ 的一个特征值(k 为任意实数)；

(2) λ_0^m 为 $\boldsymbol{A}^m$ 的一个特征值(m 为正整数)；

(3) 若 $\boldsymbol{A}$ 可逆，则 $\frac{1}{\lambda_0}$ 是 $\boldsymbol{A}^{-1}$ 的一个特征值；

(4) $1+\lambda$ 为 $\boldsymbol{E}+\boldsymbol{A}$ 的一个特征值.

3. 如果正交矩阵 $\boldsymbol{A}$ 有实特征值 λ_0，证明 $\lambda_0=\pm1$.

4. 如果 n 阶矩阵 $\boldsymbol{A}$ 满足 $\boldsymbol{A}^2=\boldsymbol{A}$，则称 $\boldsymbol{A}$ 是幂等矩阵. 试证幂等矩阵的特征值只能是 0 或 1.

5. 设矩阵 $\boldsymbol{A}$ 非奇异，证明：$\boldsymbol{AB}\sim\boldsymbol{BA}$.

6. 设 $\boldsymbol{A}\sim\boldsymbol{B},\boldsymbol{C}\sim\boldsymbol{D}$，证明：$\begin{pmatrix}\boldsymbol{A}&\boldsymbol{0}\\\boldsymbol{0}&\boldsymbol{C}\end{pmatrix}\sim\begin{pmatrix}\boldsymbol{B}&\boldsymbol{0}\\\boldsymbol{0}&\boldsymbol{D}\end{pmatrix}$.

7. 判断下列矩阵是否能对角化，若可对角化，试求可逆矩阵 $\boldsymbol{P}$，使 $\boldsymbol{P}^{-1}\boldsymbol{AP}$ 为对角矩阵.

(1) $\boldsymbol{A}=\begin{pmatrix}1&1\\-1&3\end{pmatrix}$；　(2) $\boldsymbol{A}=\begin{pmatrix}1&-3&3\\3&-5&3\\6&-6&4\end{pmatrix}$；

(3) $\boldsymbol{A}=\begin{pmatrix}1&-1&1\\2&4&-2\\-3&-3&5\end{pmatrix}$；　(4) $\boldsymbol{A}=\begin{pmatrix}1&1&0\\0&1&0\\0&0&1\end{pmatrix}$.

8. 判断第 1 题中的各矩阵是否可对角化，若可对角化，试求出可逆矩阵 $\boldsymbol{P}$，使 $\boldsymbol{P}^{-1}\boldsymbol{AP}$ 为对角矩阵.

9. 设矩阵 $\boldsymbol{A}=\begin{pmatrix}0&0&1\\x&1&y\\1&0&0\end{pmatrix}$ 可相似于一个对角矩阵，试讨论 x,y 应满足的条件.

10. 设三阶矩阵 $\boldsymbol{A}=\begin{pmatrix}2&1&1\\0&2&0\\0&-1&1\end{pmatrix}$，求 $\boldsymbol{A}^n$（n 为正整数）.

11. 设

$$\boldsymbol{\alpha}_1=(1,1,1,1)^{\mathrm{T}},\boldsymbol{\alpha}_2=(3,3,1,1)^{\mathrm{T}},$$
$$\boldsymbol{\alpha}_3=(3,1,3,1)^{\mathrm{T}},\boldsymbol{\alpha}_4=(3,-1,4,2)^{\mathrm{T}}$$

为 $\mathbf{R}^4$ 的一组线性无关的向量. 利用施密特正交化方法求出与 $\boldsymbol{\alpha}_1,\boldsymbol{\alpha}_2,\boldsymbol{\alpha}_3,\boldsymbol{\alpha}_4$ 等价的一组标准正交向量.

12. 求正交矩阵 $\boldsymbol{Q}$，使 $\boldsymbol{Q}^{-1}\boldsymbol{AQ}$ 为对角矩阵.

(1) $\boldsymbol{A}=\begin{pmatrix}1&1&1\\1&1&1\\1&1&1\end{pmatrix}$；　(2) $\boldsymbol{A}=\begin{pmatrix}3&2&4\\2&0&2\\4&2&3\end{pmatrix}$；

(3) $\boldsymbol{A}=\begin{pmatrix}1&-2&0\\-2&2&-2\\0&-2&3\end{pmatrix}$；　(4) $\boldsymbol{A}=\begin{pmatrix}1&1&0&-1\\1&1&-1&0\\0&-1&1&1\\-1&0&1&1\end{pmatrix}$.

13. 设三阶实对称矩阵 $\boldsymbol{A}$ 的特征值 $\lambda_1=0,\lambda_2=1$（二重）. $\boldsymbol{A}$ 的属于 λ_1 的特征向量为 $\boldsymbol{\alpha}_1=(0,1,1)^{\mathrm{T}}$，求 $\boldsymbol{A}$.

14. 设 $\boldsymbol{A},\boldsymbol{B}$ 都是实对称矩阵，证明：存在正交矩阵 $\boldsymbol{Q}$ 使 $\boldsymbol{Q}^{-1}\boldsymbol{AQ}=\boldsymbol{B}$ 的充分必要条件是 $\boldsymbol{A}$ 与 $\boldsymbol{B}$ 有相同的特征值.

15. 设 $\boldsymbol{A}$ 是秩为 r 的 n 阶实对称矩阵，且 $\boldsymbol{A}$ 为幂等矩阵，证明：存在正交矩阵 $\boldsymbol{Q}$，使得

$$\boldsymbol{Q}^{-1}\boldsymbol{A}\boldsymbol{Q}=\begin{pmatrix}\boldsymbol{E}_r & \\ & \boldsymbol{0}\end{pmatrix}.$$

16. 设 $\boldsymbol{A}$ 为 n 阶实对称矩阵，且 $\boldsymbol{A}^2=\boldsymbol{E}$，证明：存在正交矩阵 $\boldsymbol{Q}$，使得

$$\boldsymbol{Q}^{-1}\boldsymbol{A}\boldsymbol{Q}=\mathrm{diag}\,(1,\cdots,1,-1,\cdots,-1).$$

17. 设矩阵 $\boldsymbol{A}=\begin{pmatrix}0.2 & 0.5 & 0.1\\ 0.1 & 0.5 & 0.3\\ 0.2 & 0.4 & 0.2\end{pmatrix}$，求 $\lim\limits_{n\to\infty}\boldsymbol{A}^n$.

第 5 章

二次型

二次型的理论起源于解析几何中二次曲线和二次曲面的研究.在平面解析几何里,中心在坐标原点的二次曲线的一般方程为

$$ax^2+bxy+cy^2=d. \qquad ①$$

当选取适当的角度 θ,作坐标旋转变换

$$\begin{cases} x=x'\cos\theta-y'\sin\theta \\ y=x'\sin\theta+y'\cos\theta \end{cases} \qquad ②$$

后,①式化为标准形

$$a'x'^2+b'y'^2=d. \qquad ③$$

①式的左端是一个二次齐次多项式,我们称它为 x,y 的二次型.③式的左端为 x',y' 的二次型,且只含平方项,通常称为平方和的形式.由③可以很方便地判别曲线的类型.从代数的观点看,上述二次曲线方程的化简问题就是用变量的可逆线性替换②化简二次型①,使之成为平方和的形式.类似于这种把二次齐次方程化为标准形的问题,不但在几何中出现,而且在数学的其他分支,力学以及经济管理领域中的许多数学模型里都常常碰到.本章主要讨论如何用可逆的线性替换把含几个变量的二次齐次方程化为平方和的形式.

§5.1　二次型的概念

定义 5.1.1　一个系数在数域 F 中的含有 n 个变量 $x_1,x_2,\cdots,x_n$ 的二次齐次多项式

$$\begin{aligned} f(x_1,x_2,\cdots,x_n)=a_{11}x_1^2&+2a_{12}x_1x_2+\cdots+2a_{1n}x_1x_n \\ &+a_{22}x_2^2+\cdots+2a_{2n}x_2x_n \\ &+\cdots\cdots \\ &+a_{nn}x_n^2 \end{aligned} \qquad (1.1)$$

称为数域 F 上的一个 n 元二次型，简称为二次型.

当 $a_{ij}(1\leqslant i<j\leqslant n)$ 为实数时，$f(x_1,x_2,\cdots,x_n)$ 称为实二次型. 本章只讨论实二次型.

二次型的上述记法相当麻烦，讨论起来很不方便. 如果采用矩阵形式表示就简单得多. 先看下面的例子.

例 1 设二次型

$$\begin{aligned}f(x_1,x_2,x_3)&=x_1^2-3x_2^2-2x_1x_2+2x_1x_3-6x_2x_3\\&=x_1^2-x_1x_2+x_1x_3\\&\quad -x_1x_2-3x_2^2-3x_2x_3\\&\quad +x_1x_3-3x_2x_3+0x_3^2\\&=(x_1,x_2,x_3)\begin{pmatrix}1&-1&1\\-1&-3&-3\\1&-3&0\end{pmatrix}\begin{pmatrix}x_1\\x_2\\x_3\end{pmatrix}.\end{aligned}$$

若记 $\boldsymbol{X}=(x_1,x_2,x_3)^{\mathrm{T}}$，$\boldsymbol{A}=\begin{pmatrix}1&-1&1\\-1&-3&-3\\1&-3&0\end{pmatrix}$，则二次型可记为

$$f(x_1,x_2,x_3)=\boldsymbol{X}^{\mathrm{T}}\boldsymbol{A}\boldsymbol{X}.$$

一般地，若令

$$a_{ij}=a_{ji}\quad (i,j=1,2,\cdots,n).$$

由于 $x_ix_j=x_jx_i$，则

$$\begin{aligned}f(x_1,x_2,\cdots,x_n)=&a_{11}x_1^2+a_{12}x_1x_2+\cdots+a_{1n}x_1x_n+\\&a_{21}x_2x_1+a_{22}x_2^2+\cdots+a_{2n}x_2x_n+\\&\cdots\cdots\cdots\cdots\cdots\cdots+\\&a_{n1}x_nx_1+a_{n2}x_nx_2+\cdots+a_{nn}x_n^2\\=&\sum_{i=1}^{n}\sum_{j=1}^{n}a_{ij}x_ix_j.\end{aligned}\tag{1.2}$$

把(1.2)的系数排成一个 n 阶矩阵，得

$$\boldsymbol{A}=\begin{pmatrix}a_{11}&a_{12}&\cdots&a_{1n}\\a_{21}&a_{22}&\cdots&a_{2n}\\\vdots&\vdots&&\vdots\\a_{n1}&a_{n2}&\cdots&a_{nn}\end{pmatrix}.$$

显然，$\boldsymbol{A}$ 是一个 n 阶对称矩阵，即 $\boldsymbol{A}^{\mathrm{T}}=\boldsymbol{A}$.

设 $\boldsymbol{X}=\begin{pmatrix}x_1\\x_2\\\vdots\\x_n\end{pmatrix}$，则由矩阵的乘法知

$$\boldsymbol{X}^{\mathrm{T}}\boldsymbol{A}\boldsymbol{X}=(x_1,x_2,\cdots,x_n)\begin{pmatrix}a_{11}&a_{12}&\cdots&a_{1n}\\a_{21}&a_{22}&\cdots&a_{2n}\\\vdots&\vdots&&\vdots\\a_{n1}&a_{n2}&\cdots&a_{nn}\end{pmatrix}\begin{pmatrix}x_1\\x_2\\\vdots\\x_n\end{pmatrix}$$

$$=(x_1,x_2,\cdots,x_n)\begin{pmatrix}\sum_{j=1}^{n}a_{1j}x_j\\\sum_{j=1}^{n}a_{2j}x_j\\\vdots\\\sum_{j=1}^{n}a_{nj}x_j\end{pmatrix}$$

$$=\sum_{i=1}^{n}\sum_{j=1}^{n}a_{ij}x_ix_j.$$

于是，二次型(1.1) 可以写成

$$f(x_1,x_2,\cdots,x_n)=\boldsymbol{X}^{\mathrm{T}}\boldsymbol{A}\boldsymbol{X}\qquad(\boldsymbol{A}^{\mathrm{T}}=\boldsymbol{A}),$$

其中 $\boldsymbol{A}$ 称为二次型 $f(x_1,x_2,\cdots,x_n)$ 的矩阵，矩阵 $\boldsymbol{A}$ 的秩 $\mathrm{r}(\boldsymbol{A})$ 称为该二次型的秩.

由上面的分析可以看到，二次型(1.1)的矩阵 $\boldsymbol{A}$ 的元素 $a_{ij}=a_{ji}$ $(i\neq j)$ 正是(1.1)中 x_ix_j 项的系数的一半，而 a_{ii} 正是 x_i^2 项的系数. 因此二次型和它的矩阵是相互唯一决定的，即 n 元实二次型与 n 阶实对称矩阵之间存在一一对应的关系.

例 2　已知矩阵

$$\boldsymbol{A}=\begin{pmatrix}3&-1&2\\-1&0&5\\2&5&-2\end{pmatrix}.$$

求 $\boldsymbol{A}$ 对应的二次型 $f(x_1,x_2,x_3)$.

解　设 $\boldsymbol{X}=(x_1,x_2,x_3)^{\mathrm{T}}$，则 $\boldsymbol{A}$ 对应的二次型为

$$f(x_1,x_2,x_3)=\boldsymbol{X}^{\mathrm{T}}\boldsymbol{A}\boldsymbol{X}$$

$$= (x_1, x_2, x_3) \begin{pmatrix} 3 & -1 & 2 \\ -1 & 0 & 5 \\ 2 & 5 & -2 \end{pmatrix} \begin{pmatrix} x_1 \\ x_2 \\ x_3 \end{pmatrix}$$

$$= 3x_1^2 - 2x_1x_2 + 4x_1x_3 + 10x_2x_3 - 2x_3^2.$$

和在几何中一样，为了深入地研究二次型，希望通过变量的线性替换来简化二次型. 为此，我们引入

定义 5.1.2 关系式

$$\begin{cases} x_1 = c_{11}y_1 + c_{12}y_2 + \cdots + c_{1n}y_n \\ x_2 = c_{21}y_1 + c_{22}y_2 + \cdots + c_{2n}y_n \\ \cdots\cdots\cdots\cdots\cdots\cdots\cdots\cdots \\ x_n = c_{n1}y_1 + c_{n2}y_2 + \cdots + c_{nn}y_n \end{cases} \tag{1.3}$$

称为由变量 $x_1, x_2, \cdots, x_n$ 到变量 $y_1, y_2, \cdots, y_n$ 的一个线性替换，简称为线性替换.

如果记

$$\boldsymbol{C} = \begin{pmatrix} c_{11} & c_{12} & \cdots & c_{1n} \\ c_{21} & c_{22} & \cdots & c_{2n} \\ \cdots & \cdots & \cdots & \cdots \\ c_{n1} & c_{n2} & \cdots & c_{nn} \end{pmatrix}, \quad \boldsymbol{Y} = \begin{pmatrix} y_1 \\ y_2 \\ \vdots \\ y_n \end{pmatrix}.$$

则(1.3)所表示的线性替换可写成矩阵形式

$$\boldsymbol{X} = \boldsymbol{CY}. \tag{1.4}$$

矩阵 $\boldsymbol{C}$ 称为线性替换(1.3)的矩阵. 当 $\det\boldsymbol{C} \neq 0$ 时，(1.4)称为非退化的线性替换，或可逆线性替换，此时有 $\boldsymbol{Y} = \boldsymbol{C}^{-1}\boldsymbol{X}$.

线性替换(1.4)可以看做向量空间 $\mathbf{R}^n$ 中一个向量 $\boldsymbol{\alpha}$ 在两组基下的坐标变换公式.

定理 5.1.1 二次型 $f(x_1, x_2, \cdots, x_n) = \boldsymbol{X}^{\mathrm{T}}\boldsymbol{AX}$ 经过可逆线性替换 $\boldsymbol{X} = \boldsymbol{CY}$ 后，化为同秩的 n 元二次型 $g(y_1, y_2, \cdots, y_n) = \boldsymbol{Y}^{\mathrm{T}}\boldsymbol{BY}$. 并且 $\boldsymbol{B} = \boldsymbol{C}^{\mathrm{T}}\boldsymbol{AC}$.

证明 对二次型 $f(x_1, x_2, \cdots, x_n) = \boldsymbol{X}^{\mathrm{T}}\boldsymbol{AX}$ 进行可逆线性替换 $\boldsymbol{X} = \boldsymbol{CY}$，则

$$\begin{aligned} f(x_1, x_2, \cdots, x_n) &= \boldsymbol{X}^{\mathrm{T}}\boldsymbol{AX} \\ &= (\boldsymbol{CY})^{\mathrm{T}}\boldsymbol{A}(\boldsymbol{CY}) \\ &= \boldsymbol{Y}^{\mathrm{T}}(\boldsymbol{C}^{\mathrm{T}}\boldsymbol{AC})\boldsymbol{Y} \\ &= \boldsymbol{Y}^{\mathrm{T}}\boldsymbol{BY} = g(y_1, y_2, \cdots, y_n). \end{aligned}$$

其中 $\boldsymbol{B} = \boldsymbol{C}^{\mathrm{T}}\boldsymbol{AC}$. 因为 $\boldsymbol{B}^{\mathrm{T}} = (\boldsymbol{C}^{\mathrm{T}}\boldsymbol{AC})^{\mathrm{T}} = \boldsymbol{C}^{\mathrm{T}}\boldsymbol{AC} = \boldsymbol{B}$，于是 $\boldsymbol{B}$ 仍为对称矩阵. 即 $\boldsymbol{Y}^{\mathrm{T}}\boldsymbol{BY}$ 是以 $\boldsymbol{B}$ 为矩阵的一个 n 元二次型. 又矩阵 $\boldsymbol{C}$ 可逆，则矩阵 $\boldsymbol{B} = \boldsymbol{C}^{\mathrm{T}}\boldsymbol{AC}$

与 $\boldsymbol{A}$ 有相同的秩. 定理得证.

由定理 5.1.1 可知, $\boldsymbol{B}=\boldsymbol{C}^{\mathrm{T}}\boldsymbol{A}\boldsymbol{C}$ 是经过线性替换(1.4)前后,两个 n 元二次型的矩阵之间的关系. 一般地,有

定义 5.1.3　设 $\boldsymbol{A},\boldsymbol{B}$ 为两个 n 阶矩阵,如果存在可逆矩阵 $\boldsymbol{C}$,使得

$$\boldsymbol{B}=\boldsymbol{C}^{\mathrm{T}}\boldsymbol{A}\boldsymbol{C},$$

则称矩阵 $\boldsymbol{A}$ 与 $\boldsymbol{B}$ 是合同的,或 $\boldsymbol{A}$ 合同于 $\boldsymbol{B}$. 记为 $\boldsymbol{A}\simeq\boldsymbol{B}$.

由定义 5.1.3,经过可逆的线性替换,新二次型的矩阵与原二次型的矩阵是合同的.

合同关系是矩阵之间的一种特殊的等价关系,具有下述性质:

(1) 反身性:对任一 n 阶矩阵 $\boldsymbol{A}$,有 $\boldsymbol{A}\simeq\boldsymbol{A}$.

这一结论可由 $\boldsymbol{E}^{\mathrm{T}}\boldsymbol{A}\boldsymbol{E}=\boldsymbol{A}$ 直接得到.

(2) 对称性:如果 $\boldsymbol{A}\simeq\boldsymbol{B}$,则 $\boldsymbol{B}\simeq\boldsymbol{A}$.

这是因为 $\boldsymbol{B}=\boldsymbol{C}^{\mathrm{T}}\boldsymbol{A}\boldsymbol{C}$,则 $\boldsymbol{A}=(\boldsymbol{C}^{\mathrm{T}})^{-1}\boldsymbol{B}\boldsymbol{C}^{-1}=(\boldsymbol{C}^{-1})^{\mathrm{T}}\boldsymbol{B}(\boldsymbol{C}^{-1})$.

(3) 传递性:如果 $\boldsymbol{A}\simeq\boldsymbol{B},\boldsymbol{B}\simeq\boldsymbol{C}$,则 $\boldsymbol{A}\simeq\boldsymbol{C}$.

由于 $\boldsymbol{B}=\boldsymbol{C}_1^{\mathrm{T}}\boldsymbol{A}\boldsymbol{C}_1,\boldsymbol{C}=\boldsymbol{C}_2^{\mathrm{T}}\boldsymbol{B}\boldsymbol{C}_2$,有

$$\boldsymbol{C}=\boldsymbol{C}_2^{\mathrm{T}}(\boldsymbol{C}_1^{\mathrm{T}}\boldsymbol{A}\boldsymbol{C}_1)\boldsymbol{C}_2=(\boldsymbol{C}_1\boldsymbol{C}_2)^{\mathrm{T}}\boldsymbol{A}(\boldsymbol{C}_1\boldsymbol{C}_2).$$

并且 $\det(\boldsymbol{C}_1\boldsymbol{C}_2)=\det\boldsymbol{C}_1\cdot\det\boldsymbol{C}_2\neq0$. 即 $\boldsymbol{A}\simeq\boldsymbol{C}$.

§5.2　二次型的标准形

本节讨论用可逆线性替换化简二次型的问题.

如果二次型 $f(x_1,x_2,\cdots,x_n)=\boldsymbol{X}^{\mathrm{T}}\boldsymbol{A}\boldsymbol{X}$ 通过可逆线性替换 $\boldsymbol{X}=\boldsymbol{C}\boldsymbol{Y}$ 化成只含平方项的二次型 $\boldsymbol{Y}^{\mathrm{T}}\boldsymbol{B}\boldsymbol{Y}$,即

$$\boldsymbol{Y}^{\mathrm{T}}\boldsymbol{B}\boldsymbol{Y}=d_1y_1^2+d_2y_2^2+\cdots+d_ry_r^2\quad(r\leqslant n),\tag{2.1}$$

则称(2.1)为二次型 $\boldsymbol{X}^{\mathrm{T}}\boldsymbol{A}\boldsymbol{X}$ 的标准形.

不难看出,二次型(2.1)的矩阵 $\boldsymbol{B}$ 为 n 阶对角矩阵,即

$$\boldsymbol{B}=\boldsymbol{C}^{\mathrm{T}}\boldsymbol{A}\boldsymbol{C}=\operatorname{diag}(d_1,d_2,\cdots,d_r,0,\cdots,0).$$

由此可知,一个二次型能否化为标准形,等价于该二次型的矩阵 $\boldsymbol{A}$ 是否与一个对角矩阵合同. 我们从三个方面来讨论这个问题.

1. 用配方法化二次型为标准形

配方法是一种常用的化二次型为标准形的方法,这种方法在中学里就已有接触. 先看下面的例子.

例 1 化二次型

$$f(x_1,x_2,x_3)=x_1^2+2x_2^2+5x_3^2+2x_1x_2+2x_1x_3+6x_2x_3$$

为标准形,并求出所用的线性替换.

解 先将含有 x_1 的项配方,得

$$\begin{aligned} f(x_1,x_2,x_3) &= x_1^2+2(x_2+x_3)x_1+2x_2^2+5x_3^2+6x_2x_3 \\ &= (x_1+x_2+x_3)^2+2x_2^2+5x_3^2+6x_2x_3-(x_2+x_3)^2 \\ &= (x_1+x_2+x_3)^2+x_2^2+4x_3^2+4x_2x_3. \end{aligned}$$

再对后面含 x_2 的项配方,得

$$f(x_1,x_2,x_3)=(x_1+x_2+{}_3)^2+(x_2+2x_3)^2.$$

令

$$\begin{cases} y_1=x_1+x_2+x_3 \\ y_2=x_2+2x_3 \\ y_3=x_3, \end{cases}$$

上式记成矩阵形式为

$$\boldsymbol{Y}=\boldsymbol{B}\boldsymbol{X},$$

其中 $\boldsymbol{Y}=(y_1,y_2,y_3)^{\mathrm{T}}$,$\boldsymbol{X}=(x_1,x_2,x_3)^{\mathrm{T}}$,

$$\boldsymbol{B}=\begin{pmatrix} 1 & 1 & 1 \\ 0 & 1 & 2 \\ 0 & 0 & 1 \end{pmatrix}.$$

$\boldsymbol{B}$ 为可逆矩阵,故经过可逆线性替换 $\boldsymbol{X}=\boldsymbol{B}^{-1}\boldsymbol{Y}$,即

$$\begin{cases} x_1=y_1-y_2+y_3 \\ x_2=y_2-2y_3 \\ x_3=y_3, \end{cases}$$

原二次型化为标准形

$$f(x_1,x_2,x_3)=y_1^2+y_2^2.$$

例 2 将二次型

$$f(x_1,x_2,x_3)=x_1x_2+x_2x_3+x_1x_3$$

化为标准形.

解 这个二次型没有平方项.此时,先作一个辅助的线性替换使其出现平方项,然后再按照例 1 中的方法进行配方.

令

$$\begin{cases} x_1=y_1 \\ x_2=y_1+y_2 \\ x_3=y_3, \end{cases} \quad 即 \begin{pmatrix} x_1 \\ x_2 \\ x_3 \end{pmatrix}=\begin{pmatrix} 1 & 0 & 0 \\ 1 & 1 & 0 \\ 0 & 0 & 1 \end{pmatrix}\begin{pmatrix} y_1 \\ y_2 \\ y_3 \end{pmatrix},$$

则原二次型化为

$$\begin{aligned}f(x_1,x_2,x_3)&=y_1(y_1+y_2)+(y_1+y_2)y_3+y_1y_3\\&=y_1^2+y_1y_2+2y_1y_3+y_2y_3\\&=(y_1+\frac{1}{2}y_2+y_3)^2-\frac{1}{4}y_2^2-y_3^2.\end{aligned}$$

再令

$$\begin{cases}z_1=y_1+\frac{1}{2}y_2+y_3\\z_2=y_2\\z_3=y_3\end{cases}，\quad 或\begin{cases}y_1=z_1-\frac{1}{2}z_2-z_3\\y_2=z_2\\y_3=z_3\end{cases}，$$

即

$$\begin{pmatrix}y_1\\y_2\\y_3\end{pmatrix}=\begin{pmatrix}1&-\frac{1}{2}&-1\\0&1&0\\0&0&1\end{pmatrix}\begin{pmatrix}z_1\\z_2\\z_3\end{pmatrix},$$

则原二次型化为标准形

$$f(x_1,x_2,x_3)=z_1^2-\frac{1}{4}z_2^2-z_3^2.$$

所作的可逆线性替换为

$$\begin{aligned}\begin{pmatrix}x_1\\x_2\\x_3\end{pmatrix}&=\begin{pmatrix}1&0&0\\1&1&0\\0&0&1\end{pmatrix}\begin{pmatrix}y_1\\y_2\\y_3\end{pmatrix}\\&=\begin{pmatrix}1&0&0\\1&1&0\\0&0&1\end{pmatrix}\begin{pmatrix}1&-\frac{1}{2}&-1\\0&1&0\\0&0&1\end{pmatrix}\begin{pmatrix}z_1\\z_2\\z_3\end{pmatrix}\\&=\begin{pmatrix}1&-\frac{1}{2}&-1\\1&\frac{1}{2}&-1\\0&0&1\end{pmatrix}\begin{pmatrix}z_1\\z_2\\z_3\end{pmatrix}.\end{aligned}$$

应该注意：在例 2 中，若先作辅助的可逆线性替换

$$\begin{cases}x_1=y_1+y_2\\x_2=y_1-y_2\\x_3=y_3\end{cases}，即\begin{pmatrix}x_1\\x_2\\x_3\end{pmatrix}=\begin{pmatrix}1&1&0\\1&-1&0\\0&0&1\end{pmatrix}\begin{pmatrix}y_1\\y_2\\y_3\end{pmatrix},$$

则原二次型可化为

$$f(x_1,x_2,x_3)=y_1^2-y_2^2+2y_1y_3.$$

再作可逆线性替换

$$\begin{cases}y_1=z_1-z_3\\y_2=z_2\\y_3=z_3\end{cases}，即\begin{pmatrix}y_1\\y_2\\y_3\end{pmatrix}=\begin{pmatrix}1&0&-1\\0&1&0\\0&0&1\end{pmatrix}\begin{pmatrix}z_1\\z_2\\z_3\end{pmatrix},$$

则二次型化为标准形

$$f(x_1,x_2,x_3)=z_1^2-z_2^2-z_3^2.$$

而所作的可逆线性替换为

$$\begin{pmatrix}x_1\\x_2\\x_3\end{pmatrix}=\begin{pmatrix}1&1&0\\1&-1&0\\0&0&1\end{pmatrix}\begin{pmatrix}y_1\\y_2\\y_3\end{pmatrix}$$

$$=\begin{pmatrix}1&1&-1\\1&-1&-1\\0&0&1\end{pmatrix}\begin{pmatrix}z_1\\z_2\\z_3\end{pmatrix}$$

$$=\begin{pmatrix}1&1&-1\\1&-1&-1\\0&0&1\end{pmatrix}\begin{pmatrix}z_1\\z_2\\z_3\end{pmatrix}.$$

这就说明了：一个二次型的标准形未必唯一，而与所作的可逆线性替换有关.

一般地，利用上面两例中所用的配方法可以得到

定理 5.2.1 任何一个 n 元二次型都可以经过可逆线性替换化为标准型.

证明 对变量的个数 n 作数学归纳法.

$n=1$ 时，一元二次型 $f(x_1)=a_{11}x_1^2$ 已是标准形，结论成立.

假设结论对于 $n-1$ 元的二次型成立，现证明对于 n 元二次型，结论也成立.

设二次型为

$$f(x_1,x_2,\cdots,x_n)=\sum_{i=1}^{n}\sum_{j=1}^{n}a_{ij}x_ix_j \qquad (a_{ij}=a_{ji}).$$

分三种情况讨论：

(1) $a_{11}\neq0$. 这时

$$f(x_1,x_2,\cdots,x_n)=a_{11}[x_1^2+2x_1(\frac{a_{12}}{a_{11}}x_2+\cdots+\frac{a_{1n}}{a_{11}}x_n)$$

$$+(\frac{a_{12}}{a_{11}}x_2+\cdots+\frac{a_{1n}}{a_{11}}x_n)^2]$$

$$
\begin{aligned}
&-\frac{1}{a_{11}}(a_{12}x_2+\cdots+a_{1n}x_n)^2 \\
&+a_{22}x_2^2+2a_{23}x_2x_3+\cdots+2a_{2n}x_2x_n+\cdots+a_{nn}x_n^2 \\
=\ & a_{11}\left(x_1+\frac{a_{12}}{a_{11}}x_2+\cdots+\frac{a_{1n}}{a_{11}}x_n\right)^2 \\
&-\frac{1}{a_{11}}(a_{12}x_2+\cdots+a_{1n}x_n)^2+\sum_{i=2}^{n}\sum_{j=2}^{n}a_{ij}x_ix_j.
\end{aligned}
$$

令

$$
\begin{cases}
y_1=x_1+\dfrac{a_{12}}{a_{11}}x_2+\cdots+\dfrac{a_{1n}}{a_{11}}x_n \\
y_2=\qquad x_2 \\
\cdots\cdots\cdots\cdots\cdots\cdots\cdots\cdots \\
y_n=\qquad\qquad x_n
\end{cases},
$$

即

$$
\begin{cases}
x_1=y_1-\dfrac{a_{12}}{a_{11}}y_2-\cdots-\dfrac{a_{1n}}{a_{11}}y_n \\
x_2=\qquad y_2 \\
\cdots\cdots\cdots\cdots\cdots\cdots\cdots\cdots \\
x_n=\qquad\qquad y_n
\end{cases}
$$

为一个可逆线性替换.它将原二次型化为

$$
f(x_1,x_2,\cdots,x_n)=a_{11}y_1^2-\frac{1}{a_{11}}(a_{12}y_2+\cdots+a_{1n}y_n)^2+\sum_{i=2}^{n}\sum_{j=2}^{n}a_{ij}y_iy_j,
$$

其中右边除去第一项 $a_{11}y_1^2$ 外,其余项是 $y_2,\cdots,y_n$ 的 $n-1$ 元二次型.由归纳假设,存在可逆线性替换

$$
\begin{pmatrix} y_2 \\ \vdots \\ y_n \end{pmatrix}=\boldsymbol{C}_2\begin{pmatrix} z_2 \\ \vdots \\ z_n \end{pmatrix}.
$$

将这个 $n-1$ 元二次型化为标准形,设为

$$
d_2z_2^2+\cdots+d_nz_n^2.
$$

于是作可逆线性替换

$$
\begin{pmatrix} y_1 \\ y_2 \\ \vdots \\ y_n \end{pmatrix}=\begin{pmatrix} 1 & \boldsymbol{0} \\ \boldsymbol{0} & \boldsymbol{C}_2 \end{pmatrix}\begin{pmatrix} z_1 \\ z_2 \\ \vdots \\ z_n \end{pmatrix},
$$

将原二次型化为标准形

$$f(x_1,x_2,\cdots,x_n)=a_{11}z_1^2+d_2z_2^2+\cdots+d_nz_n^2.$$

根据归纳法原理,结论成立.

(2) 若 $a_{11}=0$,但存在 $a_{jj}\neq 0(2\leqslant j\leqslant n)$. 这时,作可逆线性替换

$$\begin{cases}x_1=y_j\\x_j=y_1\\x_i=y_i\quad(i\neq 1,j),\end{cases}$$

则原二次型化为

$$f(x_1,x_2,\cdots,x_n)=a_{jj}y_1^2+2a_{j2}y_1y_2+\cdots$$

即为情况(1)中的二次型,于是结论成立.

(3) 若 $a_{11}=a_{22}=\cdots=a_{nn}=0$,但有一个 $a_{ij}\neq 0\ (i\neq j)$. 此时,作可逆线性替换

$$\begin{cases}x_1=y_1\\\cdots\cdots\\x_{j-1}=y_{j-1}\\x_j=y_j+y_i,\\x_{j+1}=y_{j+1}\\\cdots\cdots\\x_n=y_n\end{cases}$$

则原二次型可化为情况(2)中的二次型,从而结论成立.

综上所述,定理对任意 n 都成立.

2. 用初等变换法化二次型为标准形

配方法虽然可以将二次型化为标准形,但是比较麻烦. 下面我们利用矩阵的初等变换来简化手续. 用矩阵的语言,定理 5.2.1 又可叙述为

定理 5.2.2 实对称矩阵合同于对角矩阵,具体地说:设 $\boldsymbol{A}$ 为 n 阶实对称矩阵,则存在可逆矩阵 $\boldsymbol{C}$,使 $\boldsymbol{C}^{\mathrm{T}}\boldsymbol{AC}$ 为对角矩阵(证明略去).

在第二章中,我们知道,可逆矩阵 $\boldsymbol{C}$ 可写成若干个初等矩阵 $\boldsymbol{P}_1,\boldsymbol{P}_2,\cdots,\boldsymbol{P}_s$ 的乘积,即

$$\boldsymbol{C}=\boldsymbol{P}_1\boldsymbol{P}_2\cdots\boldsymbol{P}_s.$$

注意,对于任一初等矩阵 $\boldsymbol{P}_i(1\leqslant i\leqslant s)$,$\boldsymbol{P}_i^{\mathrm{T}}$ 仍为同类型初等矩阵. 所以,根据定理 5.2.2,我们有

$$\boldsymbol{C}^{\mathrm{T}}\boldsymbol{AC}=\boldsymbol{P}_s^{\mathrm{T}}\cdots\boldsymbol{P}_2^{\mathrm{T}}\boldsymbol{P}_1^{\mathrm{T}}\boldsymbol{AP}_1\boldsymbol{P}_2\cdots\boldsymbol{P}_s$$

为对角矩阵. 上式说明:对实对称矩阵 $\boldsymbol{A}$ 相继施行一系列初等列变换,同时施行一系列同样的初等行变换,矩阵 $\boldsymbol{A}$ 就合同于一个对角矩阵. 由

此得到化二次型为标准型的一种简便方法——初等变换法：

构造 $2n\times n$ 矩阵$\begin{pmatrix}\boldsymbol{A}\\\boldsymbol{E}\end{pmatrix}$，对 $\boldsymbol{A}$ 每施行一次初等行变换，接着就对$\begin{pmatrix}\boldsymbol{A}\\\boldsymbol{E}\end{pmatrix}$施行一次同种的初等列变换. 当矩阵 $\boldsymbol{A}$ 化为对角矩阵时，矩阵 $\boldsymbol{E}$ 就同时化为所用的可逆矩阵 $\boldsymbol{C}$. 即

$$\begin{pmatrix}\boldsymbol{A}\\\boldsymbol{E}\end{pmatrix}\xrightarrow[\text{对}\begin{pmatrix}\boldsymbol{A}\\\boldsymbol{E}\end{pmatrix}\text{施以一系列同样的初等列变换}]{\text{对}\boldsymbol{A}\text{施以一系列初等行变换}}\begin{pmatrix}\boldsymbol{P}_s^{\mathrm{T}}\cdots\boldsymbol{P}_2^{\mathrm{T}}\boldsymbol{P}_1^{\mathrm{T}}\boldsymbol{A}\boldsymbol{P}_1\boldsymbol{P}_2\cdots\boldsymbol{P}_s\\\boldsymbol{P}_1\boldsymbol{P}_2\cdots\boldsymbol{P}_s\end{pmatrix}$$

由此得到可逆矩阵 $\boldsymbol{C}=\boldsymbol{P}_1\boldsymbol{P}_2\cdots\boldsymbol{P}_s$ 和对应的可逆线性替换 $\boldsymbol{X}=\boldsymbol{C}\boldsymbol{Y}$，且在此变换下，二次型 $\boldsymbol{X}^{\mathrm{T}}\boldsymbol{A}\boldsymbol{X}$ 化为标准形.

例 3　用初等变换法将下面的二次型化为标准形

$$f(x_1,x_2,x_3)=x_1^2+4x_1x_2-4x_1x_3+4x_2^2-2x_2x_3.$$

解　二次型 $f(x_1,x_2,x_3)$的矩阵为

$$\boldsymbol{A}=\begin{pmatrix}1&2&-2\\2&4&-1\\-2&-1&0\end{pmatrix}.$$

于是

$$\begin{pmatrix}\boldsymbol{A}\\\boldsymbol{E}\end{pmatrix}=\begin{pmatrix}1&2&-2\\2&4&-1\\-2&-1&0\\\hdashline1&0&0\\0&1&0\\0&0&1\end{pmatrix}\xrightarrow[\text{③}+2\times\text{①}]{\text{②}+(-2)\times\text{①}}\begin{pmatrix}1&2&-2\\0&0&3\\0&3&-4\\\hdashline1&0&0\\0&1&0\\0&0&1\end{pmatrix}$$

$$\xrightarrow[\text{③}+2\times\text{①}]{\text{②}+(-2)\times\text{①}}\begin{pmatrix}1&0&0\\0&0&3\\0&3&-4\\\hdashline1&-2&2\\0&1&0\\0&0&1\end{pmatrix}\xrightarrow{(\text{②},\text{③})}\begin{pmatrix}1&0&0\\0&3&-4\\0&0&3\\\hdashline1&-2&2\\0&1&0\\0&0&1\end{pmatrix}$$

$$\xrightarrow[(\text{②},\text{③})]{}\begin{pmatrix}1&0&0\\0&-4&3\\0&3&0\\\hdashline1&2&-2\\0&0&1\\0&1&0\end{pmatrix}\xrightarrow{\text{③}+(\frac{3}{4})\times\text{②}}\begin{pmatrix}1&0&0\\0&-4&3\\0&0&\frac{9}{4}\\\hdashline1&2&-2\\0&0&1\\0&1&0\end{pmatrix}$$

$$\xrightarrow{③+(\frac{3}{4})\times ②}\begin{pmatrix}1 & 0 & 0\\0 & -4 & 0\\0 & 0 & \frac{9}{4}\\ \hdashline 1 & 2 & -\frac{1}{2}\\0 & 0 & 1\\0 & 1 & \frac{3}{4}\end{pmatrix}.$$

令

$$C=\begin{pmatrix}1 & 2 & -\frac{1}{2}\\0 & 0 & 1\\0 & 1 & \frac{3}{4}\end{pmatrix}.$$

作可逆线性替换 $X=CY$，则 $C^{T}AC=\text{diag}\left(1,-4,\frac{9}{4}\right)$，即原二次型可化为标准形

$$f(x_1,x_2,x_3)=y_1^2-4y_2^2+\frac{9}{4}y_3^2.$$

类似地，若构造 $n\times 2n$ 矩阵 (A,E)，对 A 每施行一次初等列变换，接着就对 (A,E) 施行一次同样的初等行变换. 当矩阵 A 化为对角矩阵时，矩阵 E 就同时化为所求的可逆矩阵 C^{T}.

例 4 用初等变换法化二次型 $f(x_1,x_2,x_3)=x_1x_2+x_1x_3+x_2x_3$ 为标准形(见例 2).

解 二次型的矩阵为

$$A=\begin{pmatrix}0 & \frac{1}{2} & \frac{1}{2}\\\frac{1}{2} & 0 & \frac{1}{2}\\\frac{1}{2} & \frac{1}{2} & 0\end{pmatrix}.$$

于是

$$
(\boldsymbol{A},\boldsymbol{E})=\left(\begin{array}{ccc:ccc}0&\frac{1}{2}&\frac{1}{2}&1&0&0\\ \frac{1}{2}&0&\frac{1}{2}&0&1&0\\ \frac{1}{2}&\frac{1}{2}&0&0&0&1\end{array}\right)\xrightarrow[\text{①}+\text{②}]{}\left(\begin{array}{ccc:ccc}\frac{1}{2}&\frac{1}{2}&\frac{1}{2}&1&0&0\\ \frac{1}{2}&0&\frac{1}{2}&0&1&0\\ 1&\frac{1}{2}&0&0&0&1\end{array}\right)
$$

$$
\xrightarrow{\text{①}+\text{②}}\left(\begin{array}{ccc:ccc}1&\frac{1}{2}&1&1&1&0\\ \frac{1}{2}&0&\frac{1}{2}&0&1&0\\ 1&\frac{1}{2}&0&0&0&1\end{array}\right)
$$

$$
\xrightarrow[\substack{\text{②}+\left(-\frac{1}{2}\right)\times\text{①}\\ \text{③}-\text{①}}]{}\left(\begin{array}{ccc:ccc}1&0&0&1&1&0\\ \frac{1}{2}&-\frac{1}{4}&0&0&1&0\\ 1&0&-1&0&0&1\end{array}\right)
$$

$$
\xrightarrow{\substack{\text{②}+\left(-\frac{1}{2}\right)\times\text{①}\\ \text{③}-\text{①}}}\left(\begin{array}{ccc:ccc}1&0&0&1&1&0\\ 0&-\frac{1}{4}&0&-\frac{1}{2}&\frac{1}{2}&0\\ 0&0&-1&-1&-1&1\end{array}\right).
$$

令

$$
\boldsymbol{C}^{\mathrm{T}}=\begin{pmatrix}1&1&0\\ -\frac{1}{2}&\frac{1}{2}&0\\ -1&-1&1\end{pmatrix},\quad \text{即 }\boldsymbol{C}=\begin{pmatrix}1&-\frac{1}{2}&-1\\ 1&\frac{1}{2}&-1\\ 0&0&1\end{pmatrix},
$$

作可逆线性替换 $\boldsymbol{X}=\boldsymbol{CY}$，则 $\boldsymbol{C}^{\mathrm{T}}\boldsymbol{AC}=\mathrm{diag}\left(1,-\frac{1}{4},-1\right)$，即原二次型可化为标准形

$$
f(x_1,x_2,x_3)=y_1^2-\frac{1}{4}y_2^2-y_3^2.
$$

3. 用正交线性替换法化二次型为标准形

由于二次型的矩阵为实对称矩阵，由 §4.3 知，实对称矩阵必可对角化，由此可得

定理 5.2.3　对于二次型 $f(x_1,x_2,\cdots,x_n)=\boldsymbol{X}^{\mathrm{T}}\boldsymbol{AX}$，存在 n 阶正交矩阵 $\boldsymbol{P}$，使得经过线性替换

$$X = PY$$

后，$X^{T}AX$ 化为标准形.

证明 因为 A 是二次型 $f(x_1, x_2, \cdots, x_n)$ 的矩阵，有 $A^{T} = A$. 根据定理 4.3.3，必存在正交矩阵 P，使得

$$P^{T}AP = \mathrm{diag}(\lambda_1, \lambda_2, \cdots, \lambda_n),$$

其中 $\lambda_1, \lambda_2, \cdots, \lambda_n$ 是矩阵 A 的全部特征值. 于是，作线性替换

$$X = PY,$$

得

$$\begin{aligned} X^{T}AX &= (PY)^{T}A(PY) \\ &= Y^{T}(P^{T}AP)Y \\ &= Y^{T}\mathrm{diag}(\lambda_1, \lambda_2, \cdots, \lambda_n)Y. \end{aligned}$$

如果线性替换的系数矩阵是正交矩阵，则称它为正交线性替换. 定理5.2.3也可以叙述为：任一(实)二次型一定可以通过正交线性替换化为标准形.

由定理 5.2.3 可知，用正交线性替换 $X = PY$ 化二次型 $f(x_1, x_2, \cdots, x_n) = X^{T}AX$ 为标准形的方法，与求正交矩阵 P 使 $P^{-1}AP$ 为对角矩阵的方法一样. 我们通过下面的例子说明其具体步骤.

例 5 用正交线性替换将下面的二次型化为标准形，并写出所作的正交线性替换：

$$f(x_1, x_2, x_3) = 2x_1^2 + 4x_1x_2 - 4x_1x_3 + 5x_2^2 - 8x_2x_3 + 5x_3^2.$$

解 二次型 $f(x_1, x_2, x_3)$ 的矩阵为

$$A = \begin{pmatrix} 2 & 2 & -2 \\ 2 & 5 & -4 \\ -2 & -4 & 5 \end{pmatrix}.$$

A 的特征方程为

$$\det(\lambda E - A) = \begin{vmatrix} \lambda-2 & -2 & 2 \\ -2 & \lambda-5 & 4 \\ 2 & 4 & \lambda-5 \end{vmatrix} = (\lambda-1)^2(\lambda-10).$$

由此得到 A 的特征值为 $\lambda_1 = \lambda_2 = 1, \lambda_3 = 10$.

对于 $\lambda_1 = \lambda_2 = 1$，解齐次线性方程组 $(E-A)X = 0$，得其基础解系为

$$\alpha_1 = (-2, 1, 0)^{T}, \quad \alpha_2 = (2, 0, 1)^{T}$$

利用施密特正交化方法，将 α_1, α_2 正交化，得

$$\beta_1 = \alpha_1 = (-2, 1, 0)^{T},$$

$$\beta_2 = \alpha_2 - \frac{\alpha_2^{T}\beta_1}{\beta_1^{T}\beta_1}\beta_1 = \left(\frac{2}{5}, \frac{4}{5}, 1\right)^{T}.$$

对于 $\lambda_3=10$，解齐次线性方程组 $(10\boldsymbol{E}-\boldsymbol{A})\boldsymbol{X}=\boldsymbol{0}$，得其基础解系为

$$\boldsymbol{\alpha}_3=(-1,-2,2)^{\mathrm{T}}.$$

将 $\boldsymbol{\beta}_1,\boldsymbol{\beta}_2$ 和 $\boldsymbol{\alpha}_3$ 单位化，得

$$\boldsymbol{\gamma}_1=\frac{1}{\|\boldsymbol{\beta}_1\|}\boldsymbol{\beta}_1=\left(\frac{-2}{\sqrt{5}},\frac{1}{\sqrt{5}},0\right)^{\mathrm{T}},$$

$$\boldsymbol{\gamma}_2=\frac{1}{\|\boldsymbol{\beta}_2\|}\boldsymbol{\beta}_2=\left(\frac{2}{3\sqrt{5}},\frac{4}{3\sqrt{5}},\frac{5}{3\sqrt{5}}\right)^{\mathrm{T}},$$

$$\boldsymbol{\gamma}_3=\frac{1}{\|\boldsymbol{\alpha}_3\|}\boldsymbol{\alpha}_3=\left(-\frac{1}{3},-\frac{2}{3},\frac{2}{3}\right)^{\mathrm{T}}.$$

令

$$\boldsymbol{P}=(\boldsymbol{\gamma}_1,\boldsymbol{\gamma}_2,\boldsymbol{\gamma}_3)=\begin{pmatrix}\frac{-2}{\sqrt{5}} & \frac{2}{3\sqrt{5}} & -\frac{1}{3}\\ \frac{1}{\sqrt{5}} & \frac{4}{3\sqrt{5}} & -\frac{2}{3}\\ 0 & \frac{5}{3\sqrt{5}} & \frac{2}{3}\end{pmatrix},$$

则

$$\boldsymbol{P}^{-1}\boldsymbol{A}\boldsymbol{P}=\mathrm{diag}(1,1,10).$$

因此，作正交线性替换 $\boldsymbol{X}=\boldsymbol{P}\boldsymbol{Y}$，就可将原二次型化为

$$y_1^2+y_2^2+10y_3^2.$$

§5.3　惯性定理

从上节例 2 可以看出，二次型的标准形不是唯一的. 但是，由于经过可逆线性替换，二次型的矩阵变成一个与之合同的矩阵. 而合同矩阵有相同的秩. 于是，经过可逆线性替换，二次型的秩是不变的，就等于标准形中系数不为零的平方项的个数. 换句话说，同一个二次型化为不同的标准形后，标准形中所含系数不为零的平方项的个数是相同的. 本节将进一步证明，同一个二次型的标准形中所含的正、负平方项的个数是相同的. 为此，我们先引入

定义 5.3.1　如果二次型 $f(x_1,x_2,\cdots,x_n)=\boldsymbol{X}^{\mathrm{T}}\boldsymbol{A}\boldsymbol{X}$ 经过可逆线性替换化为

$$y_1^2+\cdots+y_p^2-y_{p+1}^2-\cdots-y_r^2\quad(p\leqslant r\leqslant n),\tag{3.1}$$

则(3.1)称为该二次型的规范形.

定理 5.3.1(惯性定理)　任一实二次型 $f(x_1,x_2,\cdots,x_n)$ 都可以通

过可逆线性替换化为规范形，且规范形是唯一的.

证明 根据定理 5.2.1，任一二次型通过可逆线性替换 $\boldsymbol{X}=\boldsymbol{CY}$ 都可化为标准形

$$f(x_1,x_2,\cdots,x_n)=d_1y_1^2+\cdots+d_py_p^2-d_{p+1}y_{p+1}^2-\cdots-d_ry_r^2,$$

其中 $d_i>0\ (i=1,2,\cdots,r)$，r 为二次型 $f(x_1,x_2,\cdots,x_n)$ 的秩.

再作可逆线性替换

$$\begin{cases} y_1=\dfrac{1}{\sqrt{d_1}}z_1 \\ \quad\vdots \\ y_r=\dfrac{1}{\sqrt{d_r}}z_r \\ y_{r+1}=z_{r+1} \\ \quad\vdots \\ y_n=z_n \end{cases},$$

则二次型化为规范形

$$f(x_1,x_2,\cdots,x_n)=z_1^2+\cdots+z_p^2-z_{p+1}^2-\cdots-z_r^2.$$

可以证明：此规范形是唯一的(证明略).

例 1 在§5.2 例 2 中，二次型 $f(x_1,x_2,x_3)=x_1x_2+x_1x_3+x_2x_3$ 的标准形为

$$f(x_1,x_2,x_3)=z_1^2-\frac{1}{4}z_2^2-z_3^2.$$

作可逆线性替换

$$\begin{cases} z_1=w_1 \\ z_2=2w_2 \\ z_3=w_3 \end{cases}，\text{即}\begin{pmatrix} z_1 \\ z_2 \\ z_3 \end{pmatrix}=\begin{pmatrix} 1 & 0 & 0 \\ 0 & 2 & 0 \\ 0 & 0 & 1 \end{pmatrix}\begin{pmatrix} w_1 \\ w_2 \\ w_3 \end{pmatrix},$$

则二次型 $f(x_1,x_2,x_3)$ 化为规范形

$$f(x_1,x_2,x_3)=w_1^2-w_2^2-w_3^2.$$

用矩阵的语言，定理 5.3.1 可以叙述为

定理 5.3.2 设 $\boldsymbol{A}$ 为任意 n 阶实对称矩阵. 则存在 n 阶可逆矩阵 $\boldsymbol{C}$，使

$$\boldsymbol{C}^{\mathrm{T}}\boldsymbol{AC}=\begin{pmatrix} \boldsymbol{E}_p & & \\ & -\boldsymbol{E}_{r-p} & \\ & & \boldsymbol{0} \end{pmatrix},$$

其中 $r=\mathrm{r}(\boldsymbol{A})$，$0\leqslant p\leqslant r$，且 p 由 $\boldsymbol{A}$ 唯一确定.

定义 5.3.1 设实二次型 $f(x_1,x_2,\cdots,x_n)$ 的规范形为

$$y_1^2+\cdots+y_p^2-y_{p+1}^2-\cdots-y_r^2.$$

则其中正平方项的个数 p 称为二次型 $f(x_1,x_2,\cdots,x_n)$ 的正惯性指数；负平方项的个数 $r-p$ 称为 $f(x_1,x_2,\cdots,x_n)$ 的负惯性指数；它们的差 $p-(r-p)=2p-r$ 称为 $f(x_1,x_2,\cdots,x_n)$ 的符号差.

实二次型 $\boldsymbol{X}^{\mathrm{T}}\boldsymbol{A}\boldsymbol{X}$ 的正(负)惯性指数、符号差也称为实对称矩阵 $\boldsymbol{A}$ 的正(负)惯性指数、符号差.

由定理 5.3.2 可得

推论 5.3.3　两个实对称矩阵合同的充分必要条件是它们具有相同的正惯性指数和秩.

§5.4　正定二次型

在实际应用中,实二次型中的正定二次型占有特殊的地位.本节将讨论这类二次型及其有关的性质.

定义 5.4.1　设实二次型 $f(x_1,x_2,\cdots,x_n)=\boldsymbol{X}^{\mathrm{T}}\boldsymbol{A}\boldsymbol{X}$ $(\boldsymbol{A}^{\mathrm{T}}=\boldsymbol{A})$.如果对于任意的 $\boldsymbol{X}=(x_1,x_2,\cdots,x_n)^{\mathrm{T}}\neq\boldsymbol{0}$,都有

$$f(x_1,x_2,\cdots,x_n)=\boldsymbol{X}^{\mathrm{T}}\boldsymbol{A}\boldsymbol{X}>0,$$

则称该二次型为正定二次型,矩阵 $\boldsymbol{A}$ 称为正定矩阵.

应该注意,二次型的矩阵是对称的.因此,正定矩阵首先是实对称的,并且由它确定的二次型是正定的.

例 1　二次型 $f(x_1,x_2,\cdots,x_n)=x_1^2+x_2^2+\cdots+x_n^2$ 是正定二次型.因为对任意的 $\boldsymbol{X}=(x_1,x_2,\cdots,x_n)^{\mathrm{T}}\neq\boldsymbol{0}$,有

$$f(x_1,x_2,\cdots,x_n)>0.$$

而二次型 $f(x_1,x_2,\cdots,x_n)=x_1^2+x_2^2+\cdots+x_r^2\ (r<n)$ 不是正定二次型.因为对于 $\boldsymbol{X}=(0,\cdots,0,x_{r+1},\cdots,x_n)^{\mathrm{T}}\neq\boldsymbol{0}$,有

$$f(x_1,x_2,\cdots,x_n)=0.$$

一般地,不难验证:二次型 $f(x_1,x_2,\cdots,x_n)=d_1x_1^2+d_2x_2^2+\cdots+d_nx_n^2$ 是正定的当且仅当 $d_i>0\ (i=1,2,\cdots n)$.

由上例可以看出,利用二次型的标准形和规范形很容易判断二次型的正定性.

引理 5.4.1　可逆线性替换不改变二次型的正定性.

证明　设二次型 $f(x_1,x_2,\cdots,x_n)=\boldsymbol{X}^{\mathrm{T}}\boldsymbol{A}\boldsymbol{X}$ 为正定二次型,经可逆线性替换 $\boldsymbol{X}=\boldsymbol{C}\boldsymbol{Y}$,化为

$$f(x_1,x_2,\cdots,x_n)=\boldsymbol{X}^{\mathrm{T}}\boldsymbol{A}\boldsymbol{X}=\boldsymbol{Y}^{\mathrm{T}}(\boldsymbol{C}^{\mathrm{T}}\boldsymbol{A}\boldsymbol{C})\boldsymbol{Y}.$$

对任意的$\boldsymbol{Y}=(y_1,y_2,\cdots,y_n)^{\mathrm{T}}\neq\boldsymbol{0}$,由$\boldsymbol{C}$可逆可得$\boldsymbol{X}=\boldsymbol{CY}\neq\boldsymbol{0}$,因此,

$$\boldsymbol{Y}^{\mathrm{T}}(\boldsymbol{C}^{\mathrm{T}}\boldsymbol{AC})\boldsymbol{Y}=\boldsymbol{X}^{\mathrm{T}}\boldsymbol{AX}>0.$$

即二次型$\boldsymbol{Y}^{\mathrm{T}}(\boldsymbol{C}^{\mathrm{T}}\boldsymbol{AC})\boldsymbol{Y}$仍为正定二次型.

定理 5.4.1 二次型$f(x_1,x_2,\cdots,x_n)=\boldsymbol{X}^{\mathrm{T}}\boldsymbol{AX}$为正定二次型的充分必要条件是它的正惯性指数等于$n$.

证明 必要性:设二次型$f(x_1,x_2,\cdots,x_n)=\boldsymbol{X}^{\mathrm{T}}\boldsymbol{AX}$ $(\boldsymbol{A}^{\mathrm{T}}=\boldsymbol{A})$正定,则通过可逆线性替换$\boldsymbol{X}=\boldsymbol{CY}$化成的标准形

$$d_1y_1^2+d_2y_2^2+\cdots+d_ny_n^2$$

也正定.由例1知,必有$d_i>0$ $(i=1,2,\cdots,n)$.由此可得,二次型的正惯性指数$p=n$.

充分性:设二次型$f(x_1,x_2,\cdots,x_n)$的正惯性指数为n.则此二次型可通过可逆线性换化为规范形

$$z_1^2+z_2^2+\cdots+z_n^2,$$

这是一个正定二次型.根据引理5.4.1知,原二次型$f(x_1,x_2,\cdots,x_n)=\boldsymbol{X}^{\mathrm{T}}\boldsymbol{AX}$也是正定二次型.

下面讨论正定矩阵的一些性质.

易知,有

命题 5.4.1 对角矩阵$\mathrm{diag}(d_1,d_2,\cdots,d_n)$为正定矩阵的充分必要条件为$d_i>0$ $(i=1,2,\cdots,n)$.

用矩阵的语言,引理5.4.1可以叙述为

定理 5.4.2 设$\boldsymbol{A},B$为n阶实对称矩阵.如果$\boldsymbol{A}$是正定矩阵,且$\boldsymbol{A}\cong\boldsymbol{B}$,则$\boldsymbol{B}$也是正定矩阵.

推论 5.4.1 实对称矩阵$\boldsymbol{A}$为正定矩阵的充分必要条件是$\boldsymbol{A}$合同于单位矩阵$\boldsymbol{E}$.即存在可逆矩阵$\boldsymbol{C}$,使

$$\boldsymbol{A}=\boldsymbol{C}^{\mathrm{T}}\boldsymbol{EC}=\boldsymbol{C}^{\mathrm{T}}\boldsymbol{C}.$$

推论 5.4.2 如果实对称矩阵$\boldsymbol{A}$为正定矩阵,则$\boldsymbol{A}$的行列式大于零.

证明 若$\boldsymbol{A}$为正定矩阵,则存在可逆矩阵$\boldsymbol{C}$,使

$$\boldsymbol{A}=\boldsymbol{C}^{\mathrm{T}}\boldsymbol{C}.$$

所以,$\det\boldsymbol{A}=\det(\boldsymbol{C}^{\mathrm{T}}\boldsymbol{C})=\det\boldsymbol{C}^{\mathrm{T}}\cdot\det\boldsymbol{C}=(\det\boldsymbol{C})^2>0$.

注意,$\boldsymbol{A}$的行列式$\det\boldsymbol{A}$大于零仅为$\boldsymbol{A}$是正定矩阵的必要条件,但不是充分条件.

例如$\boldsymbol{A}=\begin{vmatrix}1&0&0\\0&-1&0\\0&0&-1\end{vmatrix}$,$\det\boldsymbol{A}>0$,但$\boldsymbol{A}$不是正定矩阵.

定义 5.4.2　设 n 阶矩阵 $\boldsymbol{A}=(a_{ij})$，$\boldsymbol{A}$ 的行标与列标相同的 k 级子式

$$\begin{vmatrix} a_{i_1i_1} & a_{i_1i_2} & \cdots & a_{i_1i_k} \\ a_{i_2i_1} & a_{i_2i_2} & \cdots & a_{i_2i_k} \\ \cdots & \cdots & \cdots & \cdots \\ a_{i_ki_1} & a_{i_ki_2} & \cdots & a_{i_ki_k} \end{vmatrix} \quad (1\leqslant i_1<i_2<\cdots<i_k\leqslant n)$$

称为 $\boldsymbol{A}$ 的 k 阶主子式($k=1,2,\cdots,n$). 而主子式

$$\det\boldsymbol{A}_k=\begin{vmatrix} a_{11} & a_{12} & \cdots & a_{1k} \\ a_{21} & a_{22} & \cdots & a_{2k} \\ \cdots & \cdots & \cdots & \cdots \\ a_{k1} & a_{k2} & \cdots & a_{kk} \end{vmatrix}$$

称为矩阵 $\boldsymbol{A}$ 的 k 阶顺序主子式($k=1,2,\cdots,n$).

定理 5.4.3　实对称矩阵 $\boldsymbol{A}$ 为正定矩阵的充分必要条件是 $\boldsymbol{A}$ 的所有顺序主子式都大于零. 即

$$\det\boldsymbol{A}_1=a_{11}>0,\det\boldsymbol{A}_2=\begin{vmatrix} a_{11} & a_{12} \\ a_{21} & a_{22} \end{vmatrix}>0,\cdots,\det\boldsymbol{A}_n=\det\boldsymbol{A}>0.$$

证明　必要性：设实对称矩阵 $\boldsymbol{A}$ 为正定矩阵，则对应的 n 元二次型 $f(x_1,x_2,\cdots,x_n)=\boldsymbol{X}^{\mathrm{T}}\boldsymbol{A}\boldsymbol{X}$ 为正定二次型，即对于任意的 $\boldsymbol{X}=(x_1,x_2,\cdots,x_n)^{\mathrm{T}}\neq0$，有

$$\boldsymbol{X}^{\mathrm{T}}\boldsymbol{A}\boldsymbol{X}>0.$$

因此，对任意的 $X_k=(x_1,x_2,\cdots,x_k)^{\mathrm{T}}\neq0$，令

$$\boldsymbol{X}=(x_1,x_2,\cdots,x_k,0,\cdots,0)^{\mathrm{T}}=\begin{pmatrix}\boldsymbol{X}_k\\ \boldsymbol{0}\end{pmatrix}\in\mathbf{R}^n.$$

也有 $\boldsymbol{X}^{\mathrm{T}}\boldsymbol{A}\boldsymbol{X}>0$. 此时，将矩阵 $\boldsymbol{A}$ 相应分块为 $\begin{pmatrix}\boldsymbol{A}_k & * \\ * & *\end{pmatrix}$，则

$$\boldsymbol{X}^{\mathrm{T}}\boldsymbol{A}\boldsymbol{X}=(\boldsymbol{X}_k^{\mathrm{T}}\quad \boldsymbol{0}^{\mathrm{T}})\begin{pmatrix}\boldsymbol{A}_k & * \\ * & *\end{pmatrix}\begin{pmatrix}\boldsymbol{X}_k\\ \boldsymbol{0}\end{pmatrix}=\boldsymbol{X}_k^{\mathrm{T}}\boldsymbol{A}_k\boldsymbol{X}_k>0.$$

由此可知，k 元二次型 $\boldsymbol{X}_k^{\mathrm{T}}\boldsymbol{A}_kX_k$ 为 k 元正定二次型. 于是 $\boldsymbol{A}_k$ 为正定矩阵. 由推论 5.4.2，有 $\det\boldsymbol{A}_k>0$. 由 k 的任意性知，$\boldsymbol{A}$ 的各顺序主子式 $\det\boldsymbol{A}_k>0\ (k=1,2,\cdots,n)$.

充分性：设 $\boldsymbol{A}$ 的各顺序主子式 $\det\boldsymbol{A}_k>0\ (k=1,2,\cdots,n)$，下证矩阵 $\boldsymbol{A}$ 为正定矩阵. 对 $\boldsymbol{A}$ 的阶数 n 作数学归纳法.

当 $n=1$ 时，$\boldsymbol{A}=\det\boldsymbol{A}_1=a_{11}>0$，对应的二次型 $f(x_1)=a_{11}x_1^2$ 显然是正定二次型，结论成立.

假设结论对于 $n-1$ 成立，则对 n 阶实对称矩阵 $\boldsymbol{A}=(a_{ij})$，考虑二次型 $f(x_1,x_2,\cdots,x_n)=\sum_{i=1}^{n}\sum_{j=1}^{n}a_{ij}x_ix_j$. 由 $a_{11}>0$ 知，可将 $f(x_1,x_2,\cdots,x_n)$配方得

$$f(x_1,x_2,\cdots,x_n)=\frac{1}{a_{11}}(a_{11}x_1+a_{12}x_2+\cdots+a_{1n}x_n)^2+\sum_{i=2}^{n}\sum_{j=2}^{n}b_{ij}x_{ij}$$

其中 $b_{ij}=a_{ij}-\dfrac{a_{1i}a_{1j}}{a_{11}}$ $(i,j=2,3,\cdots,n)$. 由于 $a_{ij}=a_{ji}$，则 $b_{ij}=b_{ji}$，即 $\sum_{i=2}^{n}\sum_{j=2}^{n}b_{ij}x_ix_j$ 是一个 $n-1$ 元二次型. 考虑行列式

$$\det\boldsymbol{A}_k=\begin{vmatrix}a_{11}&a_{12}&\cdots&a_{1k}\\a_{21}&a_{22}&\cdots&a_{2k}\\a_{k1}&a_{k2}&\cdots&a_{kk}\end{vmatrix}=\begin{vmatrix}a_{11}&a_{12}&\cdots&a_{1k}\\0&b_{22}&\cdots&b_{2k}\\\vdots&\vdots&&\vdots\\0&b_{k2}&\cdots&b_{kk}\end{vmatrix}=a_{11}\begin{vmatrix}b_{22}&\cdots&b_{2k}\\\vdots&&\vdots\\b_{k2}&\cdots&b_{kk}\end{vmatrix}.$$

由 $\det\boldsymbol{A}_k>0$ 及 $a_{11}>0$ 知

$$\begin{vmatrix}b_{22}&\cdots&b_{2k}\\\vdots&&\\b_{k2}&\cdots&b_{kk}\end{vmatrix}>0\quad(k=2,\cdots,n).$$

利用归纳假设知，二次型 $\sum_{i=2}^{n}\sum_{j=2}^{n}b_{ij}x_ix_j$ 是正定的. 再由定义 5.4.1 可直接验证，二次型 $f(x_1,x_2,\cdots,x_n)$ 也是正定的，即 $\boldsymbol{A}$ 是正定矩阵.

由归纳法原理知，定理的结论成立.

例 2 判定二次型

$$f(x_1,x_2,x_3)=5x_1^2+4x_1x_2-8x_1x_3+x_2^2-4x_2x_3+5x_3^2$$

是否正定.

解 该二次型的矩阵为

$$\boldsymbol{A}=\begin{pmatrix}5&2&-4\\2&1&-2\\-4&-2&5\end{pmatrix}.$$

A 的各阶顺序主子式为

$$\det A_1 = 5 > 0,\quad \det A_2 = \begin{vmatrix} 5 & 2 \\ 2 & 1 \end{vmatrix} = 1 > 0,$$

$$\det A_3 = \det A = \begin{vmatrix} 5 & 2 & -4 \\ 2 & 1 & -2 \\ -4 & -2 & 5 \end{vmatrix} = 1 > 0.$$

故 $f(x_1, x_2, x_3)$ 为正定二次型.

根据定理 4.3.3,对于任一实对称矩阵 A,存在正交矩阵 P,使得

$$P^{-1}AP = \mathrm{diag}(\lambda_1, \lambda_2, \cdots, \lambda_n),$$

其中 $\lambda_1, \lambda_2, \cdots, \lambda_n$ 是矩阵 A 的全部特征值. 利用命题 5.4.1 及定理 5.4.2,有

定理 5.4.4　实对称矩阵 A 为正定矩阵的充分必要条件是 A 的所有特征值均为正数.

除了正定二次型外,实二次型中还有下面一些与正定二次型平行的概念:

定义 5.4.2　设二次型 $f(x_1, x_2, \cdots, x_n) = X^T AX\ (A^T = A)$.

(1)如果对任意的 $X = (x_1, x_2, \cdots, x_n)^T \neq 0$,都有

$$X^T AX < 0,$$

则称二次型为负定的,实对称矩阵 A 称为负定矩阵.

(2)如果对任意的 $X = (x_1, x_2, \cdots, x_n)^T$,有

$$X^T AX \geqslant 0 \quad (\leqslant 0),$$

则称该二次型为半正定(半负定)的,实对称矩阵 A 称为半正定(半负定)矩阵.

(3)如果 $f(x_1, x_2, \cdots, x_n)$ 既不是半正定的,又不是半负定的,则称该二次型为不定的,实对称矩阵 A 称为不定的.

类似于正定二次型的讨论,我们有

定理 5.4.5　设二次型 $f(x_1, x_2, \cdots, x_n) = X^T AX\ (A^T = A)$,则下列各条件等价:

(1) $f(x_1, x_2, \cdots, x_n)$ 为负定二次型(即 A 为负定矩阵);

(2) $-f(x_1, x_2, \cdots, x_n)$ 为正定二次型(即 $-A$ 为正定矩阵);

(3) $f(x_1, x_2, \cdots, x_n)$ 的负惯性指数为 n;

(4)实对称矩阵 A 合同于 $-E$;

(5)实对称矩阵 A 的奇数阶顺序主子式全小于零,偶数阶顺序主子式全大于零;

(6)实对称矩阵 $\boldsymbol{A}$ 的特征值均小于零.(证明略去)

定理 5.4.6 设二次型 $f(x_1,x_2,\cdots,x_n)=\boldsymbol{X}^{\mathrm{T}}\boldsymbol{A}\boldsymbol{X}$,则下列各条件等价:

(1)$f(x_1,x_2,\cdots,x_n)$为半正定二次型;

(2)$f(x_1,x_2,\cdots,x_n)$的正惯性指数 $p=\mathrm{r}(\boldsymbol{A})$;

(3)实对称矩阵 $\boldsymbol{A}$ 合同于$\begin{pmatrix}\boldsymbol{E}_r & \boldsymbol{0}\\ \boldsymbol{0} & \boldsymbol{0}\end{pmatrix}$,$r=\mathrm{r}(\boldsymbol{A})\leqslant n$;

(4)存在 n 阶矩阵 $\boldsymbol{C}$,使得

$$\boldsymbol{A}=\boldsymbol{C}^{\mathrm{T}}\boldsymbol{C};$$

(5)实对称矩阵 $\boldsymbol{A}$ 的所有主子式都大于或等于零;

(6)实对称矩阵 $\boldsymbol{A}$ 的所有特征值都大于或等于零(请读者自己验证).

应注意,当实对称矩阵 $\boldsymbol{A}$ 的各阶顺序主子式都大于或等于零时,$\boldsymbol{A}$ 不一定是半正定的.例如,

$$\boldsymbol{A}=\begin{pmatrix}0 & 0\\ 0 & -1\end{pmatrix}$$

不是半正定的,但 $\boldsymbol{A}$ 的所有顺序主子式全为零.

*本章的最后,我们介绍正定矩阵在多元函数极值问题中的应用.设 n 元函数 $f(\boldsymbol{X})=f(x_1,x_2,\cdots,x_n)$在 $\boldsymbol{X}=(x_1,x_2,\cdots,x_n)^{\mathrm{T}}\in\mathbf{R}^n$ 的某个邻域内有一阶、二阶连续偏导数.记

$$\nabla f(X)=\left(\frac{\partial f(X)}{\partial x_1},\frac{\partial f(X)}{\partial x_2},\cdots,\frac{\partial f(X)}{\partial x_n}\right),$$

$\nabla f(X)$称为函数 $f(X)$在点 $\boldsymbol{X}=(x_1,x_2,\cdots,x_n)^{\mathrm{T}}$处的梯度.已知有

***定理 5.4.7 (极值存在的必要条件)** 设函数 $f(\boldsymbol{X})$在点 $\boldsymbol{X}_0=(x_1^0,x_2^0,\cdots,x_n^0)^{\mathrm{T}}$处存在一阶偏导数,且 $\boldsymbol{X}_0$ 为该函数的极值点,则$\nabla f(\boldsymbol{X}_0)=\boldsymbol{0}$.

满足$\nabla f(\boldsymbol{X}_0)=\boldsymbol{0}$ 的点 $\boldsymbol{X}_0$ 称为函数 $f(\boldsymbol{X})$的驻点.驻点未必是极值点,下面给出驻点为极值点的一个充分条件.

设 $\boldsymbol{X}_0=(x_1^0,x_2^0,\cdots,x_n^0)^{\mathrm{T}}\in\mathbf{R}^n$ 是 $f(\boldsymbol{X})$的一个驻点,利用泰勒公式将 $f(\boldsymbol{X})$在点 $\boldsymbol{X}_0$ 处展开至二阶项,得

$$\begin{aligned}f(\boldsymbol{X})&=f(x_1,x_2,\cdots,x_n)\\&=f(x_1^0,x_2^0,\cdots,x_n^0)+\sum_{i=1}^{n}\frac{\partial f(\boldsymbol{X}_0)}{\partial x_i}(x_i-x_i^0)+\\&\quad\frac{1}{2!}\sum_{i=1}^{n}\sum_{j=1}^{n}\frac{\partial^2 f(\boldsymbol{X}_0)}{\partial x_i\partial x_j}(x_i-x_i^0)(x_j-x_j^0)+o(\|\boldsymbol{X}-\boldsymbol{X}_0\|^2),\end{aligned}\tag{4.1}$$

其中 $o(\|\boldsymbol{X}-\boldsymbol{X}_0\|^2)$表示当 $\boldsymbol{X}\to\boldsymbol{X}_0$ 时,比 $\|\boldsymbol{X}-\boldsymbol{X}_0\|^2$ 高阶的无穷小量.

利用矩阵,(4.1)可简记为

$$f(\boldsymbol{X})=f(\boldsymbol{X}_0)+\nabla f(\boldsymbol{X}_0)(\boldsymbol{X}-\boldsymbol{X}_0)$$
$$+\frac{1}{2!}(\boldsymbol{X}-\boldsymbol{X}_0)^{\mathrm{T}}\boldsymbol{H}(\boldsymbol{X}_0)(\boldsymbol{X}-\boldsymbol{X}_0)+o(\|\boldsymbol{X}-\boldsymbol{X}_0\|^2), \quad (4.2)$$

其中

$$\boldsymbol{H}(\boldsymbol{X}_0)=\left(\frac{\partial^2 f(\boldsymbol{X}_0)}{\partial x_i\partial x_j}\right)_{n\times n}=\begin{pmatrix}\frac{\partial^2 f(\boldsymbol{X}_0)}{\partial x_1^2} & \frac{\partial^2 f(\boldsymbol{X}_0)}{\partial x_1\partial x_2} & \cdots & \frac{\partial^2 f(\boldsymbol{X}_0)}{\partial x_1\partial x_n}\\ \vdots & \vdots & & \vdots\\ \frac{\partial^2 f(\boldsymbol{X}_0)}{\partial x_n\partial x_1} & \frac{\partial^2 f(\boldsymbol{X}_0)}{\partial x_n\partial x_2} & \cdots & \frac{\partial^2 f(\boldsymbol{X}_0)}{\partial x_n^2}\end{pmatrix}$$

为对称矩阵,称为函数 $f(\boldsymbol{X})=f(x_1,x_2,\cdots,x_n)$ 在点 $\boldsymbol{X}_0\in\mathbf{R}^n$ 处的Hesse矩阵. 由于 $\nabla f(\boldsymbol{X}_0)=\mathbf{0}$,当 $(\boldsymbol{X}-\boldsymbol{X}_0)\neq\mathbf{0}$ 且 $\|\boldsymbol{X}-\boldsymbol{X}_0\|$ 充分小时可略去高阶无穷小项,(4.2)可化为

$$f(\boldsymbol{X})-f(\boldsymbol{X}_0)\approx\frac{1}{2!}(\boldsymbol{X}-\boldsymbol{X}_0)^{\mathrm{T}}\boldsymbol{H}(\boldsymbol{X}_0)(\boldsymbol{X}-\boldsymbol{X}_0).$$

由此可以看出,$f(\boldsymbol{X}_0)$ 是否是函数 $f(\boldsymbol{X})$ 的极值,取决于二次型 $(\boldsymbol{X}-\boldsymbol{X}_0)^{\mathrm{T}}\boldsymbol{H}(\boldsymbol{X}_0)(\boldsymbol{X}-\boldsymbol{X}_0)$ 是否为正定或负定的. 因此,有

***定理 5.4.8**(极值的充分条件)　设函数 $f(\boldsymbol{X})$ 在点 $\boldsymbol{X}_0\in\mathbf{R}^n$ 的某个邻域内具有一阶、二阶连续偏导数,且

$$\nabla f(\boldsymbol{X}_0)=\left(\frac{\partial f(\boldsymbol{X}_0)}{\partial x_1},\frac{\partial f(\boldsymbol{X}_0)}{\partial x_2},\cdots,\frac{\partial f(\boldsymbol{X}_0)}{\partial x_n}\right)=\mathbf{0},$$

则　(1)当 $\boldsymbol{H}(\boldsymbol{X}_0)$ 为正定矩阵时,$f(\boldsymbol{X}_0)$ 为 $f(\boldsymbol{X})$ 的极小值;

(2)当 $\boldsymbol{H}(\boldsymbol{X}_0)$ 为负定矩阵时,$f(\boldsymbol{X}_0)$ 为 $f(\boldsymbol{X})$ 的极大值;

(3)当 $\boldsymbol{H}(\boldsymbol{X}_0)$ 为不定矩阵时,$f(\boldsymbol{X}_0)$ 不是 $f(\boldsymbol{X})$ 的极值.

例 3　求函数 $f(x_1,x_2,x_3)=x_1+x_2-\mathrm{e}^{x_1}-\mathrm{e}^{x_2}+2\mathrm{e}^{x_3}-\mathrm{e}^{x_3^2}$ 的极值.

解　因为

$$\frac{\partial f}{\partial x_1}=1-\mathrm{e}^{x_1},\ \frac{\partial f}{\partial x_2}=1-\mathrm{e}^{x_2},\ \frac{\partial f}{\partial x_3}=2\mathrm{e}^{x_3}-2x_3\mathrm{e}^{x_3^2},$$

解方程组

$$\begin{cases}1-\mathrm{e}^{x_1}=0\\ 1-\mathrm{e}^{x_2}=0\\ 2\mathrm{e}^{x_3}-2x_3\mathrm{e}^{x_3^2}=0,\end{cases}$$

得驻点 $\boldsymbol{X}_0=(0,0,1)^{\mathrm{T}}$. 又 $f(\boldsymbol{X})$ 的各二阶偏导数为

$$\frac{\partial^2 f}{\partial x_1^2}=-\mathrm{e}^{x_1},\frac{\partial^2 f}{\partial x_1\partial x_2}=0,\frac{\partial^2 f}{\partial x_1\partial x_3}=0,$$

$$\frac{\partial^2 f}{\partial x_2^2}=-e^{x_2},\frac{\partial^2 f}{\partial x_2\partial x_3}=0,\frac{\partial^2 f}{\partial x_3^2}=2e^{x_3}-(2+4x_3^2)e^{x_3}.$$

于是 $f(\boldsymbol{X})$在 $\boldsymbol{X}_0$ 处的 Hesse 矩阵为

$$\boldsymbol{H}(\boldsymbol{X}_0)=\begin{pmatrix}-1&0&0\\0&-1&0\\0&0&-4e\end{pmatrix}.$$

而 $\boldsymbol{H}(\boldsymbol{X}_0)$的各阶顺序主子式为

$$\det\boldsymbol{H}_1=-1<0,\ \det\boldsymbol{H}_2=\begin{vmatrix}-1&0\\0&-1\end{vmatrix}=1>0$$

$$\det\boldsymbol{H}_3=\det\boldsymbol{H}(\boldsymbol{X}_0)=-4e<0.$$

故 $\boldsymbol{H}(\boldsymbol{X}_0)$为负定矩阵.所以 $\boldsymbol{X}_0=(0,0,1)^{\mathrm{T}}$为 $f(\boldsymbol{X})$的极大值点,且极大值为

$$f(\boldsymbol{X}_0)=f(0,0,1)=e-2.$$

习题五

1.写出下列二次型的矩阵,并求出二次型的秩:

(1)$f(x_1,x_2,x_3)=x_1^2+2x_2^2+x_1x_2-2x_2x_3$;

(2)$f(x_1,x_2,x_3)=x_1^2+2x_2^2+4x_3^2+2x_1x_2+4x_2x_3$;

(3)$f(x_1,x_2,x_3,x_4)=x_1x_2-2x_2x_3+3x_3x_4$;

(4)$f(x_1,x_2,x_3,x_4)=x_1^2+2x_2^2+x_4^2+4x_1x_2+4x_1x_3+2x_1x_4+2x_2x_3+2x_2x_4+2x_3x_4$.

2.写出下列各对称矩阵所对应的二次型:

(1) $\boldsymbol{A}=\begin{pmatrix}1&-2&1\\-2&0&1\\1&1&1\end{pmatrix}$;　　(2) $\boldsymbol{A}=\begin{pmatrix}1&-1&-3&1\\-1&0&-2&\frac{1}{2}\\-3&-2&\frac{1}{3}&-\frac{3}{2}\\1&\frac{1}{2}&-\frac{3}{2}&0\end{pmatrix}$.

3.分别用配方法和初等变换法将下列二次型化为标准形,并写出所用的线性替换:

(1)$f(x_1,x_2,x_3)=x_1^2+2x_2^2+4x_3^2+2x_1x_2+4x_2x_3$;

(2)$f(x_1,x_2,x_3)=-x_1^2+4x_3^2+2x_1x_2+4x_1x_3+6x_2x_3$;

(3)$f(x_1,x_2,x_3)=2x_1x_2+4x_1x_3$;

(4)$f(x_1,x_2,x_3)=x_1^2-3x_2^2+x_3^2-2x_1x_2+2x_1x_3-6x_2x_3$.

4.用正交线性替换法将下列二次型化为标准形,并写出所用的线性替换:

(1) $f(x_1,x_2,x_3)=2x_1x_2-2x_2x_3$;

(2) $f(x_1,x_2,x_3)=2x_1^2+x_2^2-4x_1x_2-4x_2x_3$.

5. 求可逆矩阵 $\boldsymbol{C}$，使 $\boldsymbol{C}^{\mathrm{T}}\boldsymbol{AC}$ 为对角矩阵：

(1) $\boldsymbol{A}=\begin{pmatrix}1&2&0\\2&0&1\\0&1&3\end{pmatrix}$；　　(2) $\boldsymbol{A}=\begin{pmatrix}0&1&-2\\1&0&-1\\-2&-1&0\end{pmatrix}$.

6. 求出第 3 题中的各二次型的规范形.

7. 用可逆线性替换将 $2n$ 元二次型 $x_1x_{2n}+x_2x_{2n-1}+\cdots+x_nx_{n+1}$ 化为标准形.

8. 判别下列二次型是否为正定二次型：

(1) $f(x_1,x_2,x_3)=10x_1^2+2x_2^2+x_3^2+8x_1x_2+24x_1x_3-28x_2x_3$;

(2) $f(x_1,x_2,x_3)=5x_1^2+6x_2^2+4x_3^2-4x_1x_2-4x_2x_3$;

(3) $f(x_1,x_2,x_3)=x_1^2-x_2^2+x_3^2-2x_1x_3$;

(4) $\sum\limits_{j=1}^{n}x_j^2+\sum\limits_{1\leqslant i<j\leqslant n}x_ix_j$.

9. 当 t 取何值时，下列二次型为正定二次型：

(1) $f(x_1,x_2,x_3)=x_1^2+4x_2^2+2x_3^2+2tx_1x_2+2x_1x_3$;

(2) $f(x_1,x_2,x_3)=x_1^2+2x_2^2+5x_3^2+2x_1x_2-2x_1x_3+4tx_2x_3$.

10. 如果 $\boldsymbol{A},\boldsymbol{B}$ 都是 n 阶正定矩阵，证明：$\boldsymbol{A}+\boldsymbol{B}$ 也是正定矩阵.

11. 设 $\boldsymbol{A}$ 为正定矩阵，则 $\boldsymbol{A}^{-1}$ 和 $\boldsymbol{A}^*$ 也是正定矩阵，其中 $\boldsymbol{A}^*$ 是 $\boldsymbol{A}$ 的伴随矩阵.

12. 设 $\boldsymbol{A}$ 是 n 阶正定矩阵，证明：$\det(\boldsymbol{A}+\boldsymbol{E}_n)>1$.

13. 证明：正定矩阵主对角线上的元素全为正的.

14. 设 $\boldsymbol{A}$ 为 $n\times m$ 实矩阵，且 $\mathrm{r}(\boldsymbol{A})=m<n$，证明：

(1) $\boldsymbol{A}^{\mathrm{T}}\boldsymbol{A}$ 是 m 阶正定矩阵；

(2) $\boldsymbol{A}\boldsymbol{A}^{\mathrm{T}}$ 是 n 阶半正定矩阵.

15. 设 $\boldsymbol{A}=(a_{ij})$ 是 n 阶正定矩阵，$b_1,b_2,\cdots,b_n$ 是任意 n 个非零的实数，证明：$\boldsymbol{B}=(a_{ij}b_ib_j)$ 也是正定矩阵.

16. 设 $\boldsymbol{A},\boldsymbol{B}$ 是两个 n 阶实对称矩阵，且 $\boldsymbol{B}$ 是正定矩阵. 证明：存在 n 阶可逆矩阵 $\boldsymbol{P}$，使得

$$\boldsymbol{P}^{\mathrm{T}}\boldsymbol{AP} \text{ 与 } \boldsymbol{P}^{\mathrm{T}}\boldsymbol{BP}$$

同时为对角矩阵.

*第 6 章

线性空间

在第三章中，我们把数域 F 上的 n 元有序数组称为 n 维向量，讨论了向量的线性运算和向量间的线性关系，并介绍了 n 维向量空间 $\mathbf{R}^n$ 的概念. 在这一章中我们推广这些概念，使向量及向量空间的概念更具一般性. 推广后的向量概念内涵更加丰富，这样的向量空间又称为线性空间，是线性代数最基本的概念之一. 它们对于研究线性方程组解的结构具有十分重要的意义，在科学技术和经济研究等许多领域中都有着十分重要的应用. 这一章将介绍线性空间的概念、性质；讨论线性空间的维数、基、坐标及基变换与坐标变换；在引入映射的概念后，给出线性变换的定义，研究线性变换及其矩阵表示. 在本章的最后，简要介绍一下欧氏空间.

§6.1 线性空间的概念

定义 6.1.1 设 V 是一个非空集合，F 是一个数域. 在 V 中定义两种代数运算：

(1) 加法. 对于 V 中任意两个元素 $\boldsymbol{\alpha}$ 与 $\boldsymbol{\beta}$，按某一法则，在 V 中都有唯一的一个元素 $\boldsymbol{\gamma}$ 与它们对应，称为 $\boldsymbol{\alpha}$ 与 $\boldsymbol{\beta}$ 的和，记作 $\boldsymbol{\gamma}=\boldsymbol{\alpha}+\boldsymbol{\beta}$.

(2) 数量乘法. 对于 V 中的任意元素 $\boldsymbol{\alpha}$ 和数域 F 中的任意数 k，按某一法则，在 V 中都有唯一的一个元素 $\boldsymbol{\delta}$ 与之对应，称为 k 与 $\boldsymbol{\alpha}$ 的数量乘积，记作 $\boldsymbol{\delta}=k\boldsymbol{\alpha}$.

一般称集合 V 对于加法和数量乘法这两种运算封闭.

如果加法和数量乘法满足以下八条运算法则，则称 V 是数域 F 上的一个线性空间. 其中

加法满足下列四条运算法则：

(1) $\boldsymbol{\alpha}+\boldsymbol{\beta}=\boldsymbol{\beta}+\boldsymbol{\alpha}$；

(2) $(\boldsymbol{\alpha}+\boldsymbol{\beta})+\boldsymbol{\gamma}=\boldsymbol{\alpha}+(\boldsymbol{\beta}+\boldsymbol{\gamma})$；

(3) V 中有一个元素 $\mathbf{0}$，对于 V 中的任一元素 $\boldsymbol{\alpha}$，都有 $\boldsymbol{\alpha}+\mathbf{0}=\boldsymbol{\alpha}$. 称元素 $\mathbf{0}$ 为 V 的零元素；

(4) 对于 V 中的每一个元素 $\boldsymbol{\alpha}$，都有 V 中的元素 $\boldsymbol{\beta}$，使得 $\boldsymbol{\alpha}+\boldsymbol{\beta}=\mathbf{0}$. 称 $\boldsymbol{\beta}$ 为 $\boldsymbol{\alpha}$ 的负元素，记作 $-\boldsymbol{\alpha}$，即 $\boldsymbol{\alpha}+(-\boldsymbol{\alpha})=\mathbf{0}$.

数量乘法满足下列两条运算法则：

(5) 对数域 F 中的数 1 和 V 中的任一元素 $\boldsymbol{\alpha}$，都有 $1\cdot\boldsymbol{\alpha}=\boldsymbol{\alpha}$；

(6) $k(l\boldsymbol{\alpha})=(kl)\boldsymbol{\alpha}$.

数量乘法与加法满足下列两条运算法则：

(7) $(k+l)\boldsymbol{\alpha}=k\boldsymbol{\alpha}+l\boldsymbol{\alpha}$；

(8) $k(\boldsymbol{\alpha}+\boldsymbol{\beta})=k\boldsymbol{\alpha}+k\boldsymbol{\beta}$.

其中 $\boldsymbol{\alpha},\boldsymbol{\beta},\boldsymbol{\gamma}$ 是 V 中的任意元素；k,l 是数域 F 中的任意数.

线性空间的元素一般仍称为向量，从而线性空间也称为向量空间，线性空间中的元素统称为向量.

显然，n 维向量空间 $\mathbf{R}^n$ 对向量的加法和数乘构成 $\mathbf{R}$ 上的一个线性空间.

下面再举几个例子.

例 1 数域 F 上所有一元多项式的集合记作 $F[x]$，对于多项式的加法和数与多项式的乘法，构成 F 上的一个线性空间. 特别地，$F[x]$ 中次数小于 n 的所有一元多项式（包括零多项式）组成的集合记作 $F[x]_n$，它对于多项式的加法和数与多项式的乘法，也构成 F 上的一个线性空间.

例 2 实数域 $\mathbf{R}$ 上的所有 $m\times n$ 阶矩阵的集合记为 $M_{m\times n}$，显然，$M_{m\times n}$ 对矩阵的加法和数乘运算构成实数域 $\mathbf{R}$ 上的一个线性空间.

由例 1、例 2 看出，这里所说的向量，其涵义比 $\mathbf{R}^n$ 中的向量有了很大的推广：

(1) 线性空间的向量不一定是有序数组，而是更为广泛的对象.

(2) 线性空间中的两种运算可以是满足八条运算法则的更广泛的运算.

例 3 数域 F 上的 n 元齐次线性方程组 $\boldsymbol{AX}=\mathbf{0}$ 的所有解向量，对于向量的加法和数量乘法，构成 F 上的一个线性空间，称为该方程组的一个解空间. 而 F 上的 n 元非齐次线性方程组 $\boldsymbol{AX}=\boldsymbol{b}$ 的所有解向量在上述运算下，不能构成 F 上的线性空间.（为什么？）

例 4 设 $V=\{\mathbf{0}\}$ 只包含一个元素. 对于任意数域 F，定义 $\mathbf{0}+\mathbf{0}=\mathbf{0}$，$k\mathbf{0}=\mathbf{0}(k\in F)$. 可以验证上述运算也满足八条运算法则，$\mathbf{0}$ 就是 V 的零

元素. 则 $V=\{\mathbf{0}\}$ 是 F 上的一个线性空间,称之为零空间.

下面我们直接根据定义给出线性空间的一些简单性质:

1. 线性空间 V 的零向量是唯一的.

假设 $\mathbf{0}_1,\mathbf{0}_2$ 都是 V 的零向量,考虑 $\mathbf{0}_1+\mathbf{0}_2$. 由于 $\mathbf{0}_1$ 是零向量,则 $\mathbf{0}_1+\mathbf{0}_2=\mathbf{0}_2$;又由于 $\mathbf{0}_2$ 也是零向量,故 $\mathbf{0}_1+\mathbf{0}_2=\mathbf{0}_1$,从而有 $\mathbf{0}_1=\mathbf{0}_1+\mathbf{0}_2=\mathbf{0}_2$.

2. 线性空间 V 中每个向量的负向量是唯一的.

假设向量 $\boldsymbol{\alpha}$ 有两个负向量 $\boldsymbol{\beta}$ 和 $\boldsymbol{\gamma}$,即

$$\boldsymbol{\alpha}+\boldsymbol{\beta}=\mathbf{0},\ \boldsymbol{\alpha}+\boldsymbol{\gamma}=\mathbf{0}.$$

那么

$$\boldsymbol{\beta}=\boldsymbol{\beta}+\mathbf{0}=\boldsymbol{\beta}+(\boldsymbol{\alpha}+\boldsymbol{\gamma})=(\boldsymbol{\beta}+\boldsymbol{\alpha})+\boldsymbol{\gamma}=(\boldsymbol{\alpha}+\boldsymbol{\beta})+\boldsymbol{\gamma}=\mathbf{0}+\boldsymbol{\gamma}=\boldsymbol{\gamma}.$$

与两个数 a,b 的差 $a-b$ 的定义类似,我们定义两个向量 $\boldsymbol{\alpha}$ 与 $\boldsymbol{\beta}$ 的差 $\boldsymbol{\alpha}-\boldsymbol{\beta}$ 为 $\boldsymbol{\alpha}+(-\boldsymbol{\beta})$. 这样,在向量空间 V 中,

$$\boldsymbol{\alpha}+\boldsymbol{\beta}=\boldsymbol{\gamma} \text{ 当且仅当 } \boldsymbol{\alpha}=\boldsymbol{\gamma}-\boldsymbol{\beta}.$$

3. 在线性空间 V 中,加法消去律成立.

即

$$\boldsymbol{\alpha}+\boldsymbol{\beta}=\boldsymbol{\alpha}+\boldsymbol{\gamma} \text{ 当且仅当 } \boldsymbol{\beta}=\boldsymbol{\gamma}.$$

事实上,若 $\boldsymbol{\alpha}+\boldsymbol{\beta}=\boldsymbol{\alpha}+\boldsymbol{\gamma}$,则

$$\begin{aligned}\boldsymbol{\beta}&=(-\boldsymbol{\alpha}+\boldsymbol{\alpha})+\boldsymbol{\beta}=-\boldsymbol{\alpha}+(\boldsymbol{\alpha}+\boldsymbol{\beta})\\&=-\boldsymbol{\alpha}+(\boldsymbol{\alpha}+\boldsymbol{\gamma})=(-\boldsymbol{\alpha}+\boldsymbol{\alpha})+\boldsymbol{\gamma}=\boldsymbol{\gamma}.\end{aligned}$$

另一方面是显然的.

4. $0\cdot\boldsymbol{\alpha}=\mathbf{0};k\cdot\mathbf{0}=\mathbf{0}$.

首先由于

$$\boldsymbol{\alpha}+0\cdot\boldsymbol{\alpha}=1\boldsymbol{\alpha}+0\boldsymbol{\alpha}=(1+0)\boldsymbol{\alpha}=1\boldsymbol{\alpha}=\boldsymbol{\alpha}=\boldsymbol{\alpha}+\mathbf{0},$$

故有

$$0\cdot\boldsymbol{\alpha}=\mathbf{0}.$$

再由于 $k\cdot\mathbf{0}+\mathbf{0}=k(\mathbf{0}+\mathbf{0})=k\cdot\mathbf{0}+k\cdot\mathbf{0}$,从而有 $k\mathbf{0}=\mathbf{0}$.

5. 如果 $k\boldsymbol{\alpha}=\mathbf{0}$,则 $k=0$ 或 $\boldsymbol{\alpha}=\mathbf{0}$.

若 $k\neq0$,则 $\boldsymbol{\alpha}=(\frac{1}{k}\cdot k)\boldsymbol{\alpha}=\frac{1}{k}(k\boldsymbol{\alpha})=\frac{1}{k}\cdot\mathbf{0}=\mathbf{0}$.

6. $(-k)\boldsymbol{\alpha}=-(k\boldsymbol{\alpha})$,特别地,$(-1)\boldsymbol{\alpha}=-\boldsymbol{\alpha}$.

因为 $(-k)\boldsymbol{\alpha}+k\boldsymbol{\alpha}=(-k+k)\boldsymbol{\alpha}=0\boldsymbol{\alpha}=\mathbf{0}$,所以

$$-(k\boldsymbol{\alpha})=(-k)\boldsymbol{\alpha}.$$

在§3.2中,我们已介绍过 n 维向量空间 $\mathbf{R}^n$ 的子空间的概念,这里给出子空间的一般定义.

定义 6.1.2 设 V 是数域 F 上的一个线性空间,U 是 V 的一个非

空子集,如果 U 对于 V 中定义的加法和数量乘积也构成数域 F 上的一个线性空间,则称 U 为 V 的线性子空间(简称为子空间).

由定义易知,假设 U 是 V 的子空间,则 U 的零元素也是 V 的零元素,U 中向量 $\boldsymbol{\alpha}$ 的负向量也是 V 中向量 $\boldsymbol{\alpha}$ 的负向量. 于是有

定理 6.1.1　线性空间 V 的非空子集 U 构成子空间的充分必要条件是

(1)如果 $\boldsymbol{\alpha},\boldsymbol{\beta}\in U$,则 $\boldsymbol{\alpha}+\boldsymbol{\beta}\in U$;

(2)如果 $\boldsymbol{\alpha}\in U,k\in F$,则 $k\boldsymbol{\alpha}\in U$.

下面来看几个子空间的例子.

例 5　在线性空间 V 中,由单个零向量组成的集合 $W=\{\mathbf{0}\}$也是线性空间,称 W 为 V 的零子空间. 而线性空间 V 也是其本身的一个子空间. 在线性空间 V 中,零子空间$\{\mathbf{0}\}$与线性空间 V 本身这两个子空间有时称为平凡子空间,而 V 的其他子空间则称为非平凡子空间.

例 6　实数域上所有次数小于 n 的一元多项式连同零多项式组成的线性空间 $\mathbf{R}[x]_n$ 是实数域上所有一元多项式组成的线性空间 $\mathbf{R}[x]$ 的子空间.

例 7　数域 F 上的所有 n 阶数量矩阵组成的线性空间,是 F 上的所有 n 阶矩阵组成的线性空间的子空间.

例 8　在线性空间 F^n 中,n 元齐次线性方程组

$$\begin{cases} a_{11}x_1+a_{12}x_2+\cdots+a_{1n}x_n=0 \\ a_{21}x_1+a_{22}x_2+\cdots+a_{2n}x_n=0 \\ \cdots\cdots\cdots\cdots\cdots\cdots\cdots\cdots \\ a_{m1}x_1+a_{m2}x_2+\cdots+a_{mn}x_n=0 \end{cases}$$

的全部解向量组成 F^n 的一个子空间. 称这个子空间为该齐次线性方程组的解空间.

§6.2　线性空间的维数、基与坐标

除零空间外,一般线性空间中都有无穷多个向量. 当然,要逐一地研究这无穷多个向量是不可能的. 因此,我们要寻求以其中的一部分向量为骨干,使得其他的向量都可以用这一部分向量以某种组合的形式来表达.

为了使用方便,我们将第三章中讨论的 n 维向量的线性组合、线性相关、线性无关等基本概念及其性质搬到一般的线性空间中来.

定义 6.2.1 设 V 是数域 F 上的一个线性空间，$\boldsymbol{\alpha}_1,\boldsymbol{\alpha}_2,\cdots,\boldsymbol{\alpha}_s(s\geqslant 1)$ 是 V 中的一组向量，$k_1,k_2,\cdots,k_s$ 是数域 F 中的数. 则向量

$$\boldsymbol{\alpha}=k_1\boldsymbol{\alpha}_1+k_2\boldsymbol{\alpha}_2+\cdots+k_s\boldsymbol{\alpha}_s$$

称为向量组 $\boldsymbol{\alpha}_1,\boldsymbol{\alpha}_2,\cdots,\boldsymbol{\alpha}_s$ 的一个线性组合，或称向量 $\boldsymbol{\alpha}$ 可由向量组 $\boldsymbol{\alpha}_1,\boldsymbol{\alpha}_2,\cdots,\boldsymbol{\alpha}_s$ 线性表出.

定义 6.2.2 设

$$\boldsymbol{\alpha}_1,\boldsymbol{\alpha}_2,\cdots,\boldsymbol{\alpha}_s \tag{2.1}$$

$$\boldsymbol{\beta}_1,\boldsymbol{\beta}_2,\cdots,\boldsymbol{\beta}_t \tag{2.2}$$

是线性空间 $\boldsymbol{V}$ 中的两个向量组. 如果(2.1)中的每个向量都可由向量组(2.2)线性表出，则称向量组(2.1)可由向量组(2.2)线性表出. 如果向量组(2.1)与(2.2)可以互相线性表出，则称向量组(2.1)与(2.2)等价.

定义 6.2.3 线性空间 V 中的向量 $\boldsymbol{\alpha}_1,\boldsymbol{\alpha}_2,\cdots,\boldsymbol{\alpha}_s(s\geqslant 1)$ 称为线性相关的，如果在数域 F 中有 s 个不全为零的数 $k_1,k_2,\cdots,k_s$，使得

$$k_1\boldsymbol{\alpha}_1+k_2\boldsymbol{\alpha}_2+\cdots+k_s\boldsymbol{\alpha}_s=\boldsymbol{0}. \tag{2.3}$$

如果向量组 $\boldsymbol{\alpha}_1,\boldsymbol{\alpha}_2,\cdots\boldsymbol{\alpha}_s$ 不是线性相关的，则称它们线性无关. 换句话说，如果等式(2.3)只有当 $k_1=k_2=\cdots=k_s=0$ 时才能成立，则称向量组 $\boldsymbol{\alpha}_1,\boldsymbol{\alpha}_2,\cdots\boldsymbol{\alpha}_s$ 线性无关.

定理 6.2.1 由一个向量 $\boldsymbol{\alpha}$ 组成的向量组线性相关的充分必要条件是 $\boldsymbol{\alpha}=\boldsymbol{0}$. 两个以上的向量 $\boldsymbol{\alpha}_1,\boldsymbol{\alpha}_2,\cdots\boldsymbol{\alpha}_s$ 线性相关的充分必要条件是其中至少有一个向量可以表为其余向量的线性组合.

定理 6.2.2 如果向量组 $\boldsymbol{\alpha}_1,\boldsymbol{\alpha}_2,\cdots\boldsymbol{\alpha}_s$ 线性无关，并且可由向量组 $\boldsymbol{\beta}_1,\boldsymbol{\beta}_2,\cdots\boldsymbol{\beta}_t$ 线性表出，则 $s\leqslant t$.

由此可以推出：两个等价的线性无关的向量组，一定含有相同个数的向量.

定理 6.2.3 如果向量组 $\boldsymbol{\alpha}_1,\boldsymbol{\alpha}_2,\cdots,\boldsymbol{\alpha}_s$ 线性无关，而向量组 $\boldsymbol{\alpha}_1,\boldsymbol{\alpha}_2,\cdots,\boldsymbol{\alpha}_s,\boldsymbol{\beta}$ 线性相关，则 $\boldsymbol{\beta}$ 可由 $\boldsymbol{\alpha}_1,\boldsymbol{\alpha}_2,\cdots,\boldsymbol{\alpha}_s$ 线性表出，并且表示法唯一.

定义 6.2.4 线性空间 V 中的 n 个向量 $\boldsymbol{\alpha}_1,\boldsymbol{\alpha}_2,\cdots,\boldsymbol{\alpha}_n$，若满足

(1) $\boldsymbol{\alpha}_1,\boldsymbol{\alpha}_2,\cdots,\boldsymbol{\alpha}_n$ 线性无关；

(2) V 中任一向量 $\boldsymbol{\alpha}$ 总可由 $\boldsymbol{\alpha}_1,\boldsymbol{\alpha}_2,\cdots,\boldsymbol{\alpha}_n$ 线性表示，

则称 $\boldsymbol{\alpha}_1,\boldsymbol{\alpha}_2,\cdots,\boldsymbol{\alpha}_n$ 为线性空间 V 的一个基(基底)，n 称为线性空间 V 的维数，记作 $\dim V=n$，此时也称线性空间 V 是 n 维的. 规定零空间的维数为 0.

线性空间 V 是 n 维的，指 V 中有 n 个线性无关的向量，但没有更多数目的线性无关的向量. 当一个线性空间 V 中存在任意多个线性无关

的向量时，就称 V 是无限维的. 本书只讨论有限维的线性空间.

设 $\boldsymbol{\alpha}_1,\boldsymbol{\alpha}_2,\cdots,\boldsymbol{\alpha}_n$ 是 n 维线性空间 V 的一组基，则它们线性无关，并且对于任意 $\boldsymbol{\alpha}\in \boldsymbol{V}$，$\boldsymbol{\alpha}_1,\boldsymbol{\alpha}_2,\cdots,\boldsymbol{\alpha}_n,\boldsymbol{\alpha}$ 线性相关. 由定理 6.2.3 知，$\boldsymbol{\alpha}$ 可由 $\boldsymbol{\alpha}_1,\boldsymbol{\alpha}_2,\cdots,\boldsymbol{\alpha}_n$ 线性表出，且表示法唯一. 于是可以引入坐标的概念.

定义 6.2.5 设 $\boldsymbol{\alpha}_1,\boldsymbol{\alpha}_2,\cdots,\boldsymbol{\alpha}_n$ 是 n 维线性空间 V 的一组基. 对于任一元素 $\boldsymbol{\alpha}\in V$，有且仅有一组有序数组 $x_1,x_2,\cdots,x_n$，使

$$\boldsymbol{\alpha}=x_1\boldsymbol{\alpha}_1+x_2\boldsymbol{\alpha}_2+\cdots+x_n\boldsymbol{\alpha}_n.$$

有序数组 $x_1,x_2,\cdots,x_n$ 称为 $\boldsymbol{\alpha}$ 在基 $\boldsymbol{\alpha}_1,\boldsymbol{\alpha}_2,\cdots,\boldsymbol{\alpha}_n$ 下的坐标，记为

$$(x_1,x_2,\cdots,x_n).$$

上述定义把线性空间中的向量 $\boldsymbol{\alpha}$ 与空间 F^n 中的向量一一对应起来了.

例 1 在 n 维线性空间 F^n 中，显然 $\boldsymbol{\varepsilon}_1=(1,0,\cdots,0)^{\mathrm{T}},\boldsymbol{\varepsilon}_2=(0,1,0,\cdots,0)^{\mathrm{T}},\cdots,\boldsymbol{\varepsilon}_n=(0,\cdots,0,1)^{\mathrm{T}}$ 为 F^n 的一组基. 对于 F^n 中的任一向量 $\boldsymbol{\alpha}=(a_1,a_2,\cdots,a_n)^{\mathrm{T}}$，有

$$\boldsymbol{\alpha}=a_1\boldsymbol{\varepsilon}_1+a_2\boldsymbol{\varepsilon}_2+\cdots+a_n\boldsymbol{\varepsilon}_n.$$

因此 $\boldsymbol{\alpha}$ 在基 $\boldsymbol{\varepsilon}_1,\boldsymbol{\varepsilon}_2,\cdots,\boldsymbol{\varepsilon}_n$ 下的坐标为 $(a_1,a_2,\cdots,a_n)$.

又 $\boldsymbol{e}_1=(1,1,\cdots,1)^{\mathrm{T}},\boldsymbol{e}_2=(0,1,\cdots,1)^{\mathrm{T}},\cdots,\boldsymbol{e}_n=(0,\cdots,0,1)^{\mathrm{T}}$ 是 F^n 中 n 个线性无关的向量，从而也是 F^n 的一组基. 对于向量 $\boldsymbol{\alpha}=(a_1,a_2,\cdots,a_n)^{\mathrm{T}}$，有

$$\boldsymbol{\alpha}=a_1\boldsymbol{e}_1+(a_2-a_1)\boldsymbol{e}_2+\cdots+(a_n-a_{n-1})\boldsymbol{e}_n.$$

因此 $\boldsymbol{\alpha}$ 在基 $\boldsymbol{e}_1,\boldsymbol{e}_2,\cdots,\boldsymbol{e}_n$ 下的坐标为 $(a_1,a_2-a_1,\cdots,a_n-a_{n-1})$.

例 2 在线性空间 $\mathbf{R}[x]_n$ 中，$\boldsymbol{\varepsilon}_1=1,\boldsymbol{\varepsilon}_2=x,\boldsymbol{\varepsilon}_3=x^2,\cdots,\boldsymbol{\varepsilon}_n=x^{n-1}$ 是 n 个线性无关的向量，对 $\mathbf{R}[x]_n$ 中任意一个次数小于 n 的多项式 $f(x)=a_0+a_1x+a_2x^2+\cdots+a_{n-1}x^{n-1}$ 均可被它们线性表出，因此 $\boldsymbol{\varepsilon}_1,\boldsymbol{\varepsilon}_2,\boldsymbol{\varepsilon}_3,\cdots,\boldsymbol{\varepsilon}_n$ 是 $\mathbf{R}[x]_n$ 的一组基. 上述多项式 $f(x)$ 在基 $\boldsymbol{\varepsilon}_1,\boldsymbol{\varepsilon}_2,\boldsymbol{\varepsilon}_3,\cdots,\boldsymbol{\varepsilon}_n$ 下的坐标为 $(a_0,a_1,a_2,\cdots,a_{n-1})$.

如果在 $R[x]_n$ 中取另一组基 $\boldsymbol{\varepsilon}_1'=1,\boldsymbol{\varepsilon}_2'=(x-a),\boldsymbol{\varepsilon}_3'=(x-a)^2,\cdots,\boldsymbol{\varepsilon}_n'=(x-a)^{n-1},a\in\mathbf{R}$，则由泰勒公式知

$$f(x)=f(a)+f'(a)(x-a)+\frac{f''(a)}{2!}(x-a)^2+\cdots+\frac{f^{(n-1)}(a)}{(n-1)!}(x-a)^{n-1}.$$

因此 $f(x)$ 在基 $\boldsymbol{\varepsilon}_1',\boldsymbol{\varepsilon}_2',\boldsymbol{\varepsilon}_3',\cdots,\boldsymbol{\varepsilon}_n'$ 下的坐标是

$$\left(f(a),f'(a),\frac{f''(a)}{2!},\cdots,\frac{f^{(n-1)}(a)}{(n-1)!}\right).$$

由于线性子空间本身也是一个线性空间，则在线性空间中引入的概念，如维数、基、坐标等均可应用到子空间上. 又线性空间 V 的子空间 W 中不可能有比 V 中数量更多的线性无关的向量，因此 $\dim W \leqslant \dim V$.

定义 6.2.6 设 $\boldsymbol{\alpha}_1,\boldsymbol{\alpha}_2,\cdots,\boldsymbol{\alpha}_s$ 是线性空间 V 中的一组向量. 显然，这组向量的所有可能的线性组合

$$k_1\boldsymbol{\alpha}_1+k_2\boldsymbol{\alpha}_2+\cdots+k_s\boldsymbol{\alpha}_s$$

所构成的集合是非空的. 并且对于加法和数量乘法两种运算是封闭的，因此是 V 的一个子空间. 这个子空间称为由 $\boldsymbol{\alpha}_1,\boldsymbol{\alpha}_2,\cdots,\boldsymbol{\alpha}_s$ 生成的子空间，记作 $L(\boldsymbol{\alpha}_1,\boldsymbol{\alpha}_2,\cdots,\boldsymbol{\alpha}_s)$.

对于生成子空间，有以下基本的结论：

定理 6.2.4 (1)两个向量组生成相同子空间的充分必要条件是这两个向量组等价.

(2)$L(\boldsymbol{\alpha}_1,\boldsymbol{\alpha}_2,\cdots,\boldsymbol{\alpha}_s)$的维数等于向量组 $\boldsymbol{\alpha}_1,\boldsymbol{\alpha}_2,\cdots,\boldsymbol{\alpha}_s$ 的秩.

证明 (1)设 $\boldsymbol{\alpha}_1,\boldsymbol{\alpha}_2,\cdots,\boldsymbol{\alpha}_s$ 与 $\boldsymbol{\beta}_1,\boldsymbol{\beta}_2,\cdots,\boldsymbol{\beta}_t$ 是线性空间 V 中的两个向量组. 如果

$$L(\boldsymbol{\alpha}_1,\boldsymbol{\alpha}_2,\cdots,\boldsymbol{\alpha}_s)=L(\boldsymbol{\beta}_1,\boldsymbol{\beta}_2,\cdots,\boldsymbol{\beta}_t),$$

则 $\boldsymbol{\alpha}_1,\boldsymbol{\alpha}_2,\cdots,\boldsymbol{\alpha}_s$ 作为 $L(\boldsymbol{\beta}_1,\boldsymbol{\beta}_2,\cdots,\boldsymbol{\beta}_t)$中的 s 个向量，都可以由 $\boldsymbol{\beta}_1,\boldsymbol{\beta}_2,\cdots,\boldsymbol{\beta}_t$ 线性表出；同样，$\boldsymbol{\beta}_1,\boldsymbol{\beta}_2,\cdots,\boldsymbol{\beta}_t$ 作为 $L(\boldsymbol{\alpha}_1,\boldsymbol{\alpha}_2,\cdots,\boldsymbol{\alpha}_s)$中的 t 个向量，也可以由 $\boldsymbol{\alpha}_1,\boldsymbol{\alpha}_2,\cdots,\boldsymbol{\alpha}_s$ 线性表出. 因此这两个向量组等价.

反之，如果 $\boldsymbol{\alpha}_1,\boldsymbol{\alpha}_2,\cdots,\boldsymbol{\alpha}_s$ 与 $\boldsymbol{\beta}_1,\boldsymbol{\beta}_2,\cdots,\boldsymbol{\beta}_t$ 等价，则所有可以由 $\boldsymbol{\alpha}_1,\boldsymbol{\alpha}_2,\cdots,\boldsymbol{\alpha}_s$ 线性表出的向量，也可以由 $\boldsymbol{\beta}_1,\boldsymbol{\beta}_2,\cdots,\boldsymbol{\beta}_t$ 线性表出，从而有 $L(\boldsymbol{\alpha}_1,\boldsymbol{\alpha}_2,\cdots,\boldsymbol{\alpha}_s)\subseteq L(\boldsymbol{\beta}_1,\boldsymbol{\beta}_2,\cdots,\boldsymbol{\beta}_t)$. 同理又有 $L(\boldsymbol{\beta}_1,\boldsymbol{\beta}_2,\cdots,\boldsymbol{\beta}_t)\subseteq L(\boldsymbol{\alpha}_1,\boldsymbol{\alpha}_2,\cdots,\boldsymbol{\alpha}_s)$. 因此必有

$$L(\boldsymbol{\alpha}_1,\boldsymbol{\alpha}_2,\cdots,\boldsymbol{\alpha}_s)=L(\boldsymbol{\beta}_1,\boldsymbol{\beta}_2,\cdots,\boldsymbol{\beta}_t).$$

(2)设向量组 $\boldsymbol{\alpha}_1,\boldsymbol{\alpha}_2,\cdots,\boldsymbol{\alpha}_s$ 的秩为 r，且不妨设 $\boldsymbol{\alpha}_1,\boldsymbol{\alpha}_2,\cdots,\boldsymbol{\alpha}_r$ 是它的一个极大无关组，因此 $\boldsymbol{\alpha}_1,\boldsymbol{\alpha}_2,\cdots,\boldsymbol{\alpha}_r$ 与 $\boldsymbol{\alpha}_1,\boldsymbol{\alpha}_2,\cdots,\boldsymbol{\alpha}_s$ 等价. 由(1)可知 $L(\boldsymbol{\alpha}_1,\boldsymbol{\alpha}_2,\cdots,\boldsymbol{\alpha}_r)=L(\boldsymbol{\alpha}_1,\boldsymbol{\alpha}_2,\cdots,\boldsymbol{\alpha}_s)$，从而 $\boldsymbol{\alpha}_1,\boldsymbol{\alpha}_2,\cdots,\boldsymbol{\alpha}_r$ 是 $L(\boldsymbol{\alpha}_1,\boldsymbol{\alpha}_2,\cdots,\boldsymbol{\alpha}_s)$的一组基，故 $L(\boldsymbol{\alpha}_1,\boldsymbol{\alpha}_2,\cdots,\boldsymbol{\alpha}_s)$的维数就是 r.

定理 6.2.5 设 W 是数域 F 上 n 维线性空间 V 的一个 m 维子空间，$\boldsymbol{\alpha}_1,\boldsymbol{\alpha}_2,\cdots,\boldsymbol{\alpha}_m$ 是 W 的一组基，那么可以将这组向量扩充为 V 的一组基. 也就是说，在 V 中可以找到 $n-m$ 个向量 $\boldsymbol{\alpha}_{m+1},\cdots,\boldsymbol{\alpha}_n$，使得 $\boldsymbol{\alpha}_1,\boldsymbol{\alpha}_2,\cdots,\boldsymbol{\alpha}_n$ 是 V 的一组基.

证 对 $n-m$ 作数学归纳法.

当 $n-m=0$ 时，则 $\boldsymbol{\alpha}_1,\boldsymbol{\alpha}_2,\cdots,\boldsymbol{\alpha}_m$ 已经是 V 的一组基，定理显然

成立.

假定 $n-m=k$ 时定理成立,我们考虑 $n-m=k+1$ 的情形.

既然 $\boldsymbol{\alpha}_1,\cdots,\boldsymbol{\alpha}_m$ 还不是 V 的一组基,它又是线性无关的,那么在 V 中必有一个向量 $\boldsymbol{\alpha}_{m+1}$ 不能被 $\boldsymbol{\alpha}_1,\cdots,\boldsymbol{\alpha}_m$ 线性表出,故 $\boldsymbol{\alpha}_1,\cdots,\boldsymbol{\alpha}_m,\boldsymbol{\alpha}_{m+1}$ 是线性无关的(参见定理 6.2.3).根据定理 6.2.4,子空间 $L(\boldsymbol{\alpha}_1,\cdots,\boldsymbol{\alpha}_{m+1})$ 是 $m+1$ 维的,且 $\boldsymbol{\alpha}_1,\boldsymbol{\alpha}_2,\cdots,\boldsymbol{\alpha}_{m+1}$ 为 $L(\boldsymbol{\alpha}_1,\boldsymbol{\alpha}_2,\cdots,\boldsymbol{\alpha}_{m+1})$ 的一组基.因为 $n-(m+1)=n-m-1=k$,由归纳假设,$L(\boldsymbol{\alpha}_1,\cdots,\boldsymbol{\alpha}_{m+1})$ 的基 $\boldsymbol{\alpha}_1,\cdots,\boldsymbol{\alpha}_{m+1}$ 可以扩充为 V 的一组基,即定理对 $n=k+1$ 也成立.

根据归纳法原理,定理得证.

§6.3　基变换与坐标变换

在 n 维线性空间中,任意 n 个线性无关的向量都可以取作空间的基.对于不同的基,同一个向量的坐标一般是不同的(§6.2 中的例子已说明了这一点).那么自然要问:同一个向量在不同的基下的坐标有怎样的关系呢?换句话说,随着基的改变,向量的坐标是如何变化的?

设 $\boldsymbol{\alpha}_1,\boldsymbol{\alpha}_2,\cdots,\boldsymbol{\alpha}_n$ 与 $\boldsymbol{\beta}_1,\boldsymbol{\beta}_2,\cdots,\boldsymbol{\beta}_n$ 是 n 维线性空间 V 的两组基,则它们可以互相线性表出.若设

$$\begin{cases}\boldsymbol{\beta}_1=a_{11}\boldsymbol{\alpha}_1+a_{21}\boldsymbol{\alpha}_2+\cdots+a_{n1}\boldsymbol{\alpha}_n\\ \boldsymbol{\beta}_2=a_{12}\boldsymbol{\alpha}_1+a_{22}\boldsymbol{\alpha}_2+\cdots+a_{n2}\boldsymbol{\alpha}_n\\ \cdots\cdots\cdots\cdots\cdots\cdots\cdots\cdots\cdots\cdots\cdots\cdots\\ \boldsymbol{\beta}_n=a_{1n}\boldsymbol{\alpha}_1+a_{2n}\boldsymbol{\alpha}_2+\cdots+a_{nn}\boldsymbol{\alpha}_n\end{cases}\tag{3.1}$$

为了书写方便,可将上式记为

$$(\boldsymbol{\beta}_1,\boldsymbol{\beta}_2,\cdots,\boldsymbol{\beta}_n)=(\boldsymbol{\alpha}_1,\boldsymbol{\alpha}_2,\cdots,\boldsymbol{\alpha}_n)\begin{pmatrix}a_{11}&a_{12}&\cdots&a_{1n}\\a_{21}&a_{22}&\cdots&a_{2n}\\\vdots&\vdots&&\vdots\\a_{n1}&a_{n2}&\cdots&a_{nn}\end{pmatrix}\tag{3.2}$$

或简记为

$$(\boldsymbol{\beta}_1,\boldsymbol{\beta}_2,\cdots,\boldsymbol{\beta}_n)=(\boldsymbol{\alpha}_1,\boldsymbol{\alpha}_2,\cdots,\boldsymbol{\alpha}_n)\boldsymbol{A},$$

其中 $\boldsymbol{A}=(a_{ij})_{n\times n}$ 称为由基 $\boldsymbol{\alpha}_1,\boldsymbol{\alpha}_2,\cdots,\boldsymbol{\alpha}_n$ 到 $\boldsymbol{\beta}_1,\boldsymbol{\beta}_2,\cdots,\boldsymbol{\beta}_n$ 的过渡矩阵.$\boldsymbol{A}$ 的每一列元分别是基 $\boldsymbol{\beta}_1,\boldsymbol{\beta}_2,\cdots,\boldsymbol{\beta}_n$ 在基 $\boldsymbol{\alpha}_1,\boldsymbol{\alpha}_2,\cdots,\boldsymbol{\alpha}_n$ 下的坐标.式(3.1)(或(3.2))称为基变换公式.

定理 6.3.1　设 $\boldsymbol{\alpha}_1,\boldsymbol{\alpha}_2,\cdots,\boldsymbol{\alpha}_n$ 是 n 维线性空间 V 的一组基,$\boldsymbol{A}$ 为 n 阶矩阵,$\boldsymbol{\beta}_1,\boldsymbol{\beta}_2,\cdots,\boldsymbol{\beta}_n$ 为 V 中的一组向量,且

$$(\boldsymbol{\beta}_1,\boldsymbol{\beta}_2,\cdots,\boldsymbol{\beta}_n)=(\boldsymbol{\alpha}_1,\boldsymbol{\alpha}_2,\cdots,\boldsymbol{\alpha}_n)\boldsymbol{A},$$

则 $\boldsymbol{\beta}_1,\boldsymbol{\beta}_2,\cdots,\boldsymbol{\beta}_n$ 为 V 的一组基当且仅当 $\boldsymbol{A}$ 为可逆矩阵.

证明 假设 $\boldsymbol{\beta}_1,\boldsymbol{\beta}_2,\cdots,\boldsymbol{\beta}_n$ 为 V 的一组基. 考虑 n 元齐次线性方程组

$$\boldsymbol{AX}=\boldsymbol{0}.$$

设 $\boldsymbol{X}_0=(k_1,k_2,\cdots,k_n)^{\mathrm{T}}$ 为该方程组的任意一个解,则

$$k_1\boldsymbol{\beta}_1+k_2\boldsymbol{\beta}_2+\cdots+k_n\boldsymbol{\beta}_n=(\boldsymbol{\beta}_1,\boldsymbol{\beta}_2,\cdots,\boldsymbol{\beta}_n)\begin{pmatrix}k_1\\k_2\\\vdots\\k_n\end{pmatrix}$$

$$=(\boldsymbol{\alpha}_1,\boldsymbol{\alpha}_2,\cdots,\boldsymbol{\alpha}_n)\boldsymbol{AX}_0$$

$$=(\boldsymbol{\alpha}_1,\boldsymbol{\alpha}_2,\cdots,\boldsymbol{\alpha}_n)\begin{pmatrix}0\\0\\\vdots\\0\end{pmatrix}=\boldsymbol{0},$$

即有

$$k_1\boldsymbol{\beta}_1+k_2\boldsymbol{\beta}_2+\cdots+k_n\boldsymbol{\beta}_n=\boldsymbol{0}.$$

由于 $\boldsymbol{\beta}_1,\boldsymbol{\beta}_2,\cdots,\boldsymbol{\beta}_n$ 线性无关,因此由上式推出 $k_1=k_2=\cdots=k_n=0$. 这说明齐次线性方程组 $\boldsymbol{AX}=\boldsymbol{0}$ 仅有零解,从而 $\det\boldsymbol{A}\neq 0$,即 $\boldsymbol{A}$ 可逆.

反之,设 $\boldsymbol{A}$ 可逆. 令 $\boldsymbol{B}=\boldsymbol{A}^{-1}$,则有

$$(\boldsymbol{\alpha}_1,\cdots,\boldsymbol{\alpha}_n)=(\boldsymbol{\beta}_1,\cdots,\boldsymbol{\beta}_n)\boldsymbol{A}^{-1}=(\boldsymbol{\beta}_1,\cdots,\boldsymbol{\beta}_n)\boldsymbol{B}.$$

上式说明向量 $\boldsymbol{\alpha}_i\,(i=1,\cdots,n)$ 可由向量 $\boldsymbol{\beta}_1,\boldsymbol{\beta}_2,\cdots,\boldsymbol{\beta}_n$ 线性表出. 从而,向量组 $\boldsymbol{\alpha}_1,\boldsymbol{\alpha}_2,\cdots,\boldsymbol{\alpha}_n$ 与 $\boldsymbol{\beta}_1,\boldsymbol{\beta}_2,\cdots,\boldsymbol{\beta}_n$ 等价,于是 $\boldsymbol{\beta}_1,\boldsymbol{\beta}_2,\cdots,\boldsymbol{\beta}_n$ 线性无关,故为 V 的一组基.

设 $\boldsymbol{\alpha}\in V$ 在基 $\boldsymbol{\alpha}_1,\boldsymbol{\alpha}_2,\cdots,\boldsymbol{\alpha}_n$ 和基 $\boldsymbol{\beta}_1,\boldsymbol{\beta}_2,\cdots,\boldsymbol{\beta}_n$ 下的坐标分别为 $(x_1,x_2,\cdots,x_n)$ 和 $(y_1,y_2,\cdots,y_n)$,即

$$\boldsymbol{\alpha}=x_1\boldsymbol{\alpha}_1+x_2\boldsymbol{\alpha}_2+\cdots+x_n\boldsymbol{\alpha}_n=y_1\boldsymbol{\beta}_1+y_2\boldsymbol{\beta}_2+\cdots+y_n\boldsymbol{\beta}_n$$

或简记为

$$\boldsymbol{\alpha}=(\boldsymbol{\alpha}_1,\boldsymbol{\alpha}_2,\cdots,\boldsymbol{\alpha}_n)\begin{pmatrix}x_1\\x_2\\\vdots\\x_n\end{pmatrix}=(\boldsymbol{\beta}_1,\boldsymbol{\beta}_2,\cdots,\boldsymbol{\beta}_n)\begin{pmatrix}y_1\\y_2\\\vdots\\y_n\end{pmatrix}.$$

两组不同坐标之间与所取的基有如下关系.

定理 6.3.2 设 $\boldsymbol{\alpha}_1,\boldsymbol{\alpha}_2,\cdots,\boldsymbol{\alpha}_n$ 与 $\boldsymbol{\beta}_1,\boldsymbol{\beta}_2,\cdots,\boldsymbol{\beta}_n$ 是 n 维线性空间 V 的两组基,且由基 $\boldsymbol{\alpha}_1,\boldsymbol{\alpha}_2,\cdots,\boldsymbol{\alpha}_n$ 到基 $\boldsymbol{\beta}_1,\boldsymbol{\beta}_2,\cdots,\boldsymbol{\beta}_n$ 的过渡矩阵为 $\boldsymbol{A}=$

$(a_{ij})_{n\times n}$. 向量 $\boldsymbol{\alpha}\in V$ 在这两组基下的坐标分别为 $(x_1,x_2,\cdots,x_n)$ 和 $(y_1,y_2,\cdots,y_n)$，则

$$\begin{pmatrix}x_1\\x_2\\\vdots\\x_n\end{pmatrix}=\begin{pmatrix}a_{11}&a_{12}&\cdots&a_{1n}\\a_{21}&a_{22}&\cdots&a_{2n}\\\vdots&\vdots&&\vdots\\a_{n1}&a_{n2}&\cdots&a_{nn}\end{pmatrix}\begin{pmatrix}y_1\\y_2\\\vdots\\y_n\end{pmatrix}\tag{3.3}$$

或

$$\begin{pmatrix}y_1\\y_2\\\vdots\\y_n\end{pmatrix}=\begin{pmatrix}a_{11}&a_{12}&\cdots&a_{1n}\\a_{21}&a_{22}&\cdots&a_{2n}\\\vdots&\vdots&&\vdots\\a_{n1}&a_{n2}&\cdots&a_{nn}\end{pmatrix}^{-1}\begin{pmatrix}x_1\\x_2\\\vdots\\x_n\end{pmatrix}.\tag{3.4}$$

式(3.3)(或(3.4))为坐标变换公式.

证明 因为

$$\begin{aligned}\boldsymbol{\alpha}&=(\boldsymbol{\alpha}_1,\boldsymbol{\alpha}_2,\cdots,\boldsymbol{\alpha}_n)\begin{pmatrix}x_1\\x_2\\\vdots\\x_n\end{pmatrix}=(\boldsymbol{\beta}_1,\boldsymbol{\beta}_2,\cdots,\boldsymbol{\beta}_n)\begin{pmatrix}y_1\\y_2\\\vdots\\y_n\end{pmatrix}\\&=(\boldsymbol{\alpha}_1,\boldsymbol{\alpha}_2,\cdots,\boldsymbol{\alpha}_n)\begin{pmatrix}a_{11}&a_{12}&\cdots&a_{1n}\\a_{21}&a_{22}&\cdots&a_{2n}\\\vdots&\vdots&&\vdots\\a_{n1}&a_{n2}&\cdots&a_{nn}\end{pmatrix}\begin{pmatrix}y_1\\y_2\\\vdots\\y_n\end{pmatrix},\end{aligned}$$

由于向量在一组基下的坐标唯一，故必有

$$\begin{pmatrix}x_1\\x_2\\\vdots\\x_n\end{pmatrix}=\begin{pmatrix}a_{11}&a_{12}&\cdots&a_{1n}\\a_{21}&a_{22}&\cdots&a_{2n}\\\vdots&\vdots&&\vdots\\a_{n1}&a_{n2}&\cdots&a_{nn}\end{pmatrix}\begin{pmatrix}y_1\\y_2\\\vdots\\y_n\end{pmatrix},$$

或

$$\begin{pmatrix}y_1\\y_2\\\vdots\\y_n\end{pmatrix}=\begin{pmatrix}a_{11}&a_{12}&\cdots&a_{1n}\\a_{21}&a_{22}&\cdots&a_{2n}\\\vdots&\vdots&&\vdots\\a_{n1}&a_{n2}&\cdots&a_{nn}\end{pmatrix}^{-1}\begin{pmatrix}x_1\\x_2\\\vdots\\x_n\end{pmatrix}.$$

这个定理的逆命题成立，即若任一元素的两个坐标满足坐标公式(3.3)或(3.4)，则两个基满足基变换公式(3.2)(请读者自己证明).

例 1 假设4维线性空间 V 的基变换是把基

$$\boldsymbol{\alpha}_1=(1,2,-1,0)^{\mathrm{T}},\quad \boldsymbol{\alpha}_2=(1,-1,1,1)^{\mathrm{T}},$$
$$\boldsymbol{\alpha}_3=(-1,2,1,1)^{\mathrm{T}},\quad \boldsymbol{\alpha}_4=(-1,-1,0,1)^{\mathrm{T}}.$$

变为基

$$\boldsymbol{\beta}_1=(2,1,0,1)^{\mathrm{T}},\quad \boldsymbol{\beta}_2=(0,1,2,2)^{\mathrm{T}},$$
$$\boldsymbol{\beta}_3=(-2,1,1,2)^{\mathrm{T}},\quad \boldsymbol{\beta}_4=(1,3,1,2)^{\mathrm{T}}.$$

试求坐标变换公式.

解 我们可以由 $\boldsymbol{\beta}_1,\cdots,\boldsymbol{\beta}_4$ 关于 $\boldsymbol{\alpha}_1,\cdots,\boldsymbol{\alpha}_4$ 的表达式求得(3.2)中的 $\boldsymbol{A}$. 但下面作法较简便. 设决定 $\boldsymbol{\alpha}_i,\boldsymbol{\beta}_i(i=1,2,3,4)$ 的坐标的基是 $\boldsymbol{\gamma}_1,\boldsymbol{\gamma}_2,\boldsymbol{\gamma}_3,\boldsymbol{\gamma}_4$,那么

$$(\boldsymbol{\alpha}_1,\boldsymbol{\alpha}_2,\boldsymbol{\alpha}_3,\boldsymbol{\alpha}_4)=(\boldsymbol{\gamma}_1,\boldsymbol{\gamma}_2,\boldsymbol{\gamma}_3,\boldsymbol{\gamma}_4)\boldsymbol{A}$$
$$(\boldsymbol{\beta}_1,\boldsymbol{\beta}_2,\boldsymbol{\beta}_3,\boldsymbol{\beta}_4)=(\boldsymbol{\gamma}_1,\boldsymbol{\gamma}_2,\boldsymbol{\gamma}_3,\boldsymbol{\gamma}_4)\boldsymbol{B},$$

其中

$$\boldsymbol{A}=\begin{pmatrix}1&1&-1&-1\\2&-1&2&-1\\-1&1&1&0\\0&1&1&1\end{pmatrix},\quad \boldsymbol{B}=\begin{pmatrix}2&0&-2&1\\1&1&1&3\\0&2&1&1\\1&2&2&2\end{pmatrix}.$$

于是

$$(\boldsymbol{\beta}_1,\boldsymbol{\beta}_2,\boldsymbol{\beta}_3,\boldsymbol{\beta}_4)=(\boldsymbol{\alpha}_1,\boldsymbol{\alpha}_2,\boldsymbol{\alpha}_3,\boldsymbol{\alpha}_4)\boldsymbol{A}^{-1}\boldsymbol{B}.$$

故坐标变换公式为

$$\begin{pmatrix}y_1\\y_2\\y_3\\y_4\end{pmatrix}=\boldsymbol{B}^{-1}\boldsymbol{A}\begin{pmatrix}x_1\\x_2\\x_3\\x_4\end{pmatrix}.$$

用矩阵的初等行变换求 $\boldsymbol{B}^{-1}\boldsymbol{A}$:对矩阵$(\boldsymbol{B}\,\vdots\,\boldsymbol{A})$进行初等行变换,当其中的 $\boldsymbol{B}$ 变成 $\boldsymbol{E}$ 时,则 $\boldsymbol{A}$ 变成 $\boldsymbol{B}^{-1}\boldsymbol{A}$. 算得

$$\boldsymbol{B}^{-1}\boldsymbol{A}=\begin{pmatrix}0&1&-1&1\\-1&1&0&0\\0&0&0&1\\1&-1&1&-1\end{pmatrix}.$$

于是得 $$\begin{pmatrix}y_1\\y_2\\y_3\\y_4\end{pmatrix}=\begin{pmatrix}0&1&-1&1\\-1&1&0&0\\0&0&0&1\\1&-1&1&-1\end{pmatrix}\begin{pmatrix}x_1\\x_2\\x_3\\x_4\end{pmatrix}.$$

例 2 (坐标变换的几何意义)设

$\boldsymbol{\alpha}_1=\begin{pmatrix}1\\0\end{pmatrix}$，$\boldsymbol{\alpha}_2=\begin{pmatrix}0\\1\end{pmatrix}$且 $\boldsymbol{\beta}_1=\begin{pmatrix}1\\1\end{pmatrix}$，$\boldsymbol{\beta}_2=\begin{pmatrix}1\\-\frac{1}{2}\end{pmatrix}$为线性空间 $V=\mathbf{R}^2$ 的两组基.则有

$$(\boldsymbol{\beta}_1,\boldsymbol{\beta}_2)=(\boldsymbol{\alpha}_1,\boldsymbol{\alpha}_2)\begin{pmatrix}1 & 1\\1 & -\frac{1}{2}\end{pmatrix}.$$

又设 $\boldsymbol{\alpha}=-\frac{1}{2}\boldsymbol{\alpha}_1+\boldsymbol{\alpha}_2$，故 $\boldsymbol{\alpha}$ 在基 $\boldsymbol{\alpha}_1,\boldsymbol{\alpha}_2$ 下的坐标为$(-\frac{1}{2},1)$.由坐标变换公式(3.4)知，$\boldsymbol{\alpha}$ 在基 $\boldsymbol{\beta}_1,\boldsymbol{\beta}_2$ 下的坐标为

$$\begin{pmatrix}y_1\\y_2\end{pmatrix}=\begin{pmatrix}1 & 1\\1 & -\frac{1}{2}\end{pmatrix}^{-1}\begin{pmatrix}-\frac{1}{2}\\1\end{pmatrix}=\begin{pmatrix}\frac{1}{3} & \frac{2}{3}\\\frac{2}{3} & -\frac{2}{3}\end{pmatrix}\begin{pmatrix}-\frac{1}{2}\\1\end{pmatrix}=\begin{pmatrix}\frac{1}{2}\\-1\end{pmatrix},$$

即 $\boldsymbol{\alpha}=\frac{1}{2}\boldsymbol{\beta}_1-\boldsymbol{\beta}_2$.(见图 6-1)

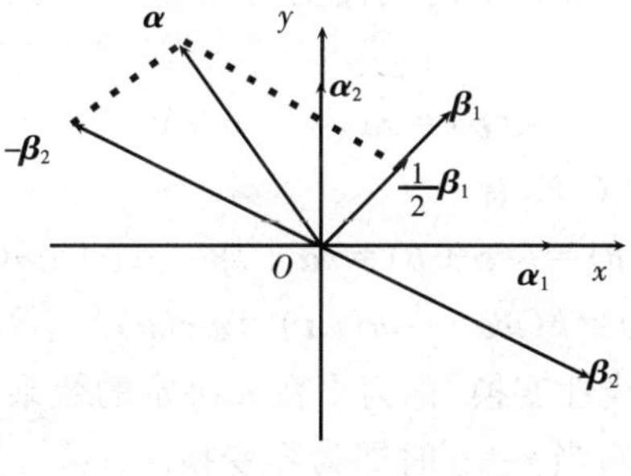

图 6-1

§6.4　线性变换

我们研究线性空间不仅是研究各个线性空间的性质，而且还要研究两个线性空间之间的关系和联系.线性空间之间的联系就反映为线性空间之间的映射.为此，先介绍映射的概念.

定义 6.4.1　设 M 与 M' 是两个集合.所谓集合 M 到集合 M' 的一个映射 σ，是指一个法则，它使 M 中的每一个元素 a 都有 M' 中的一个确定的元素 a' 与之对应.如果映射 σ 使元素 $a'\in M'$ 与元素 $a\in M$ 对应，就记作

$$\sigma(a)=a'.$$

称 a'为 a 在映射 σ 下的象，而称 a 为 a'在映射 σ 下的一个原象.

集合 M 到 M 自身的映射，有时也称为 M 的一个变换. 因此，线性空间 V 到其自身的映射，就是 V 的一个变换. 由此有

定义 6.4.2 设 σ 是线性空间 V 的一个变换. 如果对于 V 中的任意向量 $\boldsymbol{\alpha}$，$\boldsymbol{\beta}$ 和数域 F 中的任意数 k，都有

$$\sigma(\boldsymbol{\alpha}+\boldsymbol{\beta})=\sigma(\boldsymbol{\alpha})+\sigma(\boldsymbol{\beta});$$
$$\sigma(k\boldsymbol{\alpha})=k\sigma(\boldsymbol{\alpha}),$$

则称 σ 是线性空间 V 的一个线性变换. $\sigma(\boldsymbol{\alpha})$称为向量 $\boldsymbol{\alpha}$ 在线性变换 σ 下的象.

由定义可以看出：线性变换是保持向量的加法与数量乘法运算的变换.

容易验证，把线性空间 V 中任意元素都变为零元的变换是一个线性变换，称为零变换. 把 V 中任意元素都变为自身的变换是一个线性变换，称为恒等变换或单位变换.

例 1 设 V 是数域 F 上的线性空间，k 是 F 中某个数. 定义 V 的变换 σ 如下：

$$\sigma(\boldsymbol{\alpha})=k\boldsymbol{\alpha},\qquad \boldsymbol{\alpha}\in V.$$

则对任意 $\boldsymbol{\alpha}$，$\boldsymbol{\beta}\in V$，$m\in F$，有

$$\sigma(\boldsymbol{\alpha}+\boldsymbol{\beta})=k(\boldsymbol{\alpha}+\boldsymbol{\beta})=k\boldsymbol{\alpha}+k\boldsymbol{\beta}=\sigma(\boldsymbol{\alpha})+\sigma(\boldsymbol{\beta}),$$
$$\sigma(m\boldsymbol{\alpha})=k(m\boldsymbol{\alpha})=m(k\boldsymbol{\alpha})=m\sigma(\boldsymbol{\alpha}).$$

因此 σ 为 V 的一个线性变换，称为由数 k 决定的数乘变换. 特别地，当 $k=1$ 时即为恒等变换；当 $k=0$ 时即为零变换.

例 2 在线性空间 $\mathbf{R}[x]_n$ 中，定义变换

$$\sigma(f(x))=\frac{\mathrm{d}}{\mathrm{d}x}f(x),f(x)\in\mathbf{R}[x]_n.$$

则由导数性质可以证明，σ 是 $\mathbf{R}[x]_n$ 的一个线性变换. 这个变换也称为微分变换.

例 3 给定一个 n 阶实矩阵 $\mathbf{A}$. 在线性空间 $\mathbf{R}^n$ 中，令

$$\sigma(\boldsymbol{\alpha})=\boldsymbol{A\alpha},\boldsymbol{\alpha}=(a_1,a_2,\cdots,a_n)^{\mathrm{T}}\in\mathbf{R}^n.$$

由矩阵的加法和数量乘法，可以证明 σ 是 $\mathbf{R}^n$ 的一个线性变换.

例 4 考虑平面上的向量构成的二维线性空间 $\mathbf{R}^2$. 若设向量 $\boldsymbol{\alpha}=\begin{pmatrix}x\\y\end{pmatrix}$，绕坐标原点逆时针方向旋转 θ 角($\theta>0$)，得到 $\boldsymbol{\beta}=\begin{pmatrix}x'\\y'\end{pmatrix}$，则有

$$\begin{cases}x'=x\cos\theta-y\sin\theta\\y'=x\sin\theta+y\cos\theta.\end{cases}$$

若记

$$A=\begin{pmatrix}\cos\theta & -\sin\theta\\ \sin\theta & \cos\theta\end{pmatrix},$$

则 $\sigma(\boldsymbol{\alpha})=\boldsymbol{A\alpha}$，称为 $\mathbf{R}^2$ 中的旋转变换. 可以证明旋转变换是一个线性变换.

例 5 设 σ 是 $\mathbf{R}^3$ 的一个变换，对任意 $\boldsymbol{\alpha}=\begin{pmatrix}a_1\\a_2\\a_3\end{pmatrix}\in\mathbf{R}^3$，定义

$$\sigma(\boldsymbol{\alpha})=\sigma\begin{pmatrix}a_1\\a_2\\a_3\end{pmatrix}=\begin{pmatrix}a_1\\a_2\\0\end{pmatrix}.$$

这是 $\mathbf{R}^3$ 的一个线性变换. 其几何意义是将向量 $\boldsymbol{\alpha}$ 投影到 xOy 平面上. 因此也称这个线性变换为投影变换.

例 6 设 σ 是 $\mathbf{R}^3$ 的一个变换，对任意 $\boldsymbol{\alpha}=\begin{pmatrix}a_1\\a_2\\a_3\end{pmatrix}\in\mathbf{R}^3$，定义

$$\sigma(\boldsymbol{\alpha})=\sigma\begin{pmatrix}a_1\\a_2\\a_3\end{pmatrix}=\begin{pmatrix}a_1\\a_2\\-a_3\end{pmatrix}.$$

这也是 $\mathbf{R}^3$ 的一个线性变换，其几何意义是将 xOy 平面作为一面镜子，$\sigma(\boldsymbol{\alpha})$ 就是 $\boldsymbol{\alpha}$ 对于这面镜子反射所成的象. 因此这个变换也称为镜面反射.

下面讨论线性变换的一些简单性质.

(1) 设 σ 是线性空间 V 的线性变换，则

$$\sigma(\mathbf{0})=0,\sigma(-\boldsymbol{\alpha})=-\sigma(\boldsymbol{\alpha}).$$

这是由于

$$\sigma(\mathbf{0})=\sigma(0\boldsymbol{\alpha})=0\sigma(\boldsymbol{\alpha})=\mathbf{0},$$

$$\sigma(-\boldsymbol{\alpha})=\sigma((-1)\boldsymbol{\alpha})=(-1)\sigma(\boldsymbol{\alpha})=-\sigma(\boldsymbol{\alpha}).$$

(2) 线性变换保持线性组合与线性关系式不变. 即如果向量 $\boldsymbol{\beta}$ 是 $\boldsymbol{\alpha}_1,\boldsymbol{\alpha}_2,\cdots,\boldsymbol{\alpha}_s$ 的线性组合，设为

$$\boldsymbol{\beta}=k_1\boldsymbol{\alpha}_1+k_2\boldsymbol{\alpha}_2+\cdots+k_s\boldsymbol{\alpha}_s,$$

则经线性变换 σ 后，$\sigma(\boldsymbol{\beta})$ 是 $\sigma(\boldsymbol{\alpha}_1),\sigma(\boldsymbol{\alpha}_2),\cdots,\sigma(\boldsymbol{\alpha}_s)$ 同样的线性组合

$$\sigma(\boldsymbol{\beta})=k_1\sigma(\boldsymbol{\alpha}_1)+k_2\sigma(\boldsymbol{\alpha}_2)+\cdots+k_s\sigma(\boldsymbol{\alpha}_s).$$

又如果 $\boldsymbol{\alpha}_1,\boldsymbol{\alpha}_2,\cdots,\boldsymbol{\alpha}_s$ 之间有线性关系式

$$l_1\boldsymbol{\alpha}_1+l_2\boldsymbol{\alpha}_2+\cdots+l_s\boldsymbol{\alpha}_s=\mathbf{0},$$

则它们的象 $\sigma(\boldsymbol{\alpha}_1),\sigma(\boldsymbol{\alpha}_2),\cdots,\sigma(\boldsymbol{\alpha}_s)$ 之间也有同样的关系式

$$l_1\sigma(\boldsymbol{\alpha}_1)+l_2\sigma(\boldsymbol{\alpha}_2)+\cdots+l_s(\boldsymbol{\alpha}_s)=\mathbf{0}.$$

反过来,易知保持线性组合不变的变换一定是线性变换. 由性质 2 即得.

(3) 线性变换将线性相关的向量组变为线性相关的向量组. 即线性相关的向量组经过线性变换后,其象构成的向量组仍然线性相关.

需注意的是,性质 3 的逆命题不成立. 即线性无关的向量组经过线性变换后,可能会变成线性相关的向量组. 最简单的例子就是零变换.

在§6.2 中,我们已经知道线性空间中向量可以用坐标表示. 下面我们通过坐标来建立线性变换的矩阵表示,从而把抽象的线性变换问题转化为矩阵来处理.

设 V 是数域 F 上的 n 维线性空间,$\boldsymbol{\alpha}_1,\boldsymbol{\alpha}_2,\cdots,\boldsymbol{\alpha}_n$ 是 V 的一组基. 对于 V 中的任一向量 $\boldsymbol{\alpha}$,设

$$\boldsymbol{\alpha}=x_1\boldsymbol{\alpha}_1+x_2\boldsymbol{\alpha}_2+\cdots+x_n\boldsymbol{\alpha}_n,$$

其中的组合系数是唯一确定的,它们就是 $\boldsymbol{\alpha}$ 在基 $\boldsymbol{\alpha}_1,\boldsymbol{\alpha}_2,\cdots,\boldsymbol{\alpha}_n$ 下的坐标. 由于线性变换保持线性关系不变,因此在 V 的线性变换 σ 下,有

$$\sigma(\boldsymbol{\alpha})=x_1\sigma(\boldsymbol{\alpha}_1)+x_2\sigma(\boldsymbol{\alpha}_2)+\cdots+x_n\sigma(\boldsymbol{\alpha}_n).$$

上式表明:只要我们知道了基 $\boldsymbol{\alpha}_1,\boldsymbol{\alpha}_2,\cdots,\boldsymbol{\alpha}_n$ 的象,那么线性空间 V 中任意一个向量的象也就知道了. 于是有

引理 6.4.1 设 $\boldsymbol{\alpha}_1,\boldsymbol{\alpha}_2,\cdots,\boldsymbol{\alpha}_n$ 为 n 维线性空间 V 的一组基. 如果线性变换 σ 与 τ 在这组基上的作用相同,即

$$\sigma(\boldsymbol{\alpha}_i)=\tau(\boldsymbol{\alpha}_i)\quad(i=1,2,\cdots,n).$$

则 $\sigma=\tau$.

下面我们进一步指出,基向量的象完全可以是任意的,也就是说

引理 6.4.2 设 $\boldsymbol{\alpha}_1,\boldsymbol{\alpha}_2,\cdots,\boldsymbol{\alpha}_n$ 是 n 维线性空间 V 的一组基. 对于 V 中任意一组向量 $\boldsymbol{\beta}_1,\boldsymbol{\beta}_2,\cdots,\boldsymbol{\beta}_n$,一定有一个线性变换 σ,使

$$\sigma(\boldsymbol{\alpha}_i)=\boldsymbol{\beta}_i\quad(i=1,2,\cdots,n).$$

证明 我们作出所要的线性变换. 设

$$\boldsymbol{\alpha}=x_1\boldsymbol{\alpha}_1+x_2\boldsymbol{\alpha}_2+\cdots+x_n\boldsymbol{\alpha}_n$$

是线性空间 V 中的任意一个向量,定义 V 的变换 σ 为

$$\sigma(\boldsymbol{\alpha})=x_1\boldsymbol{\beta}_1+x_2\boldsymbol{\beta}_2+\cdots+x_n\boldsymbol{\beta}_n.$$

可以证明 σ 为 V 的一个线性变换(请读者自己证明),且有

$$\sigma(\boldsymbol{\alpha}_i)=\boldsymbol{\beta}_i\quad(i=1,2,\cdots,n).$$

由引理 6.4.1 和引理 6.4.2,可以得

定理 6.4.1 设 $\boldsymbol{\alpha}_1,\boldsymbol{\alpha}_2,\cdots,\boldsymbol{\alpha}_n$ 是 n 维线性空间 V 的一组基,$\boldsymbol{\beta}_1,\boldsymbol{\beta}_2,\cdots,\boldsymbol{\beta}_n$ 是 V 中任意 n 个向量,则存在唯一的线性变换 σ,使

$$\sigma(\boldsymbol{\alpha}_i)=\boldsymbol{\beta}_i \quad (i=1,2,\cdots,n).$$

有了以上的讨论,我们就可以建立线性变换与矩阵之间的联系.

定义 6.4.3 (线性变换 σ 在一组基下的矩阵)

设 $\boldsymbol{\alpha}_1,\boldsymbol{\alpha}_2,\cdots,\boldsymbol{\alpha}_n$ 是数域 F 上的 n 维线性空间 V 的一组基,σ 是 V 的一个线性变换.则基向量的象 $\sigma(\boldsymbol{\alpha}_1),\sigma(\boldsymbol{\alpha}_2),\cdots,\sigma(\boldsymbol{\alpha}_n)$(作为 V 中的向量)可以被基 $\boldsymbol{\alpha}_1,\boldsymbol{\alpha}_2,\cdots,\boldsymbol{\alpha}_n$ 线性表出,设为

$$\begin{cases}\sigma(\boldsymbol{\alpha}_1)=a_{11}\boldsymbol{\alpha}_1+a_{21}\boldsymbol{\alpha}_2+\cdots+a_{n1}\boldsymbol{\alpha}_n\\ \sigma(\boldsymbol{\alpha}_2)=a_{12}\boldsymbol{\alpha}_1+a_{22}\boldsymbol{\alpha}_2+\cdots+a_{n2}\boldsymbol{\alpha}_n\\ \cdots\cdots\cdots\cdots\cdots\cdots\cdots\cdots\cdots\cdots\\ \sigma(\boldsymbol{\alpha}_n)=a_{1n}\boldsymbol{\alpha}_1+a_{2n}\boldsymbol{\alpha}_2+\cdots+a_{nn}\boldsymbol{\alpha}_n\end{cases} \tag{4.1}$$

若记

$$\sigma(\boldsymbol{\alpha}_1,\boldsymbol{\alpha}_2,\cdots,\boldsymbol{\alpha}_n)=(\sigma(\boldsymbol{\alpha}_1),\sigma(\boldsymbol{\alpha}_2),\cdots,\sigma(\boldsymbol{\alpha}_n)),$$

则式(6.1)可以用矩阵形式表示为

$$\sigma(\boldsymbol{\alpha}_1,\boldsymbol{\alpha}_2,\cdots,\boldsymbol{\alpha}_n)=(\boldsymbol{\alpha}_1,\boldsymbol{\alpha}_2,\cdots,\boldsymbol{\alpha}_n)\boldsymbol{A} \tag{4.2}$$

其中

$$\boldsymbol{A}=\begin{pmatrix}a_{11} & a_{12} & \cdots & a_{1n}\\ a_{21} & a_{22} & \cdots & a_{2n}\\ \vdots & \vdots & & \vdots\\ a_{n1} & a_{n2} & \cdots & a_{nn}\end{pmatrix}.$$

称 n 阶矩阵 $\boldsymbol{A}$ 为线性变换 σ 在基 $\boldsymbol{\alpha}_1,\boldsymbol{\alpha}_2,\cdots,\boldsymbol{\alpha}_n$ 下的矩阵.

例 7 对于例 2 中线性空间 $\mathbf{R}[x]_n$ 的微分变换 σ,取 $\mathbf{R}[x]_n$ 的基 $1,x,x^2,\cdots,x^{n-1}$,则有

$$\sigma(1)=0,\sigma(x)=1,\sigma(x^2)=2x,\cdots,\sigma(x^{n-1})=(n-1)x^{n-2}.$$

因此,σ 在基 $1,x,x^2,\cdots,x^{n-1}$ 下的矩阵为

$$\boldsymbol{A}=\begin{pmatrix}0 & 1 & 0 & \cdots & 0\\ 0 & 0 & 2 & \cdots & 0\\ \vdots & \vdots & \vdots & & \vdots\\ 0 & 0 & 0 & \cdots & n-1\\ 0 & 0 & 0 & \cdots & 0\end{pmatrix}.$$

例 8 对例 5 中 $\mathbf{R}^3$ 的投影变换

$$\sigma(\boldsymbol{\alpha})=\sigma\begin{pmatrix}a_1\\a_2\\a_3\end{pmatrix}=\begin{pmatrix}a_1\\a_2\\0\end{pmatrix},$$

若取 $\mathbf{R}^3$ 的标准基为

$$\boldsymbol{\varepsilon}_1=\begin{pmatrix}1\\0\\0\end{pmatrix},\boldsymbol{\varepsilon}_2=\begin{pmatrix}0\\1\\0\end{pmatrix},\boldsymbol{\varepsilon}_3=\begin{pmatrix}0\\0\\1\end{pmatrix},$$

则有

$$\sigma(\boldsymbol{\varepsilon}_1)=\sigma\begin{pmatrix}1\\0\\0\end{pmatrix}=\begin{pmatrix}1\\0\\0\end{pmatrix},\sigma(\boldsymbol{\varepsilon}_2)=\sigma\begin{pmatrix}0\\1\\0\end{pmatrix}=\begin{pmatrix}0\\1\\0\end{pmatrix},$$

$$\sigma(\boldsymbol{\varepsilon}_3)=\sigma\begin{pmatrix}0\\0\\1\end{pmatrix}=\begin{pmatrix}0\\0\\0\end{pmatrix}.$$

因此，$\mathbf{R}^3$ 的投影变换 σ 在标准基下的矩阵为

$$\mathbf{A}=\begin{pmatrix}1&0&0\\0&1&0\\0&0&0\end{pmatrix}.$$

而对于 $\mathbf{R}^3$ 的另一组基

$$\boldsymbol{\alpha}_1=\begin{pmatrix}1\\1\\1\end{pmatrix},\boldsymbol{\alpha}_2=\begin{pmatrix}1\\1\\0\end{pmatrix},\boldsymbol{\alpha}_3=\begin{pmatrix}1\\0\\0\end{pmatrix},$$

则有

$$\sigma(\boldsymbol{\alpha}_1)=\begin{pmatrix}1\\1\\0\end{pmatrix},\sigma(\boldsymbol{\alpha}_2)=\begin{pmatrix}1\\1\\0\end{pmatrix},\sigma(\boldsymbol{\alpha}_3)=\begin{pmatrix}1\\0\\0\end{pmatrix}.$$

故 σ 在基 $\boldsymbol{\alpha}_1,\boldsymbol{\alpha}_2,\boldsymbol{\alpha}_3$ 下的矩阵为

$$\mathbf{A}=\begin{pmatrix}0&0&0\\1&1&0\\0&0&1\end{pmatrix}.$$

例 9 已知三维线性空间 V 的线性变换 σ 在基 $\boldsymbol{\alpha}_1,\boldsymbol{\alpha}_2,\boldsymbol{\alpha}_3$ 下的矩阵为

$$\mathbf{A}=\begin{pmatrix}1&2&3\\4&5&6\\7&8&9\end{pmatrix},$$

求 σ 在基 $\boldsymbol{\alpha}_2,\boldsymbol{\alpha}_3,\boldsymbol{\alpha}_1$ 下的矩阵 $\boldsymbol{B}$.

解　由条件知

$$\sigma(\boldsymbol{\alpha}_1,\boldsymbol{\alpha}_2,\boldsymbol{\alpha}_3)=(\boldsymbol{\alpha}_1,\boldsymbol{\alpha}_2,\boldsymbol{\alpha}_3)\begin{pmatrix}1&2&3\\4&5&6\\7&8&9\end{pmatrix},$$

即

$$\begin{cases}\sigma(\boldsymbol{\alpha}_1)=\boldsymbol{\alpha}_1+4\boldsymbol{\alpha}_2+7\boldsymbol{\alpha}_3\\\sigma(\boldsymbol{\alpha}_2)=2\boldsymbol{\alpha}_1+5\boldsymbol{\alpha}_2+8\boldsymbol{\alpha}_3\\\sigma(\boldsymbol{\alpha}_3)=3\boldsymbol{\alpha}_1+6\boldsymbol{\alpha}_2+9\boldsymbol{\alpha}_3,\end{cases}$$

从而有

$$\begin{cases}\sigma(\boldsymbol{\alpha}_2)=5\boldsymbol{\alpha}_2+8\boldsymbol{\alpha}_3+2\boldsymbol{\alpha}_1\\\sigma(\boldsymbol{\alpha}_3)=6\boldsymbol{\alpha}_2+9\boldsymbol{\alpha}_3+3\boldsymbol{\alpha}_1\\\sigma(\boldsymbol{\alpha}_1)=4\boldsymbol{\alpha}_2+7\boldsymbol{\alpha}_3+\boldsymbol{\alpha}_1.\end{cases}$$

因此 σ 在基 $\boldsymbol{\alpha}_2,\boldsymbol{\alpha}_3,\boldsymbol{\alpha}_1$ 下的矩阵

$$\boldsymbol{B}=\begin{pmatrix}5&8&2\\6&9&3\\4&7&1\end{pmatrix}^{\mathrm{T}}=\begin{pmatrix}5&6&4\\8&9&7\\2&3&1\end{pmatrix}.$$

利用线性变换的矩阵可以直接计算一个向量的象.

定理 6.4.2　设 $\boldsymbol{\alpha}_1,\boldsymbol{\alpha}_2,\cdots,\boldsymbol{\alpha}_n$ 是 n 维线性空间 V 的一组基,V 的线性变换 σ 在基 $\boldsymbol{\alpha}_1,\boldsymbol{\alpha}_2,\cdots,\boldsymbol{\alpha}_n$ 下的矩阵为 $\boldsymbol{A}=(a_{ij})_{n\times n}$. 如果向量 $\boldsymbol{\alpha}$ 与 $\sigma(\boldsymbol{\alpha})$ 在基 $\boldsymbol{\alpha}_1,\boldsymbol{\alpha}_2,\cdots,\boldsymbol{\alpha}_n$ 下的坐标分别为 $(x_1,x_2,\cdots,x_n)$ 和 $(y_1,y_2,\cdots,y_n)$,则有

$$\begin{pmatrix}y_1\\y_2\\\vdots\\y_n\end{pmatrix}=\boldsymbol{A}\begin{pmatrix}x_1\\x_2\\\vdots\\x_n\end{pmatrix}.$$

证明　由假设有

$$\boldsymbol{\alpha}=x_1\boldsymbol{\alpha}_1+x_2\boldsymbol{\alpha}_2+\cdots+x_n\boldsymbol{\alpha}_n=(\boldsymbol{\alpha}_1,\boldsymbol{\alpha}_2,\cdots,\boldsymbol{\alpha}_n)\begin{pmatrix}x_1\\x_2\\\vdots\\x_n\end{pmatrix}.$$

于是

$$\sigma(\boldsymbol{\alpha})=\sigma(\boldsymbol{\alpha}_1,\boldsymbol{\alpha}_2,\cdots,\boldsymbol{\alpha}_n)\begin{pmatrix}x_1\\x_2\\\vdots\\x_n\end{pmatrix}=(\boldsymbol{\alpha}_1,\boldsymbol{\alpha}_2,\cdots,\boldsymbol{\alpha}_n)\boldsymbol{A}\begin{pmatrix}x_1\\x_2\\\vdots\\x_n\end{pmatrix}.$$

另一方面,由假设知

$$\sigma(\boldsymbol{\alpha})=y_1\boldsymbol{\alpha}_1+y_2\boldsymbol{\alpha}_2+\cdots+y_n\boldsymbol{\alpha}_n=(\boldsymbol{\alpha}_1,\boldsymbol{\alpha}_2,\cdots,\boldsymbol{\alpha}_n)\begin{pmatrix}y_1\\y_2\\\vdots\\y_n\end{pmatrix}.$$

而向量在同一组基下的坐标唯一,从而必有

$$\begin{pmatrix}y_1\\y_2\\\vdots\\y_n\end{pmatrix}=\boldsymbol{A}\begin{pmatrix}x_1\\x_2\\\vdots\\x_n\end{pmatrix}.$$

在选定一组基之后,利用引理 6.4.1 和引理 6.4.2,我们就在数域 F 上的 n 维线性空间 V 的线性变换和数域 F 上的 n 阶矩阵之间建立了一个一一对应.从例 8 和例 9 可以看出,线性变换的矩阵是与线性空间中的一组基联系在一起的.一般地说,同一个线性变换在不同的基下有不同的矩阵.为了利用矩阵来研究线性变换,我们有必要弄清楚线性变换的矩阵是如何随着基的改变而改变的.

定理 6.4.3 设 n 维线性空间 V 中线性变换 σ 在两组基 $\boldsymbol{\alpha}_1,\boldsymbol{\alpha}_2,\cdots,\boldsymbol{\alpha}_n$ 和 $\boldsymbol{\beta}_1,\boldsymbol{\beta}_2,\cdots,\boldsymbol{\beta}_n$ 下的矩阵分别为 $\boldsymbol{A}$ 和 $\boldsymbol{B}$,从基 $\boldsymbol{\alpha}_1,\boldsymbol{\alpha}_2,\cdots,\boldsymbol{\alpha}_n$ 到基 $\boldsymbol{\beta}_1,\boldsymbol{\beta}_2,\cdots,\boldsymbol{\beta}_n$ 的过渡矩阵为 $\boldsymbol{P}$,则 $\boldsymbol{B}=\boldsymbol{P}^{-1}\boldsymbol{A}\boldsymbol{P}$.

证明 由假设知

$$(\sigma(\boldsymbol{\alpha}_1),\sigma(\boldsymbol{\alpha}_2),\cdots,\sigma(\boldsymbol{\alpha}_n))=(\boldsymbol{\alpha}_1,\boldsymbol{\alpha}_2,\cdots,\boldsymbol{\alpha}_n)\boldsymbol{A},$$
$$(\sigma(\boldsymbol{\beta}_1),\sigma(\boldsymbol{\beta}_2),\cdots,\sigma(\boldsymbol{\beta}_n))=(\boldsymbol{\beta}_1,\boldsymbol{\beta}_2,\cdots,\boldsymbol{\beta}_n)\boldsymbol{B},$$
$$(\boldsymbol{\beta}_1,\boldsymbol{\beta}_2,\cdots,\boldsymbol{\beta}_n)=(\boldsymbol{\alpha}_1,\boldsymbol{\alpha}_2,\cdots,\boldsymbol{\alpha}_n)\boldsymbol{P}.$$

于是

$$\begin{aligned}(\sigma(\boldsymbol{\beta}_1),\sigma(\boldsymbol{\beta}_2),\cdots,\sigma(\boldsymbol{\beta}_n))&=\sigma(\boldsymbol{\beta}_1,\boldsymbol{\beta}_2,\cdots,\boldsymbol{\beta}_n)\\&=\sigma((\boldsymbol{\alpha}_1,\boldsymbol{\alpha}_2,\cdots,\boldsymbol{\alpha}_n)\boldsymbol{P})\\&=(\sigma(\boldsymbol{\alpha}_1,\boldsymbol{\alpha}_2,\cdots,\boldsymbol{\alpha}_n))\boldsymbol{P}\\&=(\sigma(\boldsymbol{\alpha}_1),\sigma(\boldsymbol{\alpha}_2),\cdots,\sigma(\boldsymbol{\alpha}_n))\boldsymbol{P}\\&=(\boldsymbol{\alpha}_1,\boldsymbol{\alpha}_2,\cdots,\boldsymbol{\alpha}_n)\boldsymbol{A}\boldsymbol{P}\\&=(\boldsymbol{\beta}_1,\boldsymbol{\beta}_2,\cdots,\boldsymbol{\beta}_n)\boldsymbol{P}^{-1}\boldsymbol{A}\boldsymbol{P}.\end{aligned}$$

因为 $\boldsymbol{\beta}_1,\boldsymbol{\beta}_2,\cdots,\boldsymbol{\beta}_n$ 线性无关,所以

$$\boldsymbol{B}=\boldsymbol{P}^{-1}\boldsymbol{A}\boldsymbol{P}.$$

定理 6.4.4 线性变换在不同基下的矩阵是相似的;反过来,如果两个矩阵相似,那么它们可看做同一个线性变换在两组基下的矩阵.

证明　前一部分即为定理6.4.3.现在证明后一部分.设n阶矩阵$\boldsymbol{A}$和$\boldsymbol{B}$相似,即有可逆矩阵$\boldsymbol{P}$使

$$\boldsymbol{B}=\boldsymbol{P}^{-1}\boldsymbol{AP}.$$

假设$\boldsymbol{A}$是n维线性空间V中一个线性变换σ在基$\boldsymbol{\alpha}_1,\boldsymbol{\alpha}_2,\cdots,\boldsymbol{\alpha}_n$下的矩阵,令

$$(\boldsymbol{\beta}_1,\boldsymbol{\beta}_2,\cdots,\boldsymbol{\beta}_n)=(\boldsymbol{\alpha}_1,\boldsymbol{\alpha}_2,\cdots,\boldsymbol{\alpha}_n)\boldsymbol{P},$$

则$\boldsymbol{\beta}_1,\boldsymbol{\beta}_2,\cdots,\boldsymbol{\beta}_n$也是$V$的一组基(定理6.3.1),且$\sigma$在这组基下的矩阵为$B$.

例10　对于例9中,从基$\boldsymbol{\alpha}_1,\boldsymbol{\alpha}_2,\boldsymbol{\alpha}_3$到基$\boldsymbol{\alpha}_2,\boldsymbol{\alpha}_3,\boldsymbol{\alpha}_1$的过渡矩阵为

$$\boldsymbol{P}=\begin{pmatrix}0&0&1\\1&0&0\\0&1&0\end{pmatrix},$$

故线性变换σ在基$\boldsymbol{\alpha}_2,\boldsymbol{\alpha}_3,\boldsymbol{\alpha}_1$下的矩阵

$$B=\boldsymbol{P}^{-1}\boldsymbol{AP}=\begin{pmatrix}0&1&0\\0&0&1\\1&0&0\end{pmatrix}\begin{pmatrix}1&2&3\\4&5&6\\7&8&9\end{pmatrix}\begin{pmatrix}0&0&1\\1&0&0\\0&1&0\end{pmatrix}=\begin{pmatrix}5&6&4\\8&9&7\\2&3&1\end{pmatrix}.$$

§6.5　欧几里得空间简介

在线性空间中,向量之间的基本运算只有加法与数量乘法,统称为向量的线性运算.在第四章中,我们给出了$\mathbf{R}^n$中两个向量的内积运算,并通过内积来阐明向量的度量性质,如长度、正交性等.一般地,向量的度量性质在许多问题中有着极重要的地位.下面我们在实数域上的线性空间中引进内积运算,进而讨论向量的一些基本度量性质.

定义6.5.1　设V是实数域$\mathbf{R}$上一个线性空间,在V上定义了一个二元实函数,称为内积,记作$(\boldsymbol{\alpha},\boldsymbol{\beta})$,它具有以下性质:

(1)$(\boldsymbol{\alpha},\boldsymbol{\beta})=(\boldsymbol{\beta},\boldsymbol{\alpha})$;

(2)$(k\boldsymbol{\alpha},\boldsymbol{\beta})=k(\boldsymbol{\alpha},\boldsymbol{\beta})$;

(3)$(\boldsymbol{\alpha}+\boldsymbol{\beta},\boldsymbol{\gamma})=(\boldsymbol{\alpha},\boldsymbol{\gamma})+(\boldsymbol{\beta},\boldsymbol{\gamma})$;

(4)$(\boldsymbol{\alpha},\boldsymbol{\alpha})\geqslant 0$,当且仅当$\boldsymbol{\alpha}=\boldsymbol{0}$时$(\boldsymbol{\alpha},\boldsymbol{\alpha})=0$.

其中$\boldsymbol{\alpha},\boldsymbol{\beta},\boldsymbol{\gamma}$是$V$中的任意向量,$k$是任意实数.这样定义了内积的线性空间$V$称为欧几里得空间,简称为欧氏空间.

几何空间中向量的内积显然具有上述性质,因此,几何空间中的全体向量构成一个欧几里得空间.

例 1 在线性空间 $\mathbf{R}^n$ 中,对于向量

$$\boldsymbol{\alpha}=(a_1,a_2,\cdots,a_n)^{\mathrm{T}},\boldsymbol{\beta}=(b_1,b_2,\cdots,b_n)^{\mathrm{T}},$$

内积

$$(\boldsymbol{\alpha},\boldsymbol{\beta})=\boldsymbol{\alpha}^{\mathrm{T}}\boldsymbol{\beta}=a_1b_1+a_2b_2+\cdots+a_nb_n. \tag{5.1}$$

显然,(5.1)适合定义中的条件,由此可知 $\mathbf{R}^n$ 是一个欧几里得空间.当$n=3$时,(5.1)式即为几何空间中向量的内积在直角坐标系下的坐标表达式.

例 2 在闭区间$[a,b]$上所有实连续函数构成的线性空间 $C[a,b]$ 中,对于函数 $f(x),g(x)\in C[a,b]$,定义内积

$$(f,g)=\int_a^b f(x)g(x)\mathrm{d}x.$$

由定积分性质可以证明,对于这个内积,$C[a,b]$构成欧氏空间.

在一般的欧氏空间里,内积也有如下的一些基本性质:

(1) $(k_1\boldsymbol{\alpha},k_2\boldsymbol{\beta})=k_1k_2(\boldsymbol{\alpha},\boldsymbol{\beta})$.

因为$(k_1\boldsymbol{\alpha},k_2\boldsymbol{\beta})=k_1(\boldsymbol{\alpha},k_2\boldsymbol{\beta})=k_1(k_2\boldsymbol{\beta},\boldsymbol{\alpha})=k_1k_2(\boldsymbol{\beta},\boldsymbol{\alpha})=k_1k_2(\boldsymbol{\alpha},\boldsymbol{\beta})$.

(2) $(\boldsymbol{\alpha},\boldsymbol{\beta}+\boldsymbol{\gamma})=(\boldsymbol{\alpha},\boldsymbol{\beta})+(\boldsymbol{\alpha},\boldsymbol{\gamma})$.

因为$(\boldsymbol{\alpha},\boldsymbol{\beta}+\boldsymbol{\gamma})=(\boldsymbol{\beta}+\boldsymbol{\gamma},\boldsymbol{\alpha})=(\boldsymbol{\beta},\boldsymbol{\alpha})+(\boldsymbol{\gamma},\boldsymbol{\alpha})=(\boldsymbol{\alpha},\boldsymbol{\beta})+(\boldsymbol{\alpha},\boldsymbol{\gamma})$.

(3) $(\boldsymbol{\alpha},\mathbf{0})=(\mathbf{0},\boldsymbol{\alpha})=0$.

因为$(\boldsymbol{\alpha},\mathbf{0})=(\boldsymbol{\alpha},\mathbf{0}+\mathbf{0})=(\boldsymbol{\alpha},\mathbf{0})+(\boldsymbol{\alpha},\mathbf{0})$,故有$(\boldsymbol{\alpha},\mathbf{0})=0$,且$(\mathbf{0},\boldsymbol{\alpha})=(\boldsymbol{\alpha},\mathbf{0})=0$.

由内积定义中的条件(4)有$(\boldsymbol{\alpha},\boldsymbol{\alpha})\geqslant 0$,所以在欧氏空间中可以引入向量长度的概念.

定义 6.5.2 在欧氏空间 V 中,对于任意 $\boldsymbol{\alpha}\in V$,非负实数 $\sqrt{(\boldsymbol{\alpha},\boldsymbol{\alpha})}$ 称为向量 $\boldsymbol{\alpha}$ 的长度,记作 $\|\boldsymbol{\alpha}\|$,即

$$\|\boldsymbol{\alpha}\|=\sqrt{(\boldsymbol{\alpha},\boldsymbol{\alpha})}.$$

显然,向量的长度一般是正数,只有零向量的长度才是零.并且,对于任意 $\boldsymbol{\alpha}\in V,k\in\mathbf{R}$,有

$$\|k\boldsymbol{\alpha}\|=|k|\cdot\|\boldsymbol{\alpha}\|. \tag{5.2}$$

这是由于

$$\|k\boldsymbol{\alpha}\|=\sqrt{(k\boldsymbol{\alpha},k\boldsymbol{\alpha})}=\sqrt{k^2(\boldsymbol{\alpha},\boldsymbol{\alpha})}=|k|\cdot\|\boldsymbol{\alpha}\|.$$

长度为 1 的向量称为单位向量.如果 $\boldsymbol{\alpha}\neq\mathbf{0}$,则由式(5.2),有

$$\left\|\frac{1}{\|\boldsymbol{\alpha}\|}\boldsymbol{\alpha}\right\|=\frac{1}{\|\boldsymbol{\alpha}\|}\cdot\|\boldsymbol{\alpha}\|=1,$$

即$\dfrac{1}{\|\boldsymbol{\alpha}\|}\boldsymbol{\alpha}$ 是一个单位向量.用向量 $\boldsymbol{\alpha}$ 的长度 $\|\boldsymbol{\alpha}\|$ 去除向量 $\boldsymbol{\alpha}$,得到一

个与 $\boldsymbol{\alpha}$ 同方向的单位向量

$$\boldsymbol{\beta}=\frac{1}{\|\boldsymbol{\alpha}\|}\boldsymbol{\alpha},$$

称为将向量 $\boldsymbol{\alpha}$ 单位化.

例 3 在例 2 中,取 $f(x)=3x\in C[0,1]$,由于

$$(f,f)=\int_0^1(3x)^2\mathrm{d}x=3,$$

因此

$$\|f\|=\sqrt{3}.$$

故将 $f(x)=3x$ 单位化,得到 $\frac{1}{\sqrt{3}}(3x)=\sqrt{3}x$.

在几何空间中,非零向量 $\boldsymbol{\alpha}$ 与 $\boldsymbol{\beta}$ 的夹角 θ 的余弦可以通过内积表示:

$$\cos\theta=\frac{\boldsymbol{\alpha}^{\mathrm{T}}\boldsymbol{\beta}}{\|\boldsymbol{\alpha}\|\cdot\|\boldsymbol{\beta}\|}. \tag{5.3}$$

在一般的欧氏空间中利用(5.3)引入夹角的概念,需要先证明一个不等式:

定理 6.5.1 (柯西—布涅柯夫斯基不等式) 设 V 是欧氏空间,对于 V 中任意向量 $\boldsymbol{\alpha},\boldsymbol{\beta}$,有

$$|(\boldsymbol{\alpha},\boldsymbol{\beta})|\leqslant\|\boldsymbol{\alpha}\|\cdot\|\boldsymbol{\beta}\|. \tag{5.4}$$

其中等号当且仅当 $\boldsymbol{\alpha}$ 与 $\boldsymbol{\beta}$ 线性相关时才成立.

证明 当 $\boldsymbol{\beta}=\mathbf{0}$ 时,式(5.4)显然成立. 以下设 $\boldsymbol{\beta}\neq\mathbf{0}$. 令 t 是任意一个实数,作向量

$$\boldsymbol{\gamma}=\boldsymbol{\alpha}+t\boldsymbol{\beta}.$$

则由内积定义的条件(4)知,无论 t 取何值,都有

$$(\boldsymbol{\gamma},\boldsymbol{\gamma})=(\boldsymbol{\alpha}+t\boldsymbol{\beta},\boldsymbol{\alpha}+t\boldsymbol{\beta})\geqslant 0,$$

即

$$(\boldsymbol{\alpha},\boldsymbol{\alpha})+2(\boldsymbol{\alpha},\boldsymbol{\beta})t+(\boldsymbol{\beta},\boldsymbol{\beta})t^2\geqslant 0. \tag{5.5}$$

式(5.5)可以看成关于 t 的二次函数,从而其判别式

$$4(\boldsymbol{\alpha},\boldsymbol{\beta})^2-4(\boldsymbol{\alpha},\boldsymbol{\alpha})(\boldsymbol{\beta},\boldsymbol{\beta})\leqslant 0.$$

故

$$|(\boldsymbol{\alpha},\boldsymbol{\beta})|\leqslant\|\boldsymbol{\alpha}\|\cdot\|\boldsymbol{\beta}\|.$$

当 $\boldsymbol{\alpha}$ 与 $\boldsymbol{\beta}$ 线性相关时,不妨设 $\boldsymbol{\beta}=k\boldsymbol{\alpha}\neq\mathbf{0}\ (k\in\mathbf{R})$,则

$$(\boldsymbol{\alpha},\boldsymbol{\beta})^2=(\boldsymbol{\alpha},k\boldsymbol{\alpha})^2=k^2(\boldsymbol{\alpha},\boldsymbol{\alpha})^2=(\boldsymbol{\alpha},\boldsymbol{\alpha})(k\boldsymbol{\alpha},k\boldsymbol{\alpha})=(\boldsymbol{\alpha},\boldsymbol{\alpha})(\boldsymbol{\beta},\boldsymbol{\beta})$$

从而有

$$|(\boldsymbol{\alpha},\boldsymbol{\beta})|=\|\boldsymbol{\alpha}\|\cdot\|\boldsymbol{\beta}\|.$$

反之，如果等号成立，则或者 $\boldsymbol{\beta}=\mathbf{0}$，或者 $\boldsymbol{\beta}\neq\mathbf{0}$. 当 $\boldsymbol{\beta}\neq\mathbf{0}$ 时，取 $t=-\frac{(\boldsymbol{\alpha},\boldsymbol{\beta})}{(\boldsymbol{\beta},\boldsymbol{\beta})}$，有

$$(\boldsymbol{\alpha}+t\boldsymbol{\beta},\boldsymbol{\alpha}+t\boldsymbol{\beta})=0,$$

因此有

$$\boldsymbol{\alpha}+t\boldsymbol{\beta}=\boldsymbol{\alpha}-\frac{(\boldsymbol{\alpha},\boldsymbol{\beta})}{(\boldsymbol{\beta},\boldsymbol{\beta})}\boldsymbol{\beta}=\mathbf{0}.$$

这两种情况均说明 $\boldsymbol{\alpha}$ 与 $\boldsymbol{\beta}$ 线性相关.

现在可以对欧氏空间的向量引入夹角的概念.

定义 6.5.3 在欧氏空间 V 中，对任意非零向量 $\boldsymbol{\alpha},\boldsymbol{\beta}$，规定 $\boldsymbol{\alpha}$ 与 $\boldsymbol{\beta}$ 的夹角 θ 由下式确定：

$$\cos\theta=\frac{(\boldsymbol{\alpha},\boldsymbol{\beta})}{\|\boldsymbol{\alpha}\|\cdot\|\boldsymbol{\beta}\|},0\leqslant\theta\leqslant\pi.$$

定义 6.5.4 对于欧氏空间 V 中的向量 $\boldsymbol{\alpha},\boldsymbol{\beta}$，如果

$$(\boldsymbol{\alpha},\boldsymbol{\beta})=0,$$

则称 $\boldsymbol{\alpha}$ 与 $\boldsymbol{\beta}$ 正交或相互垂直，记作 $\boldsymbol{\alpha}\perp\boldsymbol{\beta}$.

显然，对任意 $\boldsymbol{\alpha}\in V$，有 $\mathbf{0}\perp\boldsymbol{\alpha}$. 两个非零向量正交的充分必要条件是它们的夹角为 $\frac{\pi}{2}$.

由内积定义的条件(4)知，只有零向量才与自己正交.

在几何空间中，通常选用三个两两正交的单位向量作为基，使用起来非常方便. 那么，在一般的欧氏空间中，能否找到一组两两正交的单位向量作为基？下面我们研究这个问题.

定义 6.5.5 欧氏空间 V 中一组非零的向量，如果它们两两正交，就称之为一个正交向量组.

定理 6.5.2 如果 $\boldsymbol{\alpha}_1,\boldsymbol{\alpha}_2,\cdots,\boldsymbol{\alpha}_s$ 是一个正交向量组，则 $\boldsymbol{\alpha}_1,\boldsymbol{\alpha}_2,\cdots,\boldsymbol{\alpha}_s$ 线性无关.

证明 设正交向量组 $\boldsymbol{\alpha}_1,\boldsymbol{\alpha}_2,\cdots,\boldsymbol{\alpha}_s$ 有线性关系式

$$k_1\boldsymbol{\alpha}_1+k_2\boldsymbol{\alpha}_2+\cdots+k_s\boldsymbol{\alpha}_s=\mathbf{0}.$$

用 $\boldsymbol{\alpha}_i(i=1,2,\cdots,s)$ 与上式两边作内积，得到

$$\begin{aligned}&(\boldsymbol{\alpha}_i,k_1\boldsymbol{\alpha}_1+k_2\boldsymbol{\alpha}_2+\cdots+k_s\boldsymbol{\alpha}_s)\\&=k_1(\boldsymbol{\alpha}_i,\boldsymbol{\alpha}_1)+k_2(\boldsymbol{\alpha}_i,\boldsymbol{\alpha}_2)+\cdots+k_s(\boldsymbol{\alpha}_i,\boldsymbol{\alpha}_s)\\&=0.\end{aligned}$$

由于 $\boldsymbol{\alpha}_1,\boldsymbol{\alpha}_2,\cdots,\boldsymbol{\alpha}_s$ 两两正交，故当 $j\neq i$ 时 $(\boldsymbol{\alpha}_i,\boldsymbol{\alpha}_j)=0$，因此上式即

$$k_i(\boldsymbol{\alpha}_i,\boldsymbol{\alpha}_i)=0$$

而 $\boldsymbol{\alpha}_i \neq \mathbf{0}$，从而 $(\boldsymbol{\alpha}_i, \boldsymbol{\alpha}_i) > 0$，故必有 $k_i = 0\ (i = 1, 2, \cdots, s)$. 即 $\boldsymbol{\alpha}_1, \boldsymbol{\alpha}_2, \cdots, \boldsymbol{\alpha}_s$ 线性无关.

由于在 n 维欧氏空间 V 中，线性无关的向量个数最多不会超过 n 个，因此定理 6.5.2 的结果表明：在 n 维欧氏空间 V 中，两两正交的非零向量个数不会超过 n 个.

这个事实的几何意义是清楚的：即在平面上找不到三个两两垂直的非零向量，在空间中找不到四个两两垂直的非零向量.

定义 6.5.6　在 n 维欧氏空间 V 中，由 n 个向量组成的正交向量组称为 V 的一组正交基；由单位向量组成的正交基称为标准正交基.

对一组正交基进行单位化就得到一组标准正交基.

由定义 6.5.6，如果 $\boldsymbol{\varepsilon}_1, \boldsymbol{\varepsilon}_2, \cdots, \boldsymbol{\varepsilon}_n$ 是欧氏空间 V 的一组标准正交基，则有

$$(\boldsymbol{\varepsilon}_i, \boldsymbol{\varepsilon}_j) = \begin{cases} 1, \text{当 } i = j, \\ 0, \text{当 } i \neq j. \end{cases} \tag{5.6}$$

显然，(5.6)完全刻画了标准正交基的性质.

在标准正交基下，内积有特别简单的表达式. 即

定理 6.5.3　设 $\boldsymbol{\varepsilon}_1, \boldsymbol{\varepsilon}_2, \cdots, \boldsymbol{\varepsilon}_n$ 是 n 维欧氏空间 V 的一组标准正交基. $\boldsymbol{\alpha}, \boldsymbol{\beta} \in V$.

若

$$\boldsymbol{\alpha} = x_1\boldsymbol{\varepsilon}_1 + x_2\boldsymbol{\varepsilon}_2 + \cdots + x_n\boldsymbol{\varepsilon}_n,$$
$$\boldsymbol{\beta} = y_1\boldsymbol{\varepsilon}_1 + y_2\boldsymbol{\varepsilon}_2 + \cdots + y_n\boldsymbol{\varepsilon}_n,$$

则

$$(\boldsymbol{\alpha}, \boldsymbol{\beta}) = x_1y_1 + x_2y_2 + \cdots + x_ny_n = \sum_{i=1}^{n} x_iy_i. \tag{5.7}$$

证明　由条件知

$$\begin{aligned}(\boldsymbol{\alpha}, \boldsymbol{\beta}) &= \left(\sum_{i=1}^{n} x_i\boldsymbol{\varepsilon}_i, \sum_{j=1}^{n} y_j\boldsymbol{\varepsilon}_j\right) = \sum_{i=1}^{n}\left(x_i\boldsymbol{\varepsilon}_i, \sum_{j=1}^{n} y_j\boldsymbol{\varepsilon}_j\right) \\ &= \sum_{i=1}^{n} x_i\left(\sum_{j=1}^{n} y_j(\boldsymbol{\varepsilon}_i, \boldsymbol{\varepsilon}_j)\right) = \sum_{i=1}^{n} x_iy_i.\end{aligned}$$

注意到 $\mathbf{R}^n$ 中的向量 $\boldsymbol{\alpha} = (a_1, a_2, \cdots, a_n)^{\mathrm{T}}$ 与 $\boldsymbol{\beta} = (b_1, b_2, \cdots, b_n)^{\mathrm{T}}$ 在 $\mathbf{R}^n$ 的标准正交基 $\boldsymbol{\varepsilon}_1 = (1, 0, \cdots, 0)^{\mathrm{T}}$，$\boldsymbol{\varepsilon}_2 = (0, 1, 0, \cdots, 0)^{\mathrm{T}}$，$\cdots$，$\boldsymbol{\varepsilon}_n = (0, \cdots, 0, 1)^{\mathrm{T}}$ 下的坐标分别为 $(a_1, a_2, \cdots, a_n)$ 与 $(b_1, b_2, \cdots, b_n)$，而 $\boldsymbol{\alpha}$ 与 $\boldsymbol{\beta}$ 的内积

$$(\boldsymbol{\alpha}, \boldsymbol{\beta}) = \boldsymbol{\alpha}^{\mathrm{T}}\boldsymbol{\beta} = a_1b_1 + a_2b_2 + \cdots + a_nb_n = \sum_{i=1}^{n} a_ib_i.$$

可见，式(5.7)正是 $\mathbf{R}^n$ 中向量的内积在一般欧氏空间中的推广.

应该指出，内积的表达式(5.7)，对于任一组标准正交基都是一样的. 这就说明了：所有的标准正交基，在欧氏空间中有相同的地位.

在标准正交基下，向量的坐标可以用内积简单地表示出来.

定理 6.5.4 设 $\boldsymbol{\varepsilon}_1,\boldsymbol{\varepsilon}_2,\cdots,\boldsymbol{\varepsilon}_n$ 是 n 维欧氏空间 V 中的一组标准正交基. 对于 $\boldsymbol{\alpha}\in V$，设 $\boldsymbol{\alpha}$ 在 $\boldsymbol{\varepsilon}_1,\boldsymbol{\varepsilon}_2,\cdots,\boldsymbol{\varepsilon}_n$ 下的坐标为 $\boldsymbol{X}=(x_1,x_2,\cdots,x_n)$，则

$$x_i=(\boldsymbol{\alpha},\boldsymbol{\varepsilon}_i)\quad (i=1,2,\cdots,n).$$

证明 由条件有

$$\boldsymbol{\alpha}=x_1\boldsymbol{\varepsilon}_1+x_2\boldsymbol{\varepsilon}_2+\cdots+x_n\boldsymbol{\varepsilon}_n.$$

用 $\boldsymbol{\varepsilon}_i$ 与上式两边作内积，有

$$\begin{aligned}(\boldsymbol{\alpha},\boldsymbol{\varepsilon}_i)&=(x_1\boldsymbol{\varepsilon}_1+x_2\boldsymbol{\varepsilon}_2+\cdots+x_n\boldsymbol{\varepsilon}_n,\boldsymbol{\varepsilon}_i)\\&=x_i(\boldsymbol{\varepsilon}_i,\boldsymbol{\varepsilon}_i)=x_i\quad (i=1,2,\cdots,n).\end{aligned}$$

下面我们将结合内积的特点来讨论标准正交基的求法.

定理 6.5.5 设 V 是 n 维欧氏空间，$\boldsymbol{\alpha}_1,\boldsymbol{\alpha}_2,\cdots,\boldsymbol{\alpha}_m$ 为 V 中任意的 m 个向量. 若 $m<n$，则存在一个非零的向量 $\boldsymbol{\alpha}\in V$，使得

$$\boldsymbol{\alpha}\perp\boldsymbol{\alpha}_i\quad (i=1,2,\cdots,m).$$

证明 取 V 的一组基 $\boldsymbol{\varepsilon}_1,\boldsymbol{\varepsilon}_2,\cdots,\boldsymbol{\varepsilon}_n$，设

$$\boldsymbol{\alpha}_i=k_{i1}\boldsymbol{\varepsilon}_1+k_{i2}\boldsymbol{\varepsilon}_2+\cdots+k_{in}\boldsymbol{\varepsilon}_n,\ i=1,2,\cdots,m,\ k_{ij}\in\mathbf{R}.$$

令 $\boldsymbol{\alpha}=x_1\boldsymbol{\varepsilon}_1+x_2\boldsymbol{\varepsilon}_2+\cdots+x_n\boldsymbol{\varepsilon}_n$，其中 $x_i\in\mathbf{R}\ (i=1,2,\cdots,n)$ 待定. 于是由 $(\boldsymbol{\alpha},\boldsymbol{\alpha}_i)=0\ (i=1,2,\cdots,m)$ 可得一个齐次线性方程组

$$\begin{cases}\sum\limits_{j=1}^{n}k_{1j}(\boldsymbol{\varepsilon}_1,\boldsymbol{\varepsilon}_j)x_1+\sum\limits_{j=1}^{n}k_{1j}(\boldsymbol{\varepsilon}_2,\boldsymbol{\varepsilon}_j)x_2+\cdots+\sum\limits_{j=1}^{n}k_{1j}(\boldsymbol{\varepsilon}_n,\boldsymbol{\varepsilon}_j)x_n=0\\ \sum\limits_{j=1}^{n}k_{2j}(\boldsymbol{\varepsilon}_1,\boldsymbol{\varepsilon}_j)x_1+\sum\limits_{j=1}^{n}k_{2j}(\boldsymbol{\varepsilon}_2,\boldsymbol{\varepsilon}_j)x_2+\cdots+\sum\limits_{j=1}^{n}k_{2j}(\boldsymbol{\varepsilon}_n,\boldsymbol{\varepsilon}_j)x_n=0\\ \cdots\cdots\cdots\cdots\cdots\cdots\cdots\cdots\cdots\cdots\cdots\cdots\\ \sum\limits_{j=1}^{n}k_{mj}(\boldsymbol{\varepsilon}_1,\boldsymbol{\varepsilon}_j)x_1+\sum\limits_{j=1}^{n}k_{mj}(\boldsymbol{\varepsilon}_2,\boldsymbol{\varepsilon}_j)x_2+\cdots+\sum\limits_{j=1}^{n}k_{mj}(\boldsymbol{\varepsilon}_n,\boldsymbol{\varepsilon}_j)x_n=0\end{cases}.$$

这是一个由 m 个方程所组成的含有 n 个未知量的齐次线性方程组. 由$m<n$可知，存在一组非零的解 $(x_1,x_2,\cdots,x_n)=(b_1,b_2,\cdots,b_n)\neq\mathbf{0}$. 从而存在 $\boldsymbol{\alpha}=b_1\boldsymbol{\varepsilon}_2+b_2\boldsymbol{\varepsilon}_2+\cdots+b_n\boldsymbol{\varepsilon}_n\in V$，满足 $\boldsymbol{\alpha}\neq\mathbf{0}$ 且 $(\boldsymbol{\alpha},\boldsymbol{\alpha}_i)=0\ (i=1,2,\cdots,m)$.

应该注意，定理 6.5.5 的证明实际上也就给出一个具体的求欧氏空间 V 的标准正交基的方法：从 V 中任一非零向量出发，按证明中步骤逐个地扩充，就得到 V 的一组正交基，再单位化，就得到 V 的一组标准正

交基.

在求欧氏空间的正交基时,常常是已经有了空间的一组基.下面介绍一种直接把欧氏空间的一组基变成标准正交基的方法——施密特正交化过程.

定理 6.5.6 设 $\boldsymbol{\alpha}_1,\boldsymbol{\alpha}_2,\cdots,\boldsymbol{\alpha}_n$ 是 n 维欧氏空间 V 的一组基,则存在 V 的一组标准正交基 $\boldsymbol{\gamma}_1,\boldsymbol{\gamma}_2,\cdots,\boldsymbol{\gamma}_n$,满足

$$L(\boldsymbol{\alpha}_1,\boldsymbol{\alpha}_2,\cdots,\boldsymbol{\alpha}_i)=L(\boldsymbol{\gamma}_1,\boldsymbol{\gamma}_2,\cdots,\boldsymbol{\gamma}_i)\quad(i=1,2,\cdots,n).$$

证明 设 $\boldsymbol{\alpha}_1,\boldsymbol{\alpha}_2,\cdots,\boldsymbol{\alpha}_n$ 为 V 的一组基,我们逐个地求出 $\boldsymbol{\gamma}_1,\boldsymbol{\gamma}_2,\cdots,\boldsymbol{\gamma}_n$,对 n 用数学归纳法.

当 $n=1$ 时,取 $\boldsymbol{\gamma}_1=\dfrac{1}{\|\boldsymbol{\alpha}_1\|}\boldsymbol{\alpha}_1$ 即可.

假定命题对于 $n=k-1$ 时成立,即已求出一组单位正交向量 $\boldsymbol{\gamma}_1,\boldsymbol{\gamma}_2,\cdots,\boldsymbol{\gamma}_{k-1}$,且

$$L(\boldsymbol{\alpha}_1,\boldsymbol{\alpha}_2,\cdots,\boldsymbol{\alpha}_i)=L(\boldsymbol{\gamma}_1,\boldsymbol{\gamma}_2,\cdots,\boldsymbol{\gamma}_i)\quad(i=1,2,\cdots,k-1).$$

令

$$\boldsymbol{\beta}_k=\boldsymbol{\alpha}_k-(\boldsymbol{\alpha}_k,\boldsymbol{\gamma}_1)\boldsymbol{\gamma}_1-(\boldsymbol{\alpha}_k,\boldsymbol{\gamma}_2)\boldsymbol{\gamma}_2-\cdots-(\boldsymbol{\alpha}_k,\boldsymbol{\gamma}_{k-1})\boldsymbol{\gamma}_{k-1}.$$

显然 $\boldsymbol{\beta}_k\neq\mathbf{0}$,且 $(\boldsymbol{\beta}_k,\boldsymbol{\gamma}_i)=0\ (i=1,2,\cdots,k-1)$. 令 $\boldsymbol{\gamma}_k=\dfrac{1}{\|\boldsymbol{\beta}_k\|}\boldsymbol{\beta}_k$,即得命题对于 $n=k$ 也成立.

由归纳法原理,定理得证.

从定理 6.5.6 的证明过程可以得出,把欧氏空间 V 的一组基变成标准正交基的具体过程如下:

设 $\boldsymbol{\alpha}_1,\boldsymbol{\alpha}_2,\cdots,\boldsymbol{\alpha}_n$ 是 n 维欧氏空间 V 的一组基,先正交化得

$$\boldsymbol{\beta}_1=\boldsymbol{\alpha}_1,$$

$$\boldsymbol{\beta}_2=\boldsymbol{\alpha}_2-\frac{(\boldsymbol{\alpha}_2,\boldsymbol{\beta}_1)}{(\boldsymbol{\beta}_1,\boldsymbol{\beta}_1)}\boldsymbol{\beta}_1,$$

$$\cdots\cdots$$

$$\boldsymbol{\beta}_n=\boldsymbol{\alpha}_n-\frac{(\boldsymbol{\alpha}_n,\boldsymbol{\beta}_1)}{(\boldsymbol{\beta}_1,\boldsymbol{\beta}_1)}\boldsymbol{\beta}_1-\frac{(\boldsymbol{\alpha}_n,\boldsymbol{\beta}_2)}{(\boldsymbol{\beta}_2,\boldsymbol{\beta}_2)}\boldsymbol{\beta}_2-\cdots-\frac{(\boldsymbol{\alpha}_n,\boldsymbol{\beta}_{n-1})}{(\boldsymbol{\beta}_{n-1},\boldsymbol{\beta}_{n-1})}\boldsymbol{\beta}_{n-1}.$$

再单位化得

$$\boldsymbol{\gamma}_i=\frac{1}{\|\boldsymbol{\beta}_i\|}\boldsymbol{\beta}_i\quad(i=1,2,\cdots,n).$$

则 $\boldsymbol{\gamma}_1,\boldsymbol{\gamma}_2,\cdots,\boldsymbol{\gamma}_n$ 即为 V 的一组标准正交基.

再单位化得

$$\boldsymbol{\gamma}_1=\frac{1}{\|\boldsymbol{\beta}_1\|}\boldsymbol{\beta}_1=\left(\frac{1}{\sqrt{2}},\frac{1}{\sqrt{2}},0,0\right)^{\mathrm{T}},$$

$$\gamma_2=\frac{1}{\|\beta_2\|}\beta_2=(\frac{1}{\sqrt{6}},-\frac{1}{\sqrt{6}},\frac{2}{\sqrt{6}},0)^T,$$

$$\gamma_3=\frac{1}{\|\beta_3\|}\beta_3=(-\frac{1}{\sqrt{12}},\frac{1}{\sqrt{12}},\frac{1}{\sqrt{12}},\frac{3}{\sqrt{12}})^T,$$

$$\gamma_4=\frac{1}{\|\beta_4\|}\beta_4=(\frac{1}{2},-\frac{1}{2},-\frac{1}{2},\frac{1}{2})^T.$$

于是 $\gamma_1,\gamma_2,\gamma_3,\gamma_4$ 即为所求的一组标准正交基.

由于标准正交基在欧氏空间中占有特殊的地位,因此有必要讨论从一组标准正交基到另一组标准正交基的基变换公式.

设 $\varepsilon_1,\varepsilon_2,\cdots,\varepsilon_n$ 与 $\eta_1,\eta_2,\cdots,\eta_n$ 是 n 维欧氏空间 V 的两组标准正交基,它们之间的过渡矩阵 $A=(a_{ij})_{n\times n}$,即有

$$(\eta_1,\eta_2,\cdots,\eta_n)=(\varepsilon_1,\varepsilon_2,\cdots,\varepsilon_n)\begin{pmatrix}a_{11}&a_{12}&\cdots&a_{1n}\\a_{21}&a_{22}&\cdots&a_{2n}\\\vdots&\vdots&&\vdots\\a_{n1}&a_{n2}&\cdots&a_{nn}\end{pmatrix}.$$

由于 $\eta_1,\eta_2,\cdots,\eta_n$ 是标准正交基,则

$$(\eta_i,\eta_j)=\begin{cases}1,当\ i=j,\\0,当\ i\neq j.\end{cases}\tag{5.8}$$

矩阵 A 的各列元素分别是 $\eta_1,\eta_2,\cdots,\eta_n$ 在标准正交基 $\varepsilon_1,\varepsilon_2,\cdots,\varepsilon_n$ 下的坐标. 因此由式(5.7),又可将式(5.8)表示为

$$(\eta_i,\eta_j)=a_{1i}a_{1j}+a_{2i}a_{2j}+\cdots+a_{ni}a_{nj}=\begin{cases}1,当\ i=j,\\0,当\ i\neq j.\end{cases}\tag{5.9}$$

将(5.9)记为矩阵形式

$$\begin{aligned}A^TA&=\begin{pmatrix}a_{11}&a_{21}&\cdots&a_{n1}\\a_{12}&a_{22}&\cdots&a_{n2}\\\vdots&\vdots&&\vdots\\a_{1n}&a_{2n}&\cdots&a_{nn}\end{pmatrix}\begin{pmatrix}a_{11}&a_{12}&\cdots&a_{1n}\\a_{21}&a_{22}&\cdots&a_{2n}\\\vdots&\vdots&&\vdots\\a_{n1}&a_{n2}&\cdots&a_{nn}\end{pmatrix}\\&=\begin{pmatrix}1&0&\cdots&0\\0&1&\cdots&0\\\vdots&\vdots&&\vdots\\0&0&\cdots&1\end{pmatrix}=E.\end{aligned}$$

以上分析说明欧氏空间 V 的两组标准正交基之间的过渡矩阵为正交矩阵;反过来,如果第一组基是标准正交基,从第一组基到第二组基的过渡矩阵是正交矩阵,则第二组基一定也是标准正交基.

在本节的最后,简单介绍一下正交变换的概念.

定义 6.5.7 设 σ 是 n 维欧氏空间 V 的一个线性变换. 如果 σ 在一组标准正交基下的矩阵是正交矩阵,则称 σ 是正交变换.

可以验证,§6.4 中例 4 和例 6 均为正交变换. 正交变换可以从以下几个不同的方面来刻画:

定理 6.5.7 设 σ 是 n 维欧氏空间 V 的一个线性交换,则下列四个陈述等价:

(1)σ 是正交变换;

(2)σ 保持向量的内积不变. 即对任意 $\boldsymbol{\alpha},\boldsymbol{\beta}\in V$,$(\sigma(\boldsymbol{\alpha}),\sigma(\boldsymbol{\beta}))=(\boldsymbol{\alpha},\boldsymbol{\beta})$;

(3)σ 保持向量的长度不变. 即对任意 $\boldsymbol{\alpha}\in V$,$\|\sigma(\boldsymbol{\alpha})\|=\|\boldsymbol{\alpha}\|$;

(4)如果 $\boldsymbol{\varepsilon}_1,\boldsymbol{\varepsilon}_2,\cdots,\boldsymbol{\varepsilon}_n$ 是 V 的一组标准正交基,则 $\sigma(\boldsymbol{\varepsilon}_1),\sigma(\boldsymbol{\varepsilon}_2),\cdots,\sigma(\boldsymbol{\varepsilon}_n)$ 也是 V 的一组标准正交基.

证明 我们按照"(1)⇒(2)⇒(3)⇒(4)⇒(1)"的思路来证明.

(1)⇒(2):设 σ 是 V 的一个正交变换,故对于 V 的一组标准正交基 $\boldsymbol{\varepsilon}_1,\boldsymbol{\varepsilon}_2,\cdots,\boldsymbol{\varepsilon}_n$,有

$$\sigma(\boldsymbol{\varepsilon}_1,\boldsymbol{\varepsilon}_2,\cdots,\boldsymbol{\varepsilon}_n)=(\boldsymbol{\varepsilon}_1,\boldsymbol{\varepsilon}_2,\cdots,\boldsymbol{\varepsilon}_n)\boldsymbol{A},$$

其中 $\boldsymbol{A}$ 为正交矩阵,即满足 $\boldsymbol{A}^{\mathrm{T}}\boldsymbol{A}=\boldsymbol{E}$.

若设 $\boldsymbol{\alpha},\boldsymbol{\beta}$ 是 V 中任意两个向量,并且它们在 $\boldsymbol{\varepsilon}_1,\boldsymbol{\varepsilon}_2,\cdots,\boldsymbol{\varepsilon}_n$ 下的坐标分别为

$$\boldsymbol{X}=(x_1,x_2,\cdots,x_n),\boldsymbol{Y}=(y_1,y_2,\cdots,y_n),$$

则由式(5.7),有

$$(\boldsymbol{\alpha},\boldsymbol{\beta})=x_1y_1+x_2y_2+\cdots+x_ny_n=\boldsymbol{X}\boldsymbol{Y}^{\mathrm{T}}.$$

又由定理 6.5.2 知,$\sigma(\boldsymbol{\alpha})=(\boldsymbol{\varepsilon}_1,\boldsymbol{\varepsilon}_2,\cdots,\boldsymbol{\varepsilon}_n)\boldsymbol{A}\boldsymbol{X}^{\mathrm{T}}$,$\sigma(\boldsymbol{\beta})=(\boldsymbol{\varepsilon}_1,\boldsymbol{\varepsilon}_2,\cdots,\boldsymbol{\varepsilon}_n)\boldsymbol{A}\boldsymbol{Y}^{\mathrm{T}}$,故 $(\sigma(\boldsymbol{\alpha}),\sigma(\boldsymbol{\beta}))=(\boldsymbol{A}\boldsymbol{X}^{\mathrm{T}})^{\mathrm{T}}(\boldsymbol{A}\boldsymbol{Y}^{\mathrm{T}})=\boldsymbol{X}\boldsymbol{A}^{\mathrm{T}}\boldsymbol{A}\boldsymbol{Y}^{\mathrm{T}}=\boldsymbol{X}\boldsymbol{E}\boldsymbol{Y}^{\mathrm{T}}=\boldsymbol{X}\boldsymbol{Y}^{\mathrm{T}}=(\boldsymbol{\alpha},\boldsymbol{\beta})$.

(2)⇒(3):在(2)中,取 $\boldsymbol{\beta}=\boldsymbol{\alpha}$ 即得.

(3)⇒(4):设 $\boldsymbol{\varepsilon}_1,\boldsymbol{\varepsilon}_2,\cdots,\boldsymbol{\varepsilon}_n$ 是 V 的一组标准正交基,则

$$(\boldsymbol{\varepsilon}_i,\boldsymbol{\varepsilon}_j)=\begin{cases}1,\text{当 } i=j,\\0,\text{当 } i\neq j.\end{cases}$$

由于 σ 保持长度不变,故对任意 i,j,有

$$(\sigma(\boldsymbol{\varepsilon}_i+\boldsymbol{\varepsilon}_j),\sigma(\boldsymbol{\varepsilon}_i+\boldsymbol{\varepsilon}_j))=(\boldsymbol{\varepsilon}_i+\boldsymbol{\varepsilon}_j,\boldsymbol{\varepsilon}_i+\boldsymbol{\varepsilon}_j).$$

上式展开得

$$\begin{aligned}&(\sigma(\boldsymbol{\varepsilon}_i),\sigma(\boldsymbol{\varepsilon}_i))+2(\sigma(\boldsymbol{\varepsilon}_i),\sigma(\boldsymbol{\varepsilon}_j))+(\sigma(\boldsymbol{\varepsilon}_j),\sigma(\boldsymbol{\varepsilon}_j))\\=&(\boldsymbol{\varepsilon}_i,\boldsymbol{\varepsilon}_i)+2(\boldsymbol{\varepsilon}_i,\boldsymbol{\varepsilon}_j)+(\boldsymbol{\varepsilon}_j,\boldsymbol{\varepsilon}_j)\end{aligned}$$

再由 σ 保持长度不变,知

$$(\sigma(\boldsymbol{\varepsilon}_i),\sigma(\boldsymbol{\varepsilon}_j))=(\boldsymbol{\varepsilon}_i,\boldsymbol{\varepsilon}_j)=\begin{cases}1,当\ i=j,\\0,当\ i\neq j.\end{cases}$$

故 $\sigma(\boldsymbol{\varepsilon}_1),\sigma(\boldsymbol{\varepsilon}_2),\cdots,\sigma(\boldsymbol{\varepsilon}_n)$ 为 V 的一组标准正交基.

(4)⇒(1)：设 σ 在标准正交基 $\boldsymbol{\varepsilon}_1,\boldsymbol{\varepsilon}_2,\cdots,\boldsymbol{\varepsilon}_n$ 下的矩阵为 $\mathbf{A}$. 由于 $\sigma(\boldsymbol{\varepsilon}_1),\sigma(\boldsymbol{\varepsilon}_2),\cdots,\sigma(\boldsymbol{\varepsilon}_n)$ 也是一组标准正交基，于是 $\mathbf{A}$ 可以看做从标准正交基 $\boldsymbol{\varepsilon}_1,\boldsymbol{\varepsilon}_2,\cdots,\boldsymbol{\varepsilon}_n$ 到标准正交基 $\sigma(\boldsymbol{\varepsilon}_1),\sigma(\boldsymbol{\varepsilon}_2),\cdots,\sigma(\boldsymbol{\varepsilon}_n)$ 的过渡矩阵，因而是正交矩阵，即 σ 为正交变换.

习题六

1. 检验下列集合对于所指的运算是否构成实数域 $\mathbf{R}$ 上的线性空间.

(1)次数等于 $n(n\geqslant 1)$ 的实系数一元多项式的全体，对于多项式的加法和数与多项式的乘法；

(2)实数域 $\mathbf{R}$ 上全体 n 阶对称(反对称、下三角)矩阵，对于矩阵的加法和数量乘法；

(3)平面上的全体向量，对于通常的加法和如下定义的数量乘法：

$$k\boldsymbol{\alpha}=\mathbf{0};$$

(4)全体正实数 $\mathbf{R}^+$，加法和数量乘法定义为

$$a\oplus b=ab,$$

$$ka=a^k.$$

2. 在线性空间中，证明：

(1) $-(-\boldsymbol{\alpha})=\boldsymbol{\alpha}$；

(2) $k(\boldsymbol{\alpha}-\boldsymbol{\beta})=k\boldsymbol{\alpha}-k\boldsymbol{\beta}$.

3. 判断下列集合是否为 $\mathbf{R}^n$ 的子空间：

(1) $W_1=\{(x_1,x_2,\cdots,x_n)\mid x_1,x_2,\cdots,x_n\in\mathbf{R}$，且 $x_1-x_n=0\}$；

(2) $W_2=\{(x_1,x_2,\cdots,x_n)\mid x_1,x_2,\cdots,x_n\in\mathbf{R}$，且 $x_1-x_n=1\}$.

4. 全体实函数的集合，对于通常的加法和数与函数的乘法构成实数域上的线性空间. 判断该线性空间中下列向量组是否线性相关：

(1) $x,\ x^2,\ \mathrm{e}^{2x}$；　　　(2) $1,\ \cos^2 x,\ \cos 2x$.

5. 求下列线性空间的维数与一组基：

(1)数域 F 上的 4 阶矩阵所构成的空间 $M_{4\times 4}$；

(2) $V=\{a+bw\mid a,b\in\mathbf{R},w=\dfrac{-1+\sqrt{3}i}{2}\}$ 关于普通的加法和乘法所构成的 $\mathbf{R}$ 上的线性空间；

(3)第 1 题(2)和(4)中的空间；

(4)第 3 题(1)中的 W_1.

6. 证明 $\boldsymbol{\alpha}_1,\boldsymbol{\alpha}_2,\boldsymbol{\alpha}_3$ 为 $\mathbf{R}^3$ 的一组基，并求向量 $\boldsymbol{\alpha}$ 在 $\boldsymbol{\alpha}_1,\boldsymbol{\alpha}_2,\boldsymbol{\alpha}_3$ 下的坐标：

(1)$\boldsymbol{\alpha}_1=(1,1,1)^T$，$\boldsymbol{\alpha}_2=(1,1,2)^T$，$\boldsymbol{\alpha}_3=(1,2,3)^T$；$\boldsymbol{\alpha}=(6,9,14)^T$；

(2)$\boldsymbol{\alpha}_1=(2,1,-3)^T$，$\boldsymbol{\alpha}_2=(3,2,-5)^T$，$\boldsymbol{\alpha}_3=(1,-1,1)^T$；$\boldsymbol{\alpha}=(6,2,-7)^T$.

7. 在 $\mathbf{R}^4$ 中，求由基 $\boldsymbol{\alpha}_1,\boldsymbol{\alpha}_2,\boldsymbol{\alpha}_3,\boldsymbol{\alpha}_4$ 到基 $\boldsymbol{\beta}_1,\boldsymbol{\beta}_2,\boldsymbol{\beta}_3,\boldsymbol{\beta}_4$ 的过渡矩阵，并求向量 $\boldsymbol{\alpha}$ 在指定基下的坐标：

(1)$\begin{cases}\boldsymbol{\alpha}_1=(1,1,1,1)^T,\\ \boldsymbol{\alpha}_2=(1,1,-1,-1)^T,\\ \boldsymbol{\alpha}_3=(1,-1,1,-1)^T,\\ \boldsymbol{\alpha}_4=(1,-1,-1,1)^T;\end{cases}$ $\begin{cases}\boldsymbol{\beta}_1=(1,2,-1,-2)^T,\\ \boldsymbol{\beta}_2=(2,3,0,-1)^T,\\ \boldsymbol{\beta}_3=(1,2,1,4)^T,\\ \boldsymbol{\beta}_4=(1,3,-1,0)^T;\end{cases}$

$\boldsymbol{\alpha}=(7,14,-1,2)^T$在基 $\boldsymbol{\beta}_1,\boldsymbol{\beta}_2,\boldsymbol{\beta}_3,\boldsymbol{\beta}_4$ 下的坐标.

(2)$\begin{cases}\boldsymbol{\alpha}_1=(0,0,1,0)^T,\\ \boldsymbol{\alpha}_2=(0,0,0,1)^T,\\ \boldsymbol{\alpha}_3=(1,0,0,0)^T,\\ \boldsymbol{\alpha}_4=(0,1,0,0)^T;\end{cases}$ $\begin{cases}\boldsymbol{\beta}_1=(1,0,-1,0)^T,\\ \boldsymbol{\beta}_2=(-1,0,-1,0)^T,\\ \boldsymbol{\beta}_3=(0,1,0,-1)^T,\\ \boldsymbol{\beta}_4=(0,-1,0,-1)^T;\end{cases}$

$\boldsymbol{\alpha}=(1,4,-3,2)^T$在基 $\boldsymbol{\beta}_1,\boldsymbol{\beta}_2,\boldsymbol{\beta}_3,\boldsymbol{\beta}_4$ 下的坐标.

(3)$\begin{cases}\boldsymbol{\alpha}_1=(1,1,1,1)^T,\\ \boldsymbol{\alpha}_2=(1,2,1,1)^T\\ \boldsymbol{\alpha}_3=(1,1,2,1)^T,\\ \boldsymbol{\alpha}_4=(1,3,2,3)^T;\end{cases}$ $\begin{cases}\boldsymbol{\beta}_1=(1,0,3,3)^T,\\ \boldsymbol{\beta}_2=(-2,-3,-5,-4)^T,\\ \boldsymbol{\beta}_3=(2,2,5,4)^T,\\ \boldsymbol{\beta}_4=(-2,-3,-4,-4)^T;\end{cases}$

$\boldsymbol{\alpha}=(0,-3,0,-2)^T$在基 $\boldsymbol{\alpha}_1,\boldsymbol{\alpha}_2,\boldsymbol{\alpha}_3,\boldsymbol{\alpha}_4$ 下的坐标.

8. 设 $\boldsymbol{A}_1=\begin{pmatrix}1&1\\1&1\end{pmatrix}$，$\boldsymbol{A}_2=\begin{pmatrix}0&-1\\1&0\end{pmatrix}$，$\boldsymbol{A}_3=\begin{pmatrix}1&-1\\0&0\end{pmatrix}$，$\boldsymbol{A}_4=\begin{pmatrix}1&0\\0&0\end{pmatrix}$是 $M_{2\times 2}$ 的一组基. 求由基

$$\boldsymbol{B}_1=\begin{pmatrix}1&0\\0&0\end{pmatrix},\boldsymbol{B}_2=\begin{pmatrix}0&1\\0&0\end{pmatrix},\boldsymbol{B}_3=\begin{pmatrix}0&0\\1&0\end{pmatrix},\boldsymbol{B}_4=\begin{pmatrix}0&0\\0&1\end{pmatrix}$$

到基 $\boldsymbol{A}_1,\boldsymbol{A}_2,\boldsymbol{A}_3,\boldsymbol{A}_4$ 的过渡矩阵. 并求矩阵 $\boldsymbol{A}=\begin{pmatrix}2&3\\4&-7\end{pmatrix}$在基 $\boldsymbol{A}_1,\boldsymbol{A}_2,\boldsymbol{A}_3,\boldsymbol{A}_4$ 下的坐标.

9. 设 $\boldsymbol{\eta}_1=(2,1,-1,1)^T$，$\boldsymbol{\eta}_2=(0,3,1,0)^T$，$\boldsymbol{\eta}_3=(5,3,2,1)^T$，$\boldsymbol{\eta}_4=(6,6,1,3)^T$ 是 $\mathbf{R}^4$ 的一组基，求一非零向量 $\boldsymbol{\alpha}$，使得 $\boldsymbol{\alpha}$ 在基 $\boldsymbol{\varepsilon}_1=(1,0,0,0)^T$，$\boldsymbol{\varepsilon}_2=(0,1,0,0)^T$，$\boldsymbol{\varepsilon}_3=(0,0,1,0)^T$，$\boldsymbol{\varepsilon}_4=(0,0,0,1)^T$下的坐标与 $\boldsymbol{\alpha}$ 在基 $\boldsymbol{\eta}_1,\boldsymbol{\eta}_2,\boldsymbol{\eta}_3,\boldsymbol{\eta}_4$ 的坐标相同.

10. 如果 $c_1\boldsymbol{\alpha}_1+c_2\boldsymbol{\alpha}_2+c_3\boldsymbol{\alpha}_3=\mathbf{0}$，且 $c_1c_2\neq 0$，证明：$L(\boldsymbol{\alpha}_1,\boldsymbol{\alpha}_2)=L(\boldsymbol{\alpha}_2,\boldsymbol{\alpha}_3)$.

11. 设 V_1,V_2 都是线性空间 V 的子空间，且 $V_1\subseteq V_2$，证明：如果 V_1 的维数等于 V_2 的维数，则 $V_1=V_2$.

12. 在 $\mathbf{R}^4$ 中，求由向量 $\boldsymbol{\alpha}_1,\boldsymbol{\alpha}_2,\boldsymbol{\alpha}_3,\boldsymbol{\alpha}_4$ 生成的子空间的维数和一组基：

(1)$\boldsymbol{\alpha}_1=(2,1,3,-1)^T$，$\boldsymbol{\alpha}_2=(-1,1,-3,1)^T$，$\boldsymbol{\alpha}_3=(4,5,3,-1)^T$，$\boldsymbol{\alpha}_4=(1,5,-3,1)^T$；

(2)$\boldsymbol{\alpha}_1=(2,1,-1,-2)^T$，$\boldsymbol{\alpha}_2=(1,0,-3,2)^T$，$\boldsymbol{\alpha}_3=(2,2,1,-1)^T$，

$\boldsymbol{\alpha}_4=(3,3,3,-5)^{\mathrm{T}}$.

13. 设 $\boldsymbol{A}=\begin{pmatrix}1&0\\1&1\end{pmatrix}$，求 $M_{2\times 2}$ 中全体与 $\boldsymbol{A}$ 可交换的矩阵生成的子空间的维数和一组基.

14. 求齐次线性方程组

$$\begin{cases}x_1-x_2+5x_3-x_4=0\\3x_1-x_2+8x_3+x_4=0\\x_1+3x_2-9x_3+7x_4=0\end{cases}$$

的解空间的维数和一组基.

15. 判别下面变换是否为线性变换：

(1)在 $\mathbf{R}^2$ 中，$\sigma((x_1,x_2)^{\mathrm{T}})=(x_1+x_2,x_1)^{\mathrm{T}}$；

(2)在 $\mathbf{R}^2$ 中，$\sigma((x_1,x_2)^{\mathrm{T}})=(2+x_2,x_1+x_2)^{\mathrm{T}}$；

(3)在 $\mathbf{R}^3$ 中，$\sigma((x_1,x_2,x_3)^{\mathrm{T}})=(2x_1-x_2,x_2+x_3,x_1)^{\mathrm{T}}$；

(4)在 $\mathbf{R}^3$ 中，$\sigma((x_1,x_2,x_3)^{\mathrm{T}})=(x_1^2,x_2+x_3,x_3)^{\mathrm{T}}$.

16. 定义变换如下：

$$\sigma(x_1,x_2,x_3)=(x_1+2x_2-x_3,x_2+x_3,x_1+x_2-2x_3).$$

证明：σ 是 $\mathbf{R}^3$ 上的线性变换.

17. 设 $\boldsymbol{\varepsilon}_1=(1,0,0)^{\mathrm{T}},\boldsymbol{\varepsilon}_2=(0,1,0)^{\mathrm{T}},\boldsymbol{\varepsilon}_3=(0,0,1)^{\mathrm{T}}$ 为 $\mathbf{R}^3$ 的一组基，求下列线性变换在指定基下的矩阵：

(1)第 15 题(3)中的线性变换 σ 在基 $\boldsymbol{\varepsilon}_1,\boldsymbol{\varepsilon}_2,\boldsymbol{\varepsilon}_3$ 下的矩阵；

(2)定义线性变换 σ 如下：

$$\begin{cases}\sigma(\boldsymbol{\eta}_1)=(-5,0,3)^{\mathrm{T}},\\\sigma(\boldsymbol{\eta}_2)=(0,-1,6)^{\mathrm{T}},\\\sigma(\boldsymbol{\eta}_3)=(-5,-1,9)^{\mathrm{T}},\end{cases}$$

其中 $\boldsymbol{\eta}_1=(-1,0,2)^{\mathrm{T}},\boldsymbol{\eta}_2=(0,1,1)^{\mathrm{T}},\boldsymbol{\eta}_3=(3,-1,0)^{\mathrm{T}}$ 为 $\mathbf{R}^3$ 的一组基，求 σ 在 $\boldsymbol{\eta}_1,\boldsymbol{\eta}_2,\boldsymbol{\eta}_3$ 下的矩阵；

(3)同上，求 σ 在基 $\boldsymbol{\varepsilon}_1,\boldsymbol{\varepsilon}_2,\boldsymbol{\varepsilon}_3$ 下的矩阵；

(4)已知线性变换 σ 在基 $\boldsymbol{\eta}_1=(-1,1,1)^{\mathrm{T}},\boldsymbol{\eta}_2=(1,0,-1)^{\mathrm{T}},\boldsymbol{\eta}_3=(0,1,1)^{\mathrm{T}}$ 下的矩阵为 $\begin{pmatrix}1&0&1\\1&1&0\\-1&2&1\end{pmatrix}$，求 σ 在基 $\boldsymbol{\varepsilon}_1,\boldsymbol{\varepsilon}_2,\boldsymbol{\varepsilon}_3$ 下的矩阵.

18. 设三维线性空间 V 上的线性变换 σ 在基 $\boldsymbol{\varepsilon}_1,\boldsymbol{\varepsilon}_2,\boldsymbol{\varepsilon}_3$ 下的矩阵为

$$\boldsymbol{A}=\begin{pmatrix}a_{11}&a_{12}&a_{13}\\a_{21}&a_{22}&a_{23}\\a_{31}&a_{32}&a_{33}\end{pmatrix}$$

求：(1)σ 在基 $\boldsymbol{\varepsilon}_3,\boldsymbol{\varepsilon}_2,\boldsymbol{\varepsilon}_1$ 下的矩阵；

(2)σ 在基 $\boldsymbol{\varepsilon}_1+\boldsymbol{\varepsilon}_2,\boldsymbol{\varepsilon}_2,\boldsymbol{\varepsilon}_3$ 下的矩阵；

(3)σ 在 $\boldsymbol{\varepsilon}_1,k\boldsymbol{\varepsilon}_2,\boldsymbol{\varepsilon}_3$ 下的矩阵($k\in F$ 且 $k\neq 0$)；

(4)设 $\boldsymbol{\alpha}$ 在基 $\boldsymbol{\varepsilon}_1,\boldsymbol{\varepsilon}_2,\boldsymbol{\varepsilon}_3$ 下的坐标为 $(1,-2,2)$，求 $\sigma(\boldsymbol{\alpha})$ 在基 $\boldsymbol{\varepsilon}_1,\boldsymbol{\varepsilon}_2,\boldsymbol{\varepsilon}_3$ 下的坐标.

19. 证明：对任意 $f(x),g(x)\in\mathbf{R}[x]_4$，$(f,g)=\int_{-1}^{1}f(x)g(x)\mathrm{d}x$ 为 $\mathbf{R}[x]_4$ 的一个内积.

20. 利用柯西一布涅柯夫斯基不等式证明：

(1)任意 $a_1,a_2,\cdots,a_n,b_1,b_2,\cdots,b_n\in\mathbf{R}$，有

$$|a_1b_1+a_2b_2+\cdots+a_nb_n|\leqslant\sqrt{a_1^2+a_2^2+\cdots+a_n^2}\cdot\sqrt{b_1^2+b_2^2+\cdots+b_n^2};$$

(2)任意 $f(x),g(x)\in C[a,b]$，有

$$\left|\int_a^b f(x)g(x)\mathrm{d}x\right|\leqslant\left(\int_a^b f^2(x)\mathrm{d}x\right)^{\frac{1}{2}}\left(\int_a^b g^2(x)\mathrm{d}x\right)^{\frac{1}{2}}.$$

21. 在 $\mathbf{R}^4$ 中，按通常定义的内积，求 $\boldsymbol{\alpha}$ 与 $\boldsymbol{\beta}$ 的夹角：

(1) $\boldsymbol{\alpha}=(1,1,-1,-1)^{\mathrm{T}}$，$\boldsymbol{\beta}=(1,1,0,-1)^{\mathrm{T}}$.

(2) $\boldsymbol{\alpha}=(2,1,3,2)^{\mathrm{T}}$，$\boldsymbol{\beta}=(1,2,-2,1)^{\mathrm{T}}$.

22. 在欧氏空间 $\mathbf{R}^4$ 中，求一单位向量与 $(1,1,0,0)$，$(1,1,-1,-1)$，$(1,-1,1,-1)$ 都正交(内积按通常定义).

23. 设 $\boldsymbol{\alpha}_1,\boldsymbol{\alpha}_2,\cdots,\boldsymbol{\alpha}_n$ 是欧氏空间 V 的一组基. 证明：如果 $\boldsymbol{\beta}\in V$ 使 $(\boldsymbol{\beta},\boldsymbol{\alpha}_i)=0\ (i=1,2,\cdots,n)$，则 $\boldsymbol{\beta}=\mathbf{0}$.

24. 设 $\boldsymbol{\varepsilon}_1,\boldsymbol{\varepsilon}_2,\boldsymbol{\varepsilon}_3$ 是三维欧氏空间 V 的一组标准正交基. 证明：

$$\boldsymbol{\alpha}_1=\frac{1}{3}(2\boldsymbol{\varepsilon}_1+2\boldsymbol{\varepsilon}_2-\boldsymbol{\varepsilon}_3),\boldsymbol{\alpha}_2=\frac{1}{3}(2\boldsymbol{\varepsilon}_1-\boldsymbol{\varepsilon}_2+2\boldsymbol{\varepsilon}_3),\boldsymbol{\alpha}_3=\frac{1}{3}(\boldsymbol{\varepsilon}_1-2\boldsymbol{\varepsilon}_2-2\boldsymbol{\varepsilon}_3)$$

也是 V 的一组标准正交基.

25. 设 $\boldsymbol{\varepsilon}_1,\boldsymbol{\varepsilon}_2,\boldsymbol{\varepsilon}_3,\boldsymbol{\varepsilon}_4,\boldsymbol{\varepsilon}_5$ 是五维欧氏空间 V 的一组标准正交基. 令 $V_1=L(\boldsymbol{\alpha}_1,\boldsymbol{\alpha}_2,\boldsymbol{\alpha}_3)$，其中 $\boldsymbol{\alpha}_1=\boldsymbol{\varepsilon}_1+\boldsymbol{\varepsilon}_5$，$\boldsymbol{\alpha}_2=\boldsymbol{\varepsilon}_1-\boldsymbol{\varepsilon}_2+\boldsymbol{\varepsilon}_4$，$\boldsymbol{\alpha}_3=2\boldsymbol{\varepsilon}_1+\boldsymbol{\varepsilon}_2+\boldsymbol{\varepsilon}_3$. 求 V_1 的一组标准正交基.

26. 在 $\mathbf{R}[x]_4$ 中定义内积 $(f,g)=\int_{-1}^{1}f(x)g(x)\mathrm{d}x$，其中 $f(x),g(x)\in\mathbf{R}[x]_4$. 利用施密特正交化方法求出与 $\mathbf{R}[x]_4$ 中的基 $1,x,x^2,x^3$ 等价的一组标准正交基.

参考答案

习题一

1. (1) 1;(2) -1;(3) 0;(4) 9;(5) 160;(6) 12.

2. (1) 正号;(2) 负号;(3) 正号;(4) 负号.

3. $k=1, l=5$.

4. (1) $(-1)^{\frac{n(n-1)}{2}}n!$;(2) $(-1)^{n-1}n!$;(3) 0;(4) $(-1)^{\frac{n(n-1)}{2}}a_{1n}a_{2n-1}\cdots a_{n1}$.

5. (1) $8a$;(2) $8a$.

6. (1) $-2(x^3+y^3)$;(2) -18;(3) 8.

7. (1) $(-1)^{n-1}b^{n-1}(\sum\limits_{i=1}^{n}a_i-b)$;(2) $(-1)^{n+1}(a_1a_2\cdots a_{n-1}+a_1a_2\cdots a_{n-2}a_n+\cdots+a_2a_3\cdots a_n)$;

(3) $1+\sum\limits_{i=1}^{n}a_i$;(4) $b_1b_2\cdots b_n$.

8. 0,29.

9. $D=(-1)\times5+2\times(-3)+0\times(-7)+1\times(-4)=-15$.

10. (1) $x_1=1, x_2=2, \cdots, x_{n-1}=n-1$;(2) $x_1=0, x_2=1, x_3=2, \cdots, x_{n-2}=n-3, x_{n-1}=n-2$.

11. (1) 加边

$$D=\begin{vmatrix} 1 & 1 & 1 & \cdots & 1 \\ 0 & a_1 & 1 & \cdots & 1 \\ 0 & 1 & a_2 & \cdots & 1 \\ \cdots & \cdots & \cdots & \cdots & \cdots \\ 0 & 1 & 1 & \cdots & a_n \end{vmatrix}$$

$$=\begin{vmatrix} 1 & 1 & 1 & \cdots & 1 \\ -1 & a_1-1 & 0 & \cdots & 0 \\ -1 & 0 & a_2-1 & \cdots & 0 \\ \cdots & \cdots & \cdots & \cdots & \cdots \\ -1 & 0 & 0 & \cdots & a_n-1 \end{vmatrix}$$

$$=\begin{vmatrix} 1+\sum_{i=1}^{n}\frac{1}{a_i-1} & 1 & 1 & \cdots & 1 \\ 0 & a_1-1 & 0 & \cdots & 0 \\ 0 & 0 & a_2-1 & \cdots & 0 \\ \cdots & \cdots & \cdots & \cdots & \cdots \\ 0 & 0 & 0 & \cdots & a_n-1 \end{vmatrix}$$

$$=\prod_{i=1}^{n}(a_i-1)(1+\sum_{i=1}^{n}\frac{1}{a_i-1});$$

(2) $\begin{vmatrix} x+z & z+x & x+y \\ x+y & y+z & z+x \\ z+x & x+y & y+z \end{vmatrix}$

$$=\begin{vmatrix} y+z & z+x & x \\ x+y & y+z & z \\ z+x & x+y & y \end{vmatrix}+\begin{vmatrix} y+z & z+x & y \\ x+y & y+z & x \\ z+x & x+y & z \end{vmatrix}$$

$$=\begin{vmatrix} y & z & x \\ x & y & z \\ z & x & y \end{vmatrix}+\begin{vmatrix} z & x & y \\ y & z & x \\ x & y & z \end{vmatrix}=2\begin{vmatrix} x & y & z \\ z & x & y \\ y & z & x \end{vmatrix};$$

(3) $\begin{vmatrix} a & b & c \\ a & a+b & a+b+c \\ a & 2a+b & 3a+2b+c \end{vmatrix}$

$$=\begin{vmatrix} a & b & c \\ 0 & a & a+b \\ 0 & 2a & 3a+2b \end{vmatrix}=\begin{vmatrix} a & b & c \\ 0 & a & a+b \\ 0 & 0 & a \end{vmatrix}=a^3;$$

(4) 从最后一行开始每行乘 x 后依次加到上一行即得.

12. (1) $\begin{cases} x_1=3 \\ x_2=-4 \\ x_3=-1 \\ x_4=1 \end{cases}$ (2) $\begin{cases} x_1=-a \\ x_2=b \\ x_3=c \end{cases}$

13. 要使齐次线性方程组有非零解则系数行列式必为零,即

$$\begin{vmatrix} k & 1 & -1 \\ 1 & k & -1 \\ 2 & -1 & 1 \end{vmatrix}=0 \quad \text{解得 } k=-2 \text{ 或 } k=1.$$

14. 当 $x=1,2,-2$ 时行列式有两列分别相同,故为零,于是根为 1,2,−2.

15. 由 Cramer 法则,系数行列式

$D=\prod_{1\leqslant j<i\leqslant n}(a_i-a_j)$

$D_1=D \quad D_2=\cdots=D_n=0$

于是解为 $x_1=1, x_2=\cdots=x_n=0$.

16. $\lambda=\frac{1}{4}$.

17. 系数行列式

$$D=\begin{vmatrix} k-1 & k \\ -2 & k-1 \end{vmatrix}=k^2+1\neq 0.$$

故方程组仅有零解.

18. 用数学归纳法.

19. $D_n=(a+b)D_{n-1}-abD_{n-2}$

$D_n-aD_{n-1}=b(D_{n-1}-aD_{n-2})=b^{n-2}(D_2-aD_1)=b^n$

$D_n-bD_{n-1}=a^n$.

所以消去 D_{n-1} 并注意 $a\neq b$ 故得

$$D_n=\frac{a^{n+1}-b^{n+1}}{a-b}.$$

习题二

1. (1) $\begin{pmatrix} -5 & 0 & -1 & 4 \\ 10 & 1 & 10 & 1 \\ 3 & 8 & 9 & 14 \end{pmatrix}$;(2) $\begin{pmatrix} 14 & 13 & 8 & 7 \\ -2 & 5 & -2 & 5 \\ 2 & 1 & 6 & 5 \end{pmatrix}$

(3) $\boldsymbol{X}=\frac{1}{2}(\boldsymbol{B}-\boldsymbol{A})=\begin{pmatrix} \frac{3}{2} & \frac{1}{2} & \frac{1}{2} & -\frac{1}{2} \\ -2 & 0 & -2 & 0 \\ -\frac{1}{2} & -\frac{3}{2} & -\frac{3}{2} & -\frac{5}{2} \end{pmatrix}$;

(4) $\boldsymbol{Y}=\frac{2}{3}(\boldsymbol{A}+\boldsymbol{B})=\begin{pmatrix} \frac{10}{3} & \frac{10}{3} & 2 & 2 \\ 0 & \frac{4}{3} & 0 & \frac{4}{3} \\ \frac{2}{3} & \frac{2}{3} & 2 & 2 \end{pmatrix}$.

2. $x=-5, y=-6, u=4, v=-2$.

3. (1) $\boldsymbol{AB}=\begin{pmatrix} 1 & -2 & 1 \\ 2 & -4 & 2 \\ 3 & -6 & 3 \end{pmatrix}$, $\boldsymbol{BA}=1-4+3=0$;

(2) $\begin{pmatrix} 5 & 2 \\ 7 & 0 \end{pmatrix}$;$\begin{pmatrix} 29 & -22 \\ 31 & -24 \end{pmatrix}$;

(3) $\begin{pmatrix} 4 & 6 \\ 7 & -1 \end{pmatrix}$, $\begin{pmatrix} 2 & -3 & 9 \\ -2 & 0 & 6 \\ 8 & -5 & 1 \end{pmatrix}$;

(4) 15,(5) $\begin{pmatrix} 3 & -5 & 4 \\ 1 & 4 & -6 \\ 6 & 2 & -1 \end{pmatrix}$.

4. (1) $\begin{pmatrix} a_{31} & a_{32} & a_{33} & a_{34} \\ a_{21} & a_{22} & a_{23} & a_{24} \\ a_{11} & a_{12} & a_{13} & a_{14} \end{pmatrix}$;

(2) $\begin{pmatrix} a_{11} & 2a_{12} & a_{13} & a_{14} \\ a_{21} & 2a_{22} & a_{23} & a_{24} \\ a_{31} & 2a_{32} & a_{33} & a_{34} \end{pmatrix}$;

(3) $\begin{pmatrix} a_{11} & a_{12} & a_{13} & a_{14} \\ a_{21}-ka_{11} & a_{22}-ka_{12} & a_{23}-ka_{13} & a_{24}-ka_{14} \\ a_{31} & a_{32} & a_{33} & a_{34} \end{pmatrix}$;

(4) $\begin{pmatrix} a_{11} & a_{12} & a_{13} & a_{14} \\ a_{31} & a_{32} & a_{33} & a_{34} \\ a_{21} & a_{22} & a_{23} & a_{24} \end{pmatrix}$.

5. $\boldsymbol{A}=\begin{pmatrix} 500 & 300 & 250 & 100 & 50 \\ 300 & 600 & 250 & 200 & 100 \\ 500 & 600 & 0 & 250 & 50 \end{pmatrix}$,

$\boldsymbol{B}=\begin{pmatrix} 0.95 \\ 1.2 \\ 2.35 \\ 3 \\ 5.2 \end{pmatrix}$, $\boldsymbol{AB}=\begin{pmatrix} 1982.5 \\ 2712.5 \\ 2205 \end{pmatrix}$.

故各季度的总产值分别为 1982.5 万元，2712.5 万元和 2205 万元.

6. (1) $\boldsymbol{A}+\boldsymbol{B}$ 对称，因为 $(\boldsymbol{A}+\boldsymbol{B})^{\mathrm{T}}=\boldsymbol{A}^{\mathrm{T}}+\boldsymbol{B}^{\mathrm{T}}=\boldsymbol{A}+\boldsymbol{B}$;

(2) $k\boldsymbol{A}$ 对称，因 $(k\boldsymbol{A})^{\mathrm{T}}=k\boldsymbol{A}^{\mathrm{T}}=k\boldsymbol{A}$;

(3) 不正确，因 $(\boldsymbol{AB})^{\mathrm{T}}=\boldsymbol{B}^{\mathrm{T}}\boldsymbol{A}^{\mathrm{T}}=\boldsymbol{BA}$，一般 $\boldsymbol{AB}\neq\boldsymbol{BA}$，故不正确. 如

$\boldsymbol{A}=\begin{pmatrix} 1 & 2 \\ 2 & 4 \end{pmatrix}$ $\boldsymbol{B}=\begin{pmatrix} 3 & -5 \\ -5 & 4 \end{pmatrix}$ 均对称，但 $\boldsymbol{AB}=\begin{pmatrix} -7 & 3 \\ -14 & 6 \end{pmatrix}$ 不对称.

7. (1) $\begin{pmatrix} -35 & -30 \\ 45 & 10 \end{pmatrix}$;　(2) $\begin{pmatrix} -14632 & -3725 \\ 3725 & -18357 \end{pmatrix}$;

(3) $\begin{pmatrix} 1 & 3 & 6 \\ 0 & 1 & 3 \\ 0 & 0 & 1 \end{pmatrix}$;　(4) $\begin{pmatrix} 1 & n \\ 0 & 1 \end{pmatrix}$;

(5) $\begin{pmatrix} a^n & 0 & 0 \\ 0 & b^n & 0 \\ 0 & 0 & c^n \end{pmatrix}$;　(6) $\begin{pmatrix} 0 & 0 & 0 \\ 0 & 0 & 0 \\ 0 & 0 & 0 \end{pmatrix}$;

(7) $\begin{pmatrix} -4 & 0 \\ 0 & -4 \end{pmatrix}$;　(8) $\begin{pmatrix} 0 & 0 & 0 & 0 \\ 0 & 0 & 0 & 0 \\ 0 & 0 & 0 & 0 \\ 0 & 0 & 0 & 0 \end{pmatrix}$.

8. (1) $\begin{pmatrix} -9 & 0 & 6 \\ -6 & 0 & 0 \\ -6 & 0 & 9 \end{pmatrix}$；　(2) $\begin{pmatrix} 0 & 0 & 6 \\ -3 & 0 & 0 \\ -6 & 0 & 0 \end{pmatrix}$.

$A^2-B^2\neq(A-B)(A+B)$.

这表明矩阵乘法中不能利用数的平方差公式因式分解.

9. (1)由 $\begin{vmatrix} 2 & 5 \\ 1 & 3 \end{vmatrix}=1\neq 0$　所以 $\begin{pmatrix} 2 & 5 \\ 1 & 3 \end{pmatrix}$ 可逆,

$$X=\begin{pmatrix} 2 & 5 \\ 1 & 3 \end{pmatrix}^{-1}\begin{pmatrix} 4 & -6 \\ 2 & 1 \end{pmatrix}=\begin{pmatrix} 3 & -5 \\ -1 & 2 \end{pmatrix}\begin{pmatrix} 4 & -6 \\ 2 & 1 \end{pmatrix}=\begin{pmatrix} 2 & -23 \\ 0 & 8 \end{pmatrix};$$

(2)同(1)知

$$X=\begin{pmatrix} 1 & 1 & 3 \\ 4 & 3 & 2 \\ 1 & 2 & 5 \end{pmatrix}\begin{pmatrix} 1 & 1 & -1 \\ 2 & 1 & 0 \\ 1 & -1 & 0 \end{pmatrix}^{-1}=\begin{pmatrix} -5 & 4 & -2 \\ -4 & 5 & -2 \\ -9 & 7 & -4 \end{pmatrix}.$$

10. 设 $B=\begin{pmatrix} a & b \\ c & d \end{pmatrix}$ 与 $A=E_2+\begin{pmatrix} 0 & 1 \\ 0 & 0 \end{pmatrix}$ 可换当且仅当 B 与 $\begin{pmatrix} 0 & 1 \\ 0 & 0 \end{pmatrix}$ 可换,

$\begin{pmatrix} a & b \\ c & d \end{pmatrix}\begin{pmatrix} 0 & 1 \\ 0 & 0 \end{pmatrix}=\begin{pmatrix} 0 & 1 \\ 0 & 0 \end{pmatrix}\begin{pmatrix} a & b \\ c & d \end{pmatrix}$,解得 $c=0,a=d$

故 $B=\begin{pmatrix} a & b \\ 0 & a \end{pmatrix}$（$a,b$ 为任意常数）是与 A 可换的所有矩阵.

11. $\sum\limits_{j=1}^{n}a_{kj}a_{jl}$；　$\sum\limits_{j=1}^{n}a_{kj}a_{lj}$；　$\sum\limits_{j=1}^{n}a_{jk}a_{jk}$

12. $A(B+C)=AB+AC=BA+CA=(B+C)A$.

13. 若 $A^2=A$,则 $\frac{1}{4}(B^2+2B+E)=\frac{1}{2}(B+E)$,于是 $B^2+2B+E=2B+2E$,即 $B^2=E$.

反之,由 $B^2=E$,所以 $A^2=\frac{1}{4}(B^2+2B+E)=\frac{1}{4}(E+2B+E)=\frac{2}{4}(B+E)$

$=\frac{1}{2}(B+E)=A$.

14. (1) $\mathrm{tr}(A+B)=\sum\limits_{i=1}^{n}(a_{ii}+b_{ii})=\sum\limits_{i=1}^{n}a_{ii}+\sum\limits_{i=1}^{n}b_{ii}=\mathrm{tr}A+\mathrm{tr}B$；

(2) $\mathrm{tr}(kA)=\sum\limits_{i=1}^{n}ka_{ii}=k\sum\limits_{i=1}^{n}a_{ii}=k\,\mathrm{tr}A$；

(3)由于 A 与 A^{T} 主对角元完全相同,故 $\mathrm{tr}A=\mathrm{tr}A^{\mathrm{T}}$；

(4)由计算知 AB 与 BA 的主对角元之和均为 $\sum\limits_{i=1}^{n}\sum\limits_{j=1}^{n}a_{ij}b_{ji}$　所以 $\mathrm{tr}AB=\mathrm{tr}BA$

15. $AB=\begin{pmatrix} 1 & 1 \\ 0 & 3 \end{pmatrix}\begin{pmatrix} 1 & 0 \\ 2 & 1 \end{pmatrix}=\begin{pmatrix} 3 & 1 \\ 6 & 3 \end{pmatrix}$,所以 $(AB)^{\mathrm{T}}=\begin{pmatrix} 3 & 6 \\ 1 & 3 \end{pmatrix}$

$B^{\mathrm{T}}A^{\mathrm{T}}=\begin{pmatrix} 1 & 2 \\ 0 & 1 \end{pmatrix}\begin{pmatrix} 1 & 0 \\ 1 & 3 \end{pmatrix}=\begin{pmatrix} 3 & 6 \\ 1 & 3 \end{pmatrix}$

所以 $(AB)^{\mathrm{T}}=B^{\mathrm{T}}A^{\mathrm{T}}$

16. (1)$\begin{pmatrix} 9 & 2 & 4 \\ 11 & 0 & 3 \\ -1 & 1 & -2 \end{pmatrix}$； (2)$\begin{pmatrix} 0 & 0 \\ 0 & 0 \end{pmatrix}$

17. $(\boldsymbol{A}\boldsymbol{A}^{\mathrm{T}})^{\mathrm{T}}=(\boldsymbol{A}^{\mathrm{T}})^{\mathrm{T}}\boldsymbol{A}^{\mathrm{T}}=\boldsymbol{A}\boldsymbol{A}^{\mathrm{T}}$，$(\boldsymbol{A}^{\mathrm{T}}\boldsymbol{A})^{\mathrm{T}}=\boldsymbol{A}^{\mathrm{T}}(\boldsymbol{A}^{\mathrm{T}})^{\mathrm{T}}=\boldsymbol{A}^{\mathrm{T}}\boldsymbol{A}$.

故 $\boldsymbol{A}\boldsymbol{A}^{\mathrm{T}}$ 与 $\boldsymbol{A}^{\mathrm{T}}\boldsymbol{A}$ 都对称.

18. (1)$|\boldsymbol{A}_1,2\boldsymbol{A}_3,\boldsymbol{A}_2|=-2|\boldsymbol{A}_1,\boldsymbol{A}_2,\boldsymbol{A}_3|=4$；

(2)$|\boldsymbol{A}_3-2\boldsymbol{A}_1,3\boldsymbol{A}_2,\boldsymbol{A}_1|=3|\boldsymbol{A}_3,\boldsymbol{A}_2,\boldsymbol{A}_1|=-3|\boldsymbol{A}_1,\boldsymbol{A}_2,\boldsymbol{A}_3|=-3\times(-2)=6$

19. (1)$\boldsymbol{A}^{-1}=\begin{pmatrix} -1 & 2 \\ \frac{3}{2} & -\frac{5}{2} \end{pmatrix}$； (2)$\begin{pmatrix} 1 & 0 & 0 \\ -\frac{1}{2} & \frac{1}{2} & 0 \\ 0 & -\frac{1}{3} & \frac{1}{3} \end{pmatrix}$.

20. (1)$\begin{pmatrix} 1 & 0 & 0 \\ -\frac{1}{2} & \frac{1}{2} & 0 \\ 0 & -\frac{1}{3} & \frac{1}{3} \end{pmatrix}$； (2)$\begin{pmatrix} 0 & 0 & -1 & 1 \\ 0 & -1 & 1 & 0 \\ -1 & 1 & 0 & 0 \\ 1 & 0 & 0 & 0 \end{pmatrix}$；

(3)$\begin{pmatrix} \frac{2}{3} & \frac{2}{9} & -\frac{1}{9} \\ -\frac{1}{3} & -\frac{1}{6} & \frac{1}{6} \\ -\frac{1}{3} & \frac{1}{9} & \frac{1}{9} \end{pmatrix}$； (4)$\begin{pmatrix} 0 & 0 & 0 & \cdots & 0 & \frac{1}{a_n} \\ \frac{1}{a_1} & 0 & 0 & \cdots & 0 & 0 \\ 0 & \frac{1}{a_2} & 0 & \cdots & 0 & 0 \\ \cdots & \cdots & \cdots & \cdots & \cdots & \cdots \\ 0 & 0 & 0 & \cdots & \frac{1}{a_{n-1}} & 0 \end{pmatrix}$.

21. $\boldsymbol{A}(\boldsymbol{A}-3\boldsymbol{E})=2\boldsymbol{E}$，所以 $\boldsymbol{A}(\frac{\boldsymbol{A}}{2}-\frac{3}{2}\boldsymbol{E})=\boldsymbol{E}$，从而 $\boldsymbol{A}$ 可逆，且 $\boldsymbol{A}^{-1}=\frac{1}{2}\boldsymbol{A}-\frac{3}{2}\boldsymbol{E}$.

22. $(\boldsymbol{A}^*)^{-1}=\frac{1}{|\boldsymbol{A}|}\boldsymbol{A}=\frac{1}{10}\boldsymbol{A}=\begin{pmatrix} \frac{1}{10} & 0 & 0 \\ \frac{1}{5} & \frac{1}{5} & 0 \\ \frac{3}{10} & \frac{2}{5} & \frac{1}{2} \end{pmatrix}$

23. 由 $\boldsymbol{AX}+\boldsymbol{E}=\boldsymbol{A}^2+\boldsymbol{X}$ 得 $(\boldsymbol{E}-\boldsymbol{A})\boldsymbol{X}=\boldsymbol{E}-\boldsymbol{A}^2=(\boldsymbol{E}-\boldsymbol{A})(\boldsymbol{E}+\boldsymbol{A})$，

由 $\boldsymbol{E}-\boldsymbol{A}=\begin{pmatrix} 0 & 0 & -1 \\ 0 & -1 & 0 \\ -1 & 0 & 0 \end{pmatrix}$ 可逆，故 $\boldsymbol{X}=(\boldsymbol{E}-\boldsymbol{A})^{-1}(\boldsymbol{E}-\boldsymbol{A})(\boldsymbol{E}+\boldsymbol{A})=\boldsymbol{E}+\boldsymbol{A}$

所以 $\boldsymbol{X}=\begin{pmatrix} 2 & 0 & 1 \\ 0 & 3 & 0 \\ 1 & 0 & 2 \end{pmatrix}$.

24. 由 $\boldsymbol{A}^{-1}=\frac{1}{|\boldsymbol{A}|}\boldsymbol{A}^*$，$(2\boldsymbol{A})^{-1}=\frac{1}{2}\boldsymbol{A}^{-1}$

所以 $|(2\boldsymbol{A})^{-1}-2\boldsymbol{A}^*|=|\frac{1}{2}\boldsymbol{A}^{-1}-2\boldsymbol{A}^*|=|\frac{1}{2}\boldsymbol{A}^{-1}-2\times|\boldsymbol{A}|\boldsymbol{A}^{-1}|$

$=|(\frac{1}{2}+4)\boldsymbol{A}^{-1}|=(\frac{9}{2})^3|\boldsymbol{A}^{-1}|=(\frac{9}{2})^3\times(-\frac{1}{2})=-\frac{729}{16}$

25. 因为 $\boldsymbol{A}$ 对称，故 $(\boldsymbol{A})^{\mathrm{T}}=\boldsymbol{A}\Rightarrow(\boldsymbol{A}^{-1})^{\mathrm{T}}=(\boldsymbol{A}^{\mathrm{T}})^{-1}=\boldsymbol{A}^{-1}$，

所以 $\boldsymbol{A}^{-1}$ 也对称.

26. 设 $\boldsymbol{X}=\begin{pmatrix}\boldsymbol{X}_1 & \boldsymbol{X}_2\\ \boldsymbol{X}_3 & \boldsymbol{X}_4\end{pmatrix}$

$\boldsymbol{MX}=\boldsymbol{E}\quad\begin{pmatrix}\boldsymbol{0} & \boldsymbol{B}\\ \boldsymbol{C} & \boldsymbol{0}\end{pmatrix}\begin{pmatrix}\boldsymbol{X}_1 & \boldsymbol{X}_2\\ \boldsymbol{X}_3 & \boldsymbol{X}_4\end{pmatrix}=\begin{bmatrix}\boldsymbol{E}_{r_1} & \boldsymbol{0}\\ \boldsymbol{0} & \boldsymbol{E}_{r_2}\end{bmatrix}$，

$\begin{cases}\boldsymbol{BX}_3=\boldsymbol{E}r_1\\ \boldsymbol{BX}_4=\boldsymbol{0}\\ \boldsymbol{CX}_1=\boldsymbol{0}\\ \boldsymbol{CX}_2=\boldsymbol{E}r_2\end{cases}$ 解得 $\begin{matrix}\boldsymbol{X}_1=\boldsymbol{X}_4=\boldsymbol{0}\\ \boldsymbol{X}_2=\boldsymbol{C}^{-1}\\ \boldsymbol{X}_3=\boldsymbol{B}^{-1}\end{matrix}$

所以 $\boldsymbol{M}$ 可逆且 $\boldsymbol{M}^{-1}=\begin{pmatrix}\boldsymbol{0} & \boldsymbol{C}^{-1}\\ \boldsymbol{B}^{-1} & \boldsymbol{0}\end{pmatrix}$.

27. $\boldsymbol{B}=6(\boldsymbol{A}^{-1}-\boldsymbol{E})^{-1}=6\begin{bmatrix}2 & 0 & 0\\ 0 & 3 & 0\\ 0 & 0 & 6\end{bmatrix}^{-1}=\begin{bmatrix}3 & 0 & 0\\ 0 & 2 & 0\\ 0 & 0 & 1\end{bmatrix}$

28. $\boldsymbol{E}-\boldsymbol{A}^k=(\boldsymbol{E}-\boldsymbol{A})(\boldsymbol{E}+\boldsymbol{A}+\cdots+\boldsymbol{A}^{k-1})=\boldsymbol{E}$

所以 $\boldsymbol{E}-\boldsymbol{A}$ 可逆，且 $(\boldsymbol{E}-\boldsymbol{A})^{-1}=\boldsymbol{E}+\boldsymbol{A}+\cdots+\boldsymbol{A}^{k-1}$.

习题三

1. (1) $\begin{cases}x_1=\frac{10}{7}\\ x_2=-\frac{1}{7}\\ x_3=-\frac{2}{7}\end{cases}$ (2)无解

(3) $\begin{cases}x_1=-2+c\\ x_2=3-2c\\ x_3=c\end{cases}$ (c 为任意常数)

2. (1) $a=5$ 时，有无穷多解：

$\begin{cases}x_1=\frac{4}{5}-\frac{1}{5}c_1-\frac{6}{5}c_2\\ x_2=\frac{3}{5}+\frac{3}{5}c_1-\frac{7}{5}c_2\\ x_3=c_1\\ x_4=c_2\end{cases}$ (c_1,c_2 为任意常数)

(2)$a=1$ 有无穷多解

$$\begin{cases}x_1=1-c_1-c_2\\x_2=c_1\\x_3=c_2\end{cases}\quad (c_1,c_2\text{ 为任意常数})$$

$a\neq1$ 且 $a\neq-2$ 时有唯一解

$$\begin{cases}x_1=\dfrac{-a-1}{2+a}\\x_2=\dfrac{1}{2+a}\\x_3=\dfrac{(a+1)^2}{2+a}\end{cases}$$

(3)当 $a=0$ 且 $b=-2$ 时有无穷解

$$\begin{cases}x_1=-1-4c_2\\x_2=1+c_1+c_2\\x_3=c_1\\x_4=c_2\end{cases}\quad (c_1,c_2\text{ 为任意常数})$$

(4)①当 $a\neq0$ 且 $b\neq\pm1$ 时有唯一解

$$\begin{cases}x_1=\dfrac{5-b}{a(b+1)}\\x_2=-\dfrac{2}{b+1}\\x_3=\dfrac{2(b-1)}{b+1}\end{cases}$$

②当 $a\neq0$ 且 $b=1$ 时有无穷多解

$$\begin{cases}x_1=\dfrac{1-c}{a}\\x_2=c\\x_3=0\end{cases}\quad (c\text{ 为任意常数})$$

③当 $a=0$ 且 $b=1$ 时有无穷多解

$$\begin{cases}x_1=c\\x_2=1\\x_3=0\end{cases}\quad (c\text{ 为任意常数})$$

④当 $a=0$ 且 $b=5$ 时有无穷多解

$$\begin{cases}x_1=c\\x_2=-\dfrac{1}{3}\\x_3=\dfrac{4}{3}\end{cases}\quad (c\text{ 为任意常数})$$

3. $\lambda=-1$ 时有非零解 $\begin{cases}x_1=-c\\x_2=c\\x_3=c\end{cases}$ (c 为非零常数)

4. (1)(23,18,17)；　(2)(12,12,11)

5. (1)(−4,0,−5,−9)；　(2)$(7,-5,\frac{11}{2},\frac{27}{2})$

6. (1)$\boldsymbol{\beta}=-11\boldsymbol{\alpha}_1+14\boldsymbol{\alpha}_2+9\boldsymbol{\alpha}_3$；　(2)$\boldsymbol{\beta}$不能被表示；

(3)$\boldsymbol{\beta}=2\boldsymbol{\alpha}_1+3\boldsymbol{\alpha}_2+4\boldsymbol{\alpha}_3$；　(4)$\boldsymbol{\beta}=-3\boldsymbol{\alpha}_1+2\boldsymbol{\alpha}_2-5\boldsymbol{\alpha}_3+\boldsymbol{\alpha}_4$.

7. (1)$\lambda=-3$；　(2)$\lambda\neq0$ 且 $\lambda\neq-3$；　(3)$\lambda=0$

8. $x=5$

9. (1)线性无关；　(2)线性相关；　(3)线性相关.

10. 线性相关

11. $a=15$

12. $\boldsymbol{\alpha}_1=\frac{1}{2}(\boldsymbol{\beta}_1+\boldsymbol{\beta}_2),\boldsymbol{\alpha}_2=\frac{1}{2}(\boldsymbol{\beta}_2+\boldsymbol{\beta}_3),\boldsymbol{\alpha}_3=\frac{1}{2}(\boldsymbol{\beta}_3+\boldsymbol{\beta}_1)$，

故$\{\boldsymbol{\alpha}_1,\boldsymbol{\alpha}_2,\boldsymbol{\alpha}_3\}\cong\{\boldsymbol{\beta}_1,\boldsymbol{\beta}_2,\boldsymbol{\beta}_3\}$

13. 设 $a_1\boldsymbol{\beta}_1+a_2\boldsymbol{\beta}_2+\cdots+a_{r-1}\boldsymbol{\beta}_{r-1}=\boldsymbol{0}$ 即

$a_1\boldsymbol{\alpha}_1+a_2\boldsymbol{\alpha}_2+\cdots+a_{r-1}\boldsymbol{\alpha}_{r-1}+(k_1a_1+k_2a_2+\cdots+k_{r-1}a_{r-1})\boldsymbol{\alpha}_r=\boldsymbol{0}$

由 $\boldsymbol{\alpha}_1,\boldsymbol{\alpha}_2,\cdots,\boldsymbol{\alpha}_r$ 线性无关得：

$a_1=a_2=\cdots=a_{r-1}=0$，从而 $\boldsymbol{\beta}_1,\boldsymbol{\beta}_2,\cdots,\boldsymbol{\beta}_{r-1}$ 线性无关.

14. 设 $\boldsymbol{\alpha}_{i1},\boldsymbol{\alpha}_{i2},\cdots,\boldsymbol{\alpha}_{ir}$ 是任意 r 个线性无关的部分组，$\forall\boldsymbol{\alpha}_j(1\leqslant j\leqslant s)$，由 $\mathrm{r}\{\boldsymbol{\alpha}_1,\cdots,\boldsymbol{\alpha}_s\}=r$ 知 $\boldsymbol{\alpha}_j,\boldsymbol{\alpha}_{i1},\cdots,\boldsymbol{\alpha}_{ir}$ 必线性相关. 从而 $\boldsymbol{\alpha}_j$ 可以由 $\boldsymbol{\alpha}_{i1},\boldsymbol{\alpha}_{i2},\cdots,\boldsymbol{\alpha}_{ir}$ 线性表示，由极大无关组定义知 $\boldsymbol{\alpha}_{i1},\cdots,\boldsymbol{\alpha}_{ir}$ 为某一个极大无关组.

15. $\boldsymbol{\alpha}_1,\boldsymbol{\alpha}_2$ 线性无关，$\boldsymbol{\alpha}_3=3\boldsymbol{\alpha}_1+2\boldsymbol{\alpha}_2$，所以 $\boldsymbol{\alpha}_1,\boldsymbol{\alpha}_2,\boldsymbol{\alpha}_3$ 线性相关，秩为 2，$\boldsymbol{\alpha}_1,\boldsymbol{\alpha}_2$ 为极大无关组. 由于 $\boldsymbol{\beta}_1,\boldsymbol{\beta}_2,\boldsymbol{\beta}_3$ 与 $\boldsymbol{\alpha}_1,\boldsymbol{\alpha}_2,\boldsymbol{\alpha}_3$ 有相同的秩，故 $\boldsymbol{\beta}_1,\boldsymbol{\beta}_2,\boldsymbol{\beta}_3$ 线性相关. 从而

$$\begin{vmatrix}0&a&b\\1&2&1\\-1&1&0\end{vmatrix}=0\quad 解得\ a=3b.$$

又 $\boldsymbol{\beta}_3$ 可由 $\boldsymbol{\alpha}_1,\boldsymbol{\alpha}_2,\boldsymbol{\alpha}_3$ 线性表示可知，可由 $\boldsymbol{\alpha}_1,\boldsymbol{\alpha}_2$ 线性表示，因而 $\boldsymbol{\alpha}_1,\boldsymbol{\alpha}_2,\boldsymbol{\beta}_3$ 线性相关，于是

$$\begin{vmatrix}1&3&b\\2&0&1\\-3&1&0\end{vmatrix}=0，解得\ b=5，故\ a=15$$

16. (1)$\boldsymbol{\alpha}_1,\boldsymbol{\alpha}_2,\boldsymbol{\alpha}_3,\boldsymbol{\alpha}_4$线性相关，$\mathrm{r}\{\boldsymbol{\alpha}_1,\boldsymbol{\alpha}_2,\boldsymbol{\alpha}_3,\boldsymbol{\alpha}_4\}=3$；

(2)令 $\boldsymbol{A}=(\boldsymbol{\alpha}_1^{\mathrm{T}}\quad\boldsymbol{\alpha}_2^{\mathrm{T}}\quad\boldsymbol{\alpha}_3^{\mathrm{T}})$

$$=\begin{pmatrix}6&1&1&7\\4&0&4&1\\1&2&-9&0\\-1&3&-16&-1\\2&-4&22&3\end{pmatrix}\xrightarrow{行变换}\begin{pmatrix}1&0&1&0\\0&1&-5&0\\0&0&0&1\\0&0&0&0\\0&0&0&0\end{pmatrix},$$

$$\qquad\qquad\qquad\qquad\qquad\qquad\qquad\boldsymbol{\beta}_1\quad\boldsymbol{\beta}_2\quad\boldsymbol{\beta}_3\quad\boldsymbol{\beta}_4$$

故 $\boldsymbol{\beta}_1,\boldsymbol{\beta}_2,\boldsymbol{\beta}_3,\boldsymbol{\beta}_4$ 中 $\boldsymbol{\beta}_1,\boldsymbol{\beta}_2,\boldsymbol{\beta}_4$ 为一极大无关组.

且 $\boldsymbol{\beta}_3=\boldsymbol{\beta}_1-5\boldsymbol{\beta}_2+0\cdot\boldsymbol{\beta}_4$. 于是 $\boldsymbol{\alpha}_1,\boldsymbol{\alpha}_2,\boldsymbol{\alpha}_4$ 为一极大无关组,且

$\boldsymbol{\alpha}_3=\boldsymbol{\alpha}_1-5\boldsymbol{\alpha}_2$(注:极大无关组不唯一,如 $\boldsymbol{\alpha}_1,\boldsymbol{\alpha}_3,\boldsymbol{\alpha}_4$;$\boldsymbol{\alpha}_2,\boldsymbol{\alpha}_3,\boldsymbol{\alpha}_4$ 均为极大无关组).

17. (1)2;(2)4;(3)3;(4)3.

18. 对 $\boldsymbol{B}$ 按列分块得 $\boldsymbol{B}=(\boldsymbol{\alpha}_1,\boldsymbol{\alpha}_2,\cdots\boldsymbol{\alpha}_s)$,由 $\boldsymbol{AB}=\boldsymbol{0}$ 即 $\boldsymbol{A}\boldsymbol{\alpha}_j=\boldsymbol{0}\quad(j=1,2,\cdots,s)$.

19. 必要性:由 $\boldsymbol{AB}=\boldsymbol{0}$ 知 $\boldsymbol{B}$ 的每个列向量均为齐次线性方程组 $\boldsymbol{AX}=\boldsymbol{0}$ 的解,从而 $\boldsymbol{AX}=\boldsymbol{0}$ 有非零解,故系数行列式 $|\boldsymbol{A}|=0$.

充分性:若 $|\boldsymbol{A}|=0$,则 $r(\boldsymbol{A})<n$,故齐次线性方程组 $\boldsymbol{AX}=\boldsymbol{0}$ 有非零解,设 $\boldsymbol{X}_0$ 为任一非零解. 令 $\boldsymbol{B}=(\boldsymbol{X}_0,\underbrace{0,\cdots,0}_{n-1\text{列}})$,则 $\boldsymbol{B}\neq\boldsymbol{0}$,使 $\boldsymbol{AB}=\boldsymbol{0}$.

20. 由 $r(\boldsymbol{A})=r$. 故有可逆阵 $\boldsymbol{P}(m$ 阶$)$及 $\boldsymbol{Q}(n$ 阶$)$

使 $\boldsymbol{PAQ}=\begin{pmatrix}\boldsymbol{E}_r & \boldsymbol{0}\\ \boldsymbol{0} & \boldsymbol{0}\end{pmatrix}$,于是 $\boldsymbol{A}=\boldsymbol{P}^{-1}\begin{pmatrix}\boldsymbol{E}_r & \boldsymbol{0}\\ \boldsymbol{0} & \boldsymbol{0}\end{pmatrix}\boldsymbol{Q}^{-1}$. 取 $\boldsymbol{B}=\boldsymbol{Q}\begin{pmatrix}\boldsymbol{0}\\ \boldsymbol{E}_{n-r}\end{pmatrix}$,则

$r(\boldsymbol{B})=r\begin{pmatrix}\boldsymbol{0}\\ \boldsymbol{E}_{n-r}\end{pmatrix}=n-r$,且 $\boldsymbol{B}$ 为 $n\times(n-r)$ 矩阵使 $\boldsymbol{AB}=\boldsymbol{0}$.

方法二:由 $r(\boldsymbol{A})=r$,故齐次线性方程组 $\boldsymbol{AX}=\boldsymbol{0}$ 基础解系含 $n-r$ 个解,设为 $\boldsymbol{\eta}_1,\boldsymbol{\eta}_2,\cdots,\boldsymbol{\eta}_{n-r}$,令 $\boldsymbol{B}=(\boldsymbol{\eta}_1,\boldsymbol{\eta}_2,\cdots,\boldsymbol{\eta}_{n-r})$,则 $\boldsymbol{B}$ 为 $n\times(n-r)$ 矩阵且 $r(\boldsymbol{B})=n-r$ 使 $\boldsymbol{AB}=\boldsymbol{0}$.

21. 设 $k_1\boldsymbol{\alpha}_1+k_2\boldsymbol{\alpha}_2+k_3\boldsymbol{\alpha}_3=\boldsymbol{0}$ 得

$$\begin{cases}ak_1+bk_2=0\\ ck_2+ak_3=0\\ ck_1+bk_3=0\end{cases}$$

仅有零解,故系数行列式

$$D=\begin{vmatrix}a & b & 0\\ 0 & c & a\\ c & 0 & b\end{vmatrix}=2abc\neq0.$$

故 $abc\neq0$.

22. 由条件 $|\boldsymbol{A}|=0$ 而 $|\boldsymbol{A}|=(k+3)(k-1)^3$

故 $k=-3$ 或 $k=1$,当 $k=1$ 时 $r(\boldsymbol{A})=1$ 所以 $k=-3$.

23. 2

24. $t=3$,由于 $r\{\boldsymbol{\alpha}_1,\boldsymbol{\alpha}_2,\boldsymbol{\alpha}_3\}=2$,则

矩阵 $\begin{pmatrix}1 & 2 & -1 & 1\\ 2 & 0 & t & 0\\ 0 & -4 & 5 & -2\end{pmatrix}$ 的任一三阶子式为零,即有 $\begin{vmatrix}1 & 2 & -1\\ 2 & 0 & t\\ 0 & -4 & 5\end{vmatrix}=0$,

解得 $t=3$

25. 2,因为 $|\boldsymbol{B}|=2\begin{vmatrix}1 & 2\\ -1 & 3\end{vmatrix}=10\neq0$,所以 $\boldsymbol{B}$ 可逆,从而 $r(\boldsymbol{AB})=r(\boldsymbol{A})=2$

26. (1) $\boldsymbol{\eta}_1=\begin{pmatrix}-\frac{1}{2}\\ \frac{3}{2}\\ 1\\ 0\end{pmatrix}$, $\boldsymbol{\eta}_2=\begin{pmatrix}0\\ -1\\ 0\\ 1\end{pmatrix}$为一基础解系，

全部解为 $\boldsymbol{\eta}=c_1\boldsymbol{\eta}_1+c_2\boldsymbol{\eta}_2$（$c_1,c_2$ 为任意常数）；

(2) $\boldsymbol{\eta}_1=\begin{pmatrix}-1\\ 1\\ 1\\ 0\\ 0\end{pmatrix}$, $\boldsymbol{\eta}_2=\begin{pmatrix}6\\ -\frac{5}{2}\\ 0\\ 3\\ 1\end{pmatrix}$为基础解系.

全部解 $\boldsymbol{\eta}=c_1\boldsymbol{\eta}_1+c_2\boldsymbol{\eta}_2$（$c_1,c_2$ 为任意常数）.

27. 增广矩阵

$$\overline{\boldsymbol{A}}=\begin{pmatrix}1 & -1 & 0 & 0 & 0 & a_1\\ 0 & 1 & -1 & 0 & 0 & a_2\\ 0 & 0 & 1 & -1 & 0 & a_3\\ 0 & 0 & 0 & 1 & -1 & a_4\\ -1 & 0 & 0 & 0 & 1 & a_5\end{pmatrix}\rightarrow\begin{pmatrix}1 & -1 & 0 & 0 & 0 & a_1\\ 0 & 1 & -1 & 0 & 0 & a_2\\ 0 & 0 & 1 & -1 & 0 & a_3\\ 0 & 0 & 0 & 1 & -1 & a_4\\ 0 & 0 & 0 & 0 & 0 & \sum\limits_{i=1}^{5}a_i\end{pmatrix}$$

$\mathrm{r}(\boldsymbol{A})=4$. 要使方程组有解，当且仅当 $\mathrm{r}(\overline{\boldsymbol{A}})=\mathrm{r}(\boldsymbol{A})=4$ 当且仅当 $\sum\limits_{i=1}^{5}a_i=0$. 在有解时其解为

$$\begin{cases}x_1=c+a_1+a_2+a_3+a_4\\ x_2=c+a_2+a_3+a_4\\ x_3=c+a_3+a_4\\ x_4=c+a_4\\ x_5=c\end{cases}\qquad (c\text{ 为任意常数})$$

28. 由 $\mathrm{r}(\boldsymbol{AB})<\mathrm{r}(\boldsymbol{A})$, $\mathrm{r}(\boldsymbol{AB})<\mathrm{r}(\boldsymbol{B})$ 知 $\boldsymbol{A},\boldsymbol{B}$ 都不可逆，故 $|\boldsymbol{A}|=0$, $|\boldsymbol{B}|=0$ 得 $a-2b=-3$, $a+b=3$，解得 $a=1$, $b=2$.

此时 $\boldsymbol{AB}=\begin{pmatrix}-1 & -3 & -2\\ 2 & 6 & 4\\ 1 & 3 & 2\end{pmatrix}$，故 $\mathrm{r}(\boldsymbol{AB})=1$.

29. (1) 无解；

(2) 方程有唯一解 $\boldsymbol{\gamma}=\begin{pmatrix}-3\\ 3\\ 5\\ 0\end{pmatrix}$；

(3)$\boldsymbol{\gamma}=\begin{pmatrix}-16\\23\\0\\0\\0\end{pmatrix}+c_1\begin{pmatrix}1\\-2\\0\\1\\0\end{pmatrix}+c_2\begin{pmatrix}5\\-6\\0\\0\\1\end{pmatrix}$.($c_1,c_2$为任意常数)

30. 由 $\boldsymbol{A}\boldsymbol{A}^*=|\boldsymbol{A}|\boldsymbol{E}=\boldsymbol{0}$,知 $\boldsymbol{A}^*$ 的每一列均为 $\boldsymbol{A}\boldsymbol{X}=\boldsymbol{0}$ 的解,又 $\mathrm{r}(\boldsymbol{A})=n-1$ 知 $\mathrm{r}(\boldsymbol{A}^*)=1$.

于是 $\boldsymbol{A}^*$ 中必有一元素 $\boldsymbol{A}_{ij}\neq 0$. 则 $\boldsymbol{\eta}=\begin{pmatrix}\boldsymbol{A}_{i1}\\\boldsymbol{A}_{i2}\\\vdots\\\boldsymbol{A}_{in}\end{pmatrix}$可作为 $\boldsymbol{A}\boldsymbol{X}=\boldsymbol{0}$ 的一个基础解系,从而该方程组的全部解为

$$c\begin{pmatrix}\boldsymbol{A}_{i1}\\\boldsymbol{A}_{i2}\\\vdots\\\boldsymbol{A}_{in}\end{pmatrix}\quad (c\text{ 为任意常数})$$

习题四

1.(1)$\lambda=2$(3 重),$\boldsymbol{\alpha}_1=(-2,1,0)^{\mathrm{T}}$,$\boldsymbol{\alpha}_2=(1,0,1)^{\mathrm{T}}$;

(2)$\lambda_1=1$,$\boldsymbol{\alpha}_1=(-1,0,1)^{\mathrm{T}}$;$\lambda_2=2$(二重),$\boldsymbol{\alpha}_2=(1,0,0)^{\mathrm{T}}$,$\boldsymbol{\alpha}_3=(0,-1,1)^{\mathrm{T}}$;

(3)$\lambda_1=-1$,$\boldsymbol{\alpha}_1=(-1,0,1)^{\mathrm{T}}$;$\lambda_2=1$(二重),$\boldsymbol{\alpha}_2=(0,1,0)^{\mathrm{T}}$,$\boldsymbol{\alpha}_3=(1,0,1)^{\mathrm{T}}$;

(4)$\lambda_1=2$(二重),$\boldsymbol{\alpha}_1=(1,-1,0)^{\mathrm{T}}$,$\boldsymbol{\alpha}_2=(1,0,-1)^{\mathrm{T}}$;$\lambda_2=6$,$\boldsymbol{\alpha}_3=(1,2,1)^{\mathrm{T}}$;

(5)$\lambda_1=1$,$\boldsymbol{\alpha}_1=(1,0,0,0)^{\mathrm{T}}$;$\lambda_2=-1$,$\boldsymbol{\alpha}_2=(-\frac{3}{2},1,0,0)^{\mathrm{T}}$;$\lambda_3=2$(二重),

$\boldsymbol{\alpha}_3=(2,\frac{1}{3},1,0)^{\mathrm{T}}$

2~6.(略)

7.(1)不能对角化;

(2)能对角化,$\boldsymbol{P}=\begin{pmatrix}1&0&1\\1&1&1\\0&1&2\end{pmatrix}$,$\boldsymbol{P}^{-1}\boldsymbol{A}\boldsymbol{P}=\begin{pmatrix}-2&&\\&-2&\\&&4\end{pmatrix}$;

(3)能对角化,$\boldsymbol{P}=\begin{pmatrix}1&1&1\\-1&0&-2\\0&1&3\end{pmatrix}$,$\boldsymbol{P}^{-1}\boldsymbol{A}\boldsymbol{P}=\begin{pmatrix}2&&\\&2&\\&&6\end{pmatrix}$;

(4)不能对角化.

8.(1)不能对角化;

(2)能对角化,$\boldsymbol{P}=\begin{pmatrix}-1&1&0\\0&0&-1\\1&0&1\end{pmatrix}$,$\boldsymbol{P}^{-1}\boldsymbol{A}\boldsymbol{P}=\begin{pmatrix}1&&\\&2&\\&&2\end{pmatrix}$;

(3)能对角化,$\boldsymbol{P}=\begin{pmatrix}-1&0&1\\0&1&0\\1&0&1\end{pmatrix}$,$\boldsymbol{P}^{-1}\boldsymbol{AP}=\begin{pmatrix}-1&&\\&1&\\&&1\end{pmatrix}$;

(4)能对角化,$\boldsymbol{P}=\begin{pmatrix}1&1&1\\-1&0&2\\0&-1&1\end{pmatrix}$,$\boldsymbol{P}^{-1}\boldsymbol{AP}=\begin{pmatrix}2&&\\&2&\\&&6\end{pmatrix}$;

(5)不能对角化.

9. $x+y=0$

10. 提示:利用第 8 题(2)的结果,$\boldsymbol{A}^n=\begin{pmatrix}2^n&2^n-1&2^n-1\\0&2^n&0\\0&1-2^n&1\end{pmatrix}$

11. $(\frac{1}{2},\frac{1}{2},\frac{1}{2},\frac{1}{2})^{\mathrm{T}}$, $(\frac{1}{2},\frac{1}{2},-\frac{1}{2},-\frac{1}{2})^{\mathrm{T}}$, $(\frac{1}{2},-\frac{1}{2},\frac{1}{2},-\frac{1}{2})^{\mathrm{T}}$,

$(\frac{1}{2},-\frac{1}{2},-\frac{1}{2},\frac{1}{2})^{\mathrm{T}}$

12. (1)$\boldsymbol{Q}=\begin{pmatrix}\frac{1}{\sqrt{2}}&\frac{1}{\sqrt{6}}&\frac{1}{\sqrt{3}}\\-\frac{1}{\sqrt{2}}&\frac{1}{\sqrt{6}}&\frac{1}{\sqrt{3}}\\0&-\frac{2}{\sqrt{6}}&\frac{1}{\sqrt{3}}\end{pmatrix}$,$\boldsymbol{Q}^{-1}\boldsymbol{AQ}=\begin{pmatrix}0&&\\&0&\\&&3\end{pmatrix}$;

(2)$\boldsymbol{Q}=\begin{pmatrix}\frac{1}{\sqrt{5}}&\frac{4}{\sqrt{45}}&\frac{2}{3}\\-\frac{2}{\sqrt{5}}&\frac{2}{\sqrt{45}}&\frac{1}{3}\\0&-\frac{5}{\sqrt{45}}&\frac{2}{3}\end{pmatrix}$,$\boldsymbol{Q}^{-1}\boldsymbol{AQ}=\begin{pmatrix}-1&&\\&-1&\\&&8\end{pmatrix}$;

(3)$\boldsymbol{Q}=\begin{pmatrix}\frac{2}{3}&\frac{2}{3}&\frac{1}{3}\\\frac{2}{3}&-\frac{1}{3}&-\frac{2}{3}\\\frac{1}{3}&-\frac{2}{3}&\frac{2}{3}\end{pmatrix}$,$\boldsymbol{Q}^{-1}\boldsymbol{AQ}=\begin{pmatrix}-1&&\\&2&\\&&5\end{pmatrix}$;

(4)$\boldsymbol{Q}=\begin{pmatrix}\frac{\sqrt{2}}{2}&0&0&\frac{\sqrt{2}}{2}\\0&\frac{\sqrt{2}}{2}&\frac{\sqrt{2}}{2}&0\\\frac{1}{2}&\frac{1}{2}&-\frac{1}{2}&-\frac{1}{2}\\-\frac{1}{2}&\frac{1}{2}&\frac{1}{2}&-\frac{1}{2}\end{pmatrix}$,$\boldsymbol{Q}^{-1}\boldsymbol{AQ}=\begin{pmatrix}1&&&\\&1&&\\&&3&\\&&&-1\end{pmatrix}$

13. $\boldsymbol{A}=\begin{pmatrix}1 & 0 & 0\\ 0 & \frac{1}{2} & -\frac{1}{2}\\ 0 & -\frac{1}{2} & \frac{1}{2}\end{pmatrix}$

14. 提示:利用定理 4.4.3.

15. 提示:利用第 4 题和第 14 题.

16. 提示:利用第 14 题.

17. $\lim\limits_{n\to\infty}\boldsymbol{A}^n=\boldsymbol{0}$

习题五

1. (1)秩为 3;(2)秩为 2;(3)秩为 4;(4)秩为 3 (矩阵略)

2. (1) $f(x_1,x_2,x_3)=x_1^2+x_3^2-4x_1x_2+2x_1x_3+2x_2x_3$;

(2) $f(x_1,x_2,x_3,x_4)=x_1^2+\frac{1}{3}x_3^2-2x_1x_2-6x_1x_3+2x_1x_4-4x_2x_3+x_2x_4-3x_3x_4$

3. (1) $y_1^2+y_2^2$;(2) $-y_1^2+y_2^2-17y_3^2$;(3) $2y_1^2-2y_2^2$;(4) $y_1^2-4y_2^2+y_3^2$

4. (1) $\boldsymbol{P}=\begin{pmatrix}\frac{1}{\sqrt{2}} & -\frac{1}{2} & -\frac{1}{2}\\ 0 & -\frac{1}{\sqrt{2}} & \frac{1}{\sqrt{2}}\\ \frac{1}{\sqrt{2}} & \frac{1}{2} & \frac{1}{2}\end{pmatrix}$;线性替换为 $\boldsymbol{X}=\boldsymbol{PY}$;标准形为 $\sqrt{2}y_2^2-\sqrt{2}y_3^2$;

(2) $\boldsymbol{P}=\begin{pmatrix}\frac{2}{3} & \frac{2}{3} & \frac{1}{3}\\ \frac{1}{3} & -\frac{2}{3} & \frac{2}{3}\\ -\frac{2}{3} & \frac{1}{3} & \frac{2}{3}\end{pmatrix}$;线性替换为 $\boldsymbol{X}=\boldsymbol{PY}$;标准形为 $y_1^2+4y_2^2-2y_3^2$

5. (1) $\boldsymbol{C}=\begin{pmatrix}1 & -2 & 0\\ 0 & 1 & 0\\ 0 & -\frac{1}{3} & 1\end{pmatrix}$;(2) $\boldsymbol{C}=\begin{pmatrix}1 & -\frac{1}{2} & 1\\ 1 & \frac{1}{2} & 2\\ 0 & 0 & 1\end{pmatrix}$

6. (略)

7. $y_1^2+y_2^2+\cdots+y_n^2-y_{n+1}^2-\cdots-y_{2n}^2$

8. (1)非正定;(2)正定;(3)非正定;(4)正定.

9. (1) $|t|<\sqrt{2}$;(2) $-\frac{3}{2}<t<\frac{1}{2}$

10～16. (略)

习题六

1. (1)不是;(2)是;(3)不是;(4)是

2.(略)

3.(1)是;(2)不是

4.(1)线性无关;(2)线性相关

5.(1)16 维(基略);(2)3 维,基为 $1,w,w^2$;

(3)第(2)题中的维数分别为$\frac{n}{2}(n+1)$;$\frac{n}{2}(n-1)$;$\frac{n}{2}(n+1)$(基略写);第(4)题中的维数为 1,$\mathbf{R}^+$中的任意一个不等于 1 的数均可作为基;

(4)$n-1$ 维,$\boldsymbol{\varepsilon}_1,\boldsymbol{\varepsilon}_2,\cdots,\boldsymbol{\varepsilon}_{n-1}$为一组基.

6.(1)(1,2,3); (2)(1,1,1)

7.(1)$\frac{1}{4}\begin{pmatrix}0&4&8&3\\6&6&-2&5\\0&0&-4&-3\\-2&-2&2&-1\end{pmatrix}$; (0,2,1,2);

(2)$\begin{pmatrix}-1&-1&0&0\\0&0&-1&-1\\1&-1&0&0\\0&0&1&-1\end{pmatrix}$; (2,1,1,−3);

(3)$\begin{pmatrix}2&0&1&-1\\-3&1&-2&1\\1&-2&2&-1\\1&-1&1&-1\end{pmatrix}$; (1,−1,1,−1)

8.$\begin{pmatrix}1&0&1&1\\1&-1&-1&0\\1&1&0&0\\1&0&0&0\end{pmatrix}$; (−7,11,−21,30)

9.$\boldsymbol{\alpha}=(a,a,a,-a)^{\mathrm{T}},a\neq 0$

10.提示:利用定理 6.2.4.

11.提示:利用定理 6.2.4.

12.(1)二维,$\boldsymbol{\alpha}_1,\boldsymbol{\alpha}_2$ 为一组基;

(2)三维,$\boldsymbol{\alpha}_1,\boldsymbol{\alpha}_2,\boldsymbol{\alpha}_3$ 为一组基.

13.形如$\begin{pmatrix}a&0\\b&a\end{pmatrix}$的矩阵($a,b$为任意实数);二维;$\begin{pmatrix}1&0\\0&1\end{pmatrix}$,$\begin{pmatrix}0&0\\1&0\end{pmatrix}$为一组基.

14.二维;$(-\frac{3}{2},\frac{7}{2},1,0)^{\mathrm{T}}$,$(-1,-2,0,1)^{\mathrm{T}}$为一组基.

15.(1)是;(2)不是;(3)是;(4)不是

16.(略)

17.(1) $\begin{pmatrix} 2 & -1 & 0 \\ 0 & 1 & 1 \\ 1 & 0 & 0 \end{pmatrix}$;(2) $\begin{pmatrix} 2 & 3 & 5 \\ -1 & 0 & -1 \\ -1 & 1 & 0 \end{pmatrix}$;(3) $\begin{pmatrix} -\frac{5}{7} & \frac{20}{7} & -\frac{20}{7} \\ -\frac{4}{7} & -\frac{5}{7} & -\frac{2}{7} \\ \frac{27}{7} & \frac{18}{7} & \frac{24}{7} \end{pmatrix}$;

(4) $\begin{pmatrix} -1 & 1 & -2 \\ 2 & 2 & 0 \\ 3 & 0 & 2 \end{pmatrix}$.

18.(1) $\begin{pmatrix} a_{33} & a_{32} & a_{31} \\ a_{23} & a_{22} & a_{21} \\ a_{13} & a_{12} & a_{11} \end{pmatrix}$;(2) $\begin{pmatrix} a_{11}+a_{12} & a_{12} & a_{13} \\ a_{21}+a_{22}-a_{11}-a_{12} & a_{22}-a_{12} & a_{23}-a_{13} \\ a_{31}+a_{32} & a_{32} & a_{33} \end{pmatrix}$;

(3) $\begin{pmatrix} a_{11} & ka_{12} & a_{13} \\ \frac{1}{k}a_{21} & a_{22} & \frac{1}{k}a_{23} \\ a_{31} & ka_{32} & a_{33} \end{pmatrix}$

(4) $(a_{11}-2a_{12}+2a_{13}, a_{21}-2a_{22}+2a_{23}, a_{31}-2a_{32}+2a_{33})$

19.(略)

20.(1)提示:利用§6.5中的例1;(2)提示:§6.5中的例2.

21.(1) $\frac{\pi}{6}$;(2) $\frac{\pi}{2}$

22.$(\frac{1}{2}, -\frac{1}{2}, -\frac{1}{2}, \frac{1}{2})^{T}$

23.(略)

24.提示:证明过渡矩阵是正交矩阵.

25. $\frac{\sqrt{2}}{2}(\boldsymbol{\varepsilon}_1+\boldsymbol{\varepsilon}_5)$, $\frac{1}{\sqrt{10}}(\boldsymbol{\varepsilon}_1-2\boldsymbol{\varepsilon}_2+2\boldsymbol{\varepsilon}_4-\boldsymbol{\varepsilon}_5)$, $\frac{1}{2}(\boldsymbol{\varepsilon}_1+\boldsymbol{\varepsilon}_2+\boldsymbol{\varepsilon}_3-\boldsymbol{\varepsilon}_5)$

26. $\frac{\sqrt{2}}{2}$, $\frac{\sqrt{6}}{2}x$, $\frac{\sqrt{10}}{4}(3x^2-1)$, $\frac{\sqrt{14}}{4}(5x^3-3x)$